高等学校机械设计制造及其自动化国家特色专业规划教材

液压传动基础

YEYA CHUANDONG JICHU

主　编　赵新泽

副主编　谭宗柒

　　　　陈永清

华中科技大学出版社

http://www.hustp.com

中国·武汉

内 容 简 介

本书系统介绍了液压元件、液压基本回路和典型回路。内容包括流体力学基础、液压泵、液压马达、液压缸、液压控制阀、液压辅助元件、液压传动基本回路等。同时,本书融入编者在教学和科研工作中的经验与成果,以施工机械液压系统为主要对象,增加了液压系统完整设计实例、元件选择原则、安装、使用和维护、故障检测等内容。

本书可作为高等学校本科机械类专业的教材,也可供机械工程相关领域的工程技术人员使用和参考,或作为继续教育培训的参考教材。

图书在版编目(CIP)数据

液压传动基础/赵新泽　主编.—武汉:华中科技大学出版社,2012.8(2024.7重印)

ISBN 978-7-5609-8056-0

Ⅰ.液… Ⅱ.赵… Ⅲ.液压传动-高等学校-教材 Ⅳ.TH137

中国版本图书馆 CIP 数据核字(2012)第 113115 号

液压传动基础　　　　　　　　　　　　　　　　　　　　　赵新泽　主编

策划编辑:徐正达
责任编辑:周忠强
封面设计:潘　群
责任校对:何　欢
责任监印:徐　露
出版发行:华中科技大学出版社(中国·武汉)　　　电话:(027)81321913
　　　　　武汉市东湖新技术开发区华工科技园　　　邮编:430223
录　　排:武汉佳年华科技有限公司
印　　刷:广东虎彩云印刷有限公司
开　　本:710mm×1000mm　1/16
印　　张:15　　插页:2
字　　数:302 千字
版　　次:2024 年 7 月第 1 版第 8 次印刷
定　　价:45.00 元

作者简介

赵新泽，湖北潜江人，三峡大学机械与材料学院教授，武汉理工大学博士生导师。1986年毕业于武汉水运工程学院液压传动及控制专业，获工学学士学位；1993年毕业于武汉水运工程学院机械工程专业，获工学硕士学位；2001年毕业于武汉理工大学载运工具运用工程专业，获工学博士学位；2001~2003年在武汉理工大学轮机工程专业博士后工作站从事研究工作。主要从事流体传动及控制、摩擦学理论与应用、机械状态监测与故障诊断等方面的教学与研究工作，主持和参与完成10多项国家省部级科研项目，获国家发明专利4项，在相关领域中发表论文100多篇，其中被SCI/EI/ISTP收录10多篇。

序　言

当前,我国机械专业人才培养面临社会需求旺盛的良好机遇和办学质量亟待提高的重大挑战。抓住机遇,迎接挑战,不断提高办学水平,形成鲜明的办学特色,获得社会认同,这是我们义不容辞的责任。

三峡大学机械设计制造及其自动化专业作为国家特色专业建设点,以培养高素质、强能力、应用型的高级工程技术人才为目标,经过长期建设和探索,已形成了具有水电特色、服务行业和地方经济的办学模式。在前期课程体系和教学内容改革的基础上,推进教材建设,编写出一套适合于该专业的系列特色教材,是非常及时的,也是完全必要的。

系列教材注重教学内容的科学性与工程性结合,在选材上融入了大量工程应用实例,充分体现与专业相关产业和领域的新发展和新技术,促进高等学校人才培养工作与社会需求的紧密联系。系列教材形成的主要特点,可用"三性"来表达。一是"特殊性",这个"特殊性"与其他系列教材的不同在于其突出了水电行业特色,其不仅涉及测试技术、控制工程、制造技术基础、机械创新设计等通用基础课程教材,还结合水电行业需求设置了起重机械、金属结构设计、专业英语等专业特色课程教材,为面向行业经济和地方经济培养人才奠定了基础。二是"科学性",体现在两个方面:其一体现在课程体系层次,适应削减课内学时的教学改革要求,简化推导精练内容;其二体现在学科内容层次,重视学术研究向教育教学的转化,教材的应用部分多选自近十年来的科研成果。三是"工程性",凸显工程人才培养的功能,一些课程结合专业增加了实验、实践内容,以强化学生实践动手能力的培养;还根据现代工程技术发展现状,突出了计算机和信息技术与本专业的结合。

我相信,通过该系列教材的教学实践,可使本专业的学生较为充分地掌握专业基础理论和专业知识,掌握机械工程领域的新技术并了解其发展趋势,在工程应用和计算机应用能力培养方面形成优势,有利于培养学生的综合素质和创新能力。

当然，任何事情不能一蹴而就。该系列教材也有待于在教学实践中不断锤炼和修改。良好的开端等于成功的一半。我祝愿在作者与读者的共同努力下，该系列教材在特色专业建设工程中能体现专业教学改革的进展，从而得到不断的完善和提高，对机械专业人才培养质量的提高起到积极的促进作用。

谨此为序。

教育部高等学校机械学科教学指导委员会委员、
机械基础教学指导分委员会副主任
全国工程认证专家委员会机械类专业认证分委员会副秘书长
第二届国家级教学名师奖获得者
华中科技大学机械学院教授，博士生导师

2011-7-21

前　言

随着液压传动技术的快速发展和广泛应用,液压传动已成为机械类及相关专业学生必须掌握的理论基础之一。本书针对液压传动技术的特点,侧重于讲解液压传动的基础知识及其工程应用,使学生能够很好地掌握液压元件的结构特点分析、基本回路原理、典型回路的组成及基本设计方法等。另外,考虑到工程实际应用中的问题,本书还增加了液压系统完整设计实例、液压元件选择原则、安装、使用和维护、故障检测等内容,并通过课程学习后的一次综合性大作业(或课程设计)将理论学习与实践学习相结合,提高学生利用所学知识解决实际问题的能力,为学生进一步学习和研究相关知识奠定必要的基础。

全书共9章,内容包括液压传动概述、液压流体力学基础、液压泵、液压传动执行元件(液压马达、液压缸)、液压传动控制元件(方向控制阀、压力控制阀、流量控制阀、电磁比例控制阀、电液数字阀、叠加阀及二通插装阀)、液压辅助元件(蓄能器、滤油器、液压油箱、热交换器、管道和管接头)、液压传动基本回路、典型液压传动系统的分析与设计、液压系统的安装、使用和维护等。书后附有常用液压图形符号。

本书由赵新泽任主编,谭宗柒、陈永清任副主编。第1、4、6、9章由赵新泽编写,第2、5、7章由谭宗柒编写,第3、8章由陈永清编写,部分文字录入、格式整理工作由杨明松、汪杰、黄金、李灿灿、汪启峰等完成。由赵新泽对全书进行统稿。在本书的编写和出版过程中,得到了三峡大学教务处、机械与材料学院,及三峡大学机械设计制造及其自动化国家特色专业建设项目的鼎力资助,在此一并表示最衷心的感谢!

由于编者水平有限,书中存在一些不妥之处在所难免,恳请各位专家和读者批评指正。联系信箱 xzzhao@ctgu.edu.cn。

赵新泽

2012 年 5 月

目　　录

第1章 液压传动概述

1.1 液压传动的工作原理及其组成部分

1.1.1 液压传动的定义

一部完整的机器一般由动力机构或原动机、传动机构(含控制部分)、工作机构(含辅助装置)组成。原动机包括电动机、内燃机等。工作机构是指完成该机器工作任务的直接工作部分,如挖掘机的铲斗、起重机的吊具等。为了适应工作机对力和工作速度的大小,以及性能的要求,在原动机和工作机之间设置传动机构,其作用是将原动机输出的功率加以变换后传递给工作机。

传动通常分为机械传动、电气传动和流体传动。流体传动是指以流体为工作介质进行能量转换、传递和控制的传动,包括液压传动、液力传动和气压传动。

液压传动(hydraulics)是以液体为工作介质,通过驱动装置将原动机的机械能转换为液体的压力能,然后通过管道、液压控制及调节装置等,借助执行装置,将液体的压力能转换为机械能,驱动负载实现直线或回转等运动。

液压传动的基本特征如下。

(1) 力的传递　如图 1-1 所示,设大活塞面积为 A_2,作用其上的负载力为 F_2,该力在大缸中所产生的液体压力为 $p_2 = F_2/A_2$。根据帕斯卡原理,小缸的油压 p_1 等于大缸中的液体压力 p_2,即 $p_1 = p_2 = p$。由此可得

$$\frac{F_1}{A_1} = \frac{F_2}{A_2} = p \qquad (1\text{-}1)$$

或

$$F_1 = F_2 \frac{A_1}{A_2} \qquad (1\text{-}2)$$

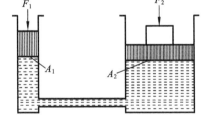

图 1-1　液压传动简化模型

式中　F_1——小活塞上的作用力;

　　　A_1——小活塞面积。

在 A_1、A_2 一定时,负载力 F_2 越大,系统中的压力 p 也越大,所需要的作用力 F_1 也就越大,即系统压力与外负载密切相关。这是液压传动工作原理的第一个特征,即液压传动中工作压力取决于外负载(包括外力和液阻)。

(2) 运动的传递　如果不考虑液体的可压缩性、漏损和缸体、管路的变形等,小缸排出的液体体积必然等于进入大缸的液体体积。设小活塞位移为 s_1,大活塞位移为 s_2,则有

$$s_1 A_1 = s_2 A_2 \qquad\qquad (1\text{-}3)$$

上式两边同除以运动时间 t，得

$$q_1 = v_1 A_1 = v_2 A_2 = q_2 = q \qquad\qquad (1\text{-}4)$$

式中　v_1、v_2——小缸活塞、大缸活塞的平均运动速度；

　　　q_1、q_2——小缸排出液体的平均流量、进入大缸液体的平均流量。

　　由上所述可见，液压传动是靠密闭腔工作容积变化相等的原理实现运动（速度和位移）的传递。调节进入大缸的流量 q，即可调节其活塞的运动速度 v_2，这是液压传动工作原理的第二个特征，即活塞的运动速度取决于输入流量的大小。

1.1.2　液压传动的工作原理

　　图 1-2 为潜孔平面闸门启闭机液压传动系统工作原理图。液压泵 4 在电动机

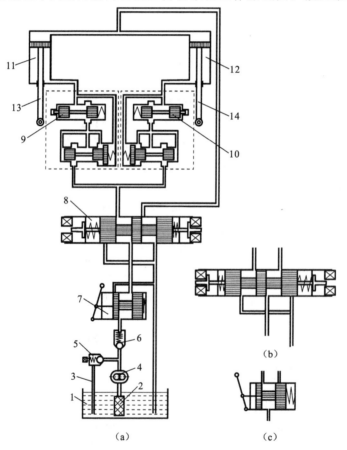

图 1-2　潜孔平面闸门启闭机液压传动系统工作原理

1—油箱；2—过滤器；3—回油管；4—液压泵；5—溢流阀；6—单向阀；

7—手动换向阀；8—电磁换向阀；9、10—调速阀；11、12—液压缸；13、14—活塞杆

(图中未画出)的带动下旋转,油液由油箱 1 经过滤器 2 被吸入液压泵,由液压泵输入的压力油通过单向阀 6、手动换向阀 7、电磁换向阀 8、调速阀 9 和 10 分别进入液压缸 11、12 的下腔,推动活塞杆 13、14 同步向上运动,液压缸 11、12 上腔的油液经换向阀 8 排回油箱。如果将换向阀换成如图 1-2(b)所示的状态,则压力油进入液压缸 11、12 的上腔,推动活塞 13、14 同步向下运动,液压缸 11、12 下腔的油液经调速阀 9、10 进入换向阀 8 排回油箱。两活塞杆的同步运动由调速阀 9、10 来调节。当活塞杆 13 的运动速度快于活塞杆 14 的运动速度时,可以通过调节调速阀 9 或 10 的开口大小,便可控制或调节进入两个液压缸的流量,保证两个液压缸在同一运动方向上实现同步运动。液压泵 4 输出的压力油除了进入单向阀 6 以外,其余的经溢流阀 5 流回油箱。如果将手动换向阀 7 转换成如图 1-2(c)所示的状态,液压泵输出的油液则经手动换向阀 7 流回油箱,这时两活塞杆停止运动,液压系统处于卸荷状态。

1.1.3　液压传动系统图形符号

　　图 1-2 为一种半结构式液压系统的工作原理图,它有直观性强、容易理解的优点,当液压系统发生故障时,根据原理图检查十分方便,但图形比较复杂,绘制比较麻烦。我国已经制定了一种用规定的图形符号来表示液压原理图中各元件和连接管路的国家标准,即《流体传动系统及元件图形符号和回路图 第 1 部分:用于常规用途和数据处理的图形符号》(参看附录 GB/T 786.1—2009)。图 1-3 为图 1-2(a)系统用此标准绘制的工作原理图。使用这些图形符号可使液压系统图简单明了,且便于绘图。对这些图形符号有以下几条基本规定。

　　(1) 图形符号只表示元件的职能和连接系统的通路,不表示元件的具体结构和参数,也不表示元件在机器中的实际安装位置。

　　(2) 元件图形符号内的油液可流动方向用箭头表示,但箭头方向并不表示实际流动方向。

　　(3) 图形符号均以元件的原始位置或中间零位置表示,当系统的动作另有说明时,可作例外。

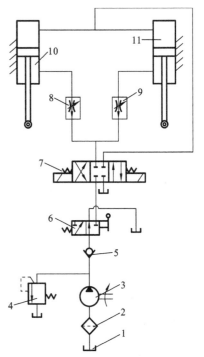

图 1-3　用图形符号表示的潜孔平面
闸门启闭机液压系统

1—油箱;2—过滤器;3—液压泵;4—溢流阀;
5—单向阀;6—手动换向阀;7—电磁换向阀;
8、9—调速阀;10、11—液压缸

1.1.4　液压传动系统的组成

从潜孔平面闸门启闭机液压系统的工作过程可以看出,一个完整的、能够正常工作的液压系统,通常由以下五个主要部分组成。

(1) 能源装置(动力元件)　它是供给液压系统压力油,将机械能转换成液压能的装置。最常见的元件是液压泵。

(2) 执行装置(执行元件)　它是将液压能转换成机械能以驱动工作机构的装置,包括作直线运动的液压缸和作回转运动的液压马达。

(3) 控制装置(控制元件)　它是对系统中油液的压力、流量的大小或流动方向进行控制或调节的装置,如溢流阀、节流阀、换向阀、单向阀等。

(4) 辅助装置(辅助元件)　它是指上述三部分之外的其他装置,如油箱、滤油器、油管等。

(5) 工作介质　它是指传递能量的流体,即液压油等。

1.2　液压传动系统的特点

1.2.1　液压传动系统的优点

(1) 单位功率的重量轻,即能以较轻的设备重量获得很大的输出力或转矩。例如,液压缸的输出力与重量之比,比直流电动机的约大 100 倍;中等功率液压马达的转矩与惯量之比,比一般直流电动机的大 10~20 倍,功率与重量之比大 8~10 倍。

(2) 由于体积小、重量轻,因而惯性小,启动、制动迅速。

(3) 在运行过程中能方便地进行无级调速,调速范围大,可实现 100：1 到 2000：1 的调速,且低速性能好。例如,多作用内曲线马达可在 0.5~1 r/min 下平稳运转,单作用静力平衡马达的最低稳定转速可小于 5 r/min。

(4) 借助结构简单的液压缸可轻易地实现直线往复运动。

(5) 易于实现自动化。液压传动的控制调节比较简单,操作比较方便、省力,易于实现自动化和远距离操纵。

(6) 易于实现过载保护,工作安全可靠。液压系统的工作压力很容易由压力控制元件来控制,只要设法控制压力在规定范围内,就可以达到防止过载、避免事故的目的,使工作安全可靠。

(7) 液压系统的各种元件可随设备的需要任意安排,可以把液压马达或液压缸安置在远离原动机的任意位置,而不需中间的机械传动环节。如果液压马达或液压缸在工作时本身位置也在变动,只要采用挠性管道连接就可以正常工作。

(8) 液压系统工作介质具有一定的吸振能力,使液压传动运转平稳、工作可靠;运转时可自行润滑,且易于散热,使用寿命较长。

（9）易于实现标准化、系列化和通用化，便于设计、制造和推广使用。

表 1-1 所示为各种传动方式的主要传动特性比较。

表 1-1 各种传动方式的主要传动特性比较

传动方式	传动特性					
	功率与重量之比	转矩与转动惯量之比	响应速度	可控性	负载刚度	调速范围
机械传动	小	小	低	差	中等	小
电力传动	小	小	中等	中等	差	中等
机电传动	小	小	中等	中等、好	差	中等、大
气压传动	中等	中等	低	中等	差	小
液压传动	大	大	高	好	大	大

1.2.2 液压传动系统的缺点

液压传动虽然存在许多突出的优点，但也存在以下一些缺点。

（1）液压传动以液体为工作介质，在液压元件中相对运动的摩擦副间无法避免液体的泄漏，又由于液体的压缩性及管路弹性变形等原因，难以实现以严格的传动比传动。如果处理不当，油液泄漏不仅污染场地，而且还可能引起火灾和爆炸事故。

（2）液体黏度和温度有密切关系，黏度随温度的变化，将直接影响泄漏状况、压力损失的大小及通过节流元件的流量等，从而引起执行元件运动特性的变化。加之，液压油等工作介质的性能及使用寿命均受温度影响很大，所以液压系统不宜在很高和很低的温度下工作。

（3）传动效率较低。液压系统中能量要经过两次转换，在能量转换及传递过程中存在机械摩擦损失、压力损失及泄漏损失。

（4）液压元件的制造精度要求高，以减少泄漏，因此造价较贵，且使用、维护要求有一定的专业知识和较高的技术水平。

（5）由于存在压力损失等原因，液压能不宜远距离传输。

（6）液压系统中各种元件、辅件及工作介质均在封闭的系统内工作，故障征兆难以及时发现，故障原因较难确定。

1.3 液压传动技术在水电机械装备中的应用

由于液压传动具有许多优点，因此，它被广泛地应用于机械制造、工程建筑、石油化工、井能运输、军事器械、矿山冶金、水利电力等工程技术领域。目前，在水利电力装备中，使用液压传动装置的比例越来越大，液压操纵已经不是简单地代替原有的丝杠螺母、蜗杆蜗轮等传动机构，而是引入了一系列崭新的设计原理和结构，成为创造某些新型水利电力装备不可分割的有机组成部分。

液压技术在水利电力装备及施工机械中的应用主要表现在以下几个方面。

1. 液压驱动

液压驱动包括直线和回转驱动,直线驱动是利用高压液体驱动液压缸带动执行机构运动,回转驱动是利用高压液体驱动马达直接带动行走轮或其他旋转工作部件作旋转运动。如水利电力施工中常用的挖掘机、装载机的工作装置等采用液压缸驱动,大型施工机械的行走、起重机的回转、摊铺机的牵引、线路施工使用的牵引机等采用液压马达驱动。液压驱动的优点是容易实现运动参数(流量)和动力参数(压力)的控制,而且具有良好的低速负荷特性。此外,由于其传递效率高,可进行恒功率输出控制,功率利用充分,系统结构简单,输出转速可无级调速,可正、反向运转,速度刚性大,动作实现容易。

2. 液压提升与顶举

用液压装置来实现提升与顶举在水利电力及其施工装备中的应用已越来越普遍。例如,闸门双吊点液压启闭机的启闭、人字形闸门的开关、轮胎式起重机支腿的伸缩、推土机推土铲的提升与下放、挖掘机动臂的升举、液压自卸式汽车翻斗的升举等,无一不是用液压缸来进行的。实践已经表明,液压提升与顶举的优点主要体现在能够远距离进行无级调速,体积小,重量轻,惯性小,启动、制动迅速。如履带式挖掘机在作业过程中需要频繁地实现启、停、换向或变速等动作,所以利用液压传动来实现极为方便。另外,液压装置在提升和顶举方面最突出的优点是能以较轻的设备重量获得很大的输出力。该优点在闸门的启闭中得到了充分的证明,一般情况下的闸门(如三峡永久船闸、葛洲坝船闸等)有几十吨或数百吨重,要在有限的空间来完成这一动作非液压传动不可。

3. 液压翻转、折叠和振动机构

液压翻转、折叠和振动机构在水电施工机械上的运用同样非常普遍。在挖掘机上利用多油缸的协调动作可使铲斗完成挖土、卸土等各种复杂的工序;在装载机上利用油缸和阀门的配合可轻易地将特重载荷进行翻转;在混凝土输送泵车上安装三段式可折叠的液压臂架,可在工作时进行变幅、曲折和回转三个动作;在混凝土工程中利用液压式振捣棒对混凝土进行快速夯实。采用液压技术实现上述动作可以大大简化传动机构,实现较远距离的集中控制,且操作、调节方便省力,可大大提高劳动生产率。

4. 液压悬挂系统

液压悬挂系统在水电施工机械上很早就得到了应用,现在已发展得较完善。它可以控制水电施工机械底盘的升降,并根据障碍物阻力的大小,自动调节底盘位置(力调节),使底盘保持水平,达到减振效果,从而提高机械的使用寿命。因此,现代大中型轮式施工机械和履带式施工机械上都配置了液压悬挂装置。

5. 液压转向与换挡变速

（1）液压转向　在一些大功率的水电施工机械（如挖掘机、起重机等）上，普遍采用全液压转向方向机或转向加力器来实现转向，可大大减轻驾驶员的劳动强度。

（2）液压操纵换挡　如全液压式的换挡系统，它通过采用电磁换向阀，驾驶员只需操纵一个电磁开关的小手柄，便可轻巧地在不踩离合器的情况下变换挡位。这样做不需切断动力进行换挡，可提高机械的生产率和经济性，减轻驾驶员的劳动强度。

除此之外，液压技术在夹紧装置、助力装置和加压装置等方面也得到了广泛应用。

1.4　液压传动技术的发展概况

1.4.1　液压传动技术的历史回顾

液压技术的发展是与流体力学、材料学、机构学、机械制造等相关基础学科的发展紧密相关的。

对流体力学学科的形成最早作出贡献的是古希腊人阿基米德（Archimedes）。1648 年，法国人帕斯卡（B. Pascal）提出静止液体中压力传递的基本定律，奠定了液体静力学基础。

17 世纪，力学奠基人牛顿（Newton）研究了在流体中运动的物体所受到的阻力，针对黏性流体运动时的内摩擦力提出了牛顿黏性定律。

1738 年，瑞士人伯努利（D. Bernoulli）从经典力学的能量守恒出发，研究供水管道中水的流动，通过试验分析，得到了流体定常运动下的流速、压力与流道高度之间的关系——伯努利方程。

欧拉（L. Euler）方程和伯努利方程的建立，是流体动力学作为一个分支学科建立的标志，从此开始了用微分方程和试验测量进行流体运动定量研究的阶段。

1827 年，法国人纳维（C. L. M. Navier）建立了黏性流体的基本运动方程；1845 年，英国人斯托克斯（G. G. Stokes）又以更合理的方法导出了这组方程，这就是沿用至今的 N-S 方程，它是流体动力学的理论基础。

1883 年，英国人雷诺（O. Reynolds）发现液体具有两种不同的流动状态——层流和湍流，并建立了湍流基本方程——雷诺方程。

自 16 世纪到 19 世纪，欧洲人对流体力学、近代摩擦学、机构学和机械制造等学科所作出的一系列贡献，为 20 世纪液压传动的发展奠定了科学与工艺基础。

在帕斯卡提出静压传递原理以后 147 年，英国人布拉默（J. J. Bramah）于 1795 年登记了第一项关于液压机的英国专利。两年后，他制成了由手动泵供压的水压机。到了 1826 年，水压机已被广泛应用，成为继蒸汽机以外应用最普遍的机械。此后，还发展了许多水压传动控制回路，并且采用机能符号取代具体的结构和设计，方便了液压技术的进一步发展。

值得提出的是,1905 年,美国人詹尼(Jenney)首先将矿物油引入液压传动中,将其作为工作介质,并设计制造了第一台油压轴向柱塞泵及由其驱动的油压传动装置,并于 1906 年应用于军舰的炮塔装置上,揭开了现代油压技术发展的序幕。

汽车工业的发展及第二次世界大战中大规模的武器生产,促进了机械制造工业标准化、模块化概念和技术的形成与发展。1936 年,美国人威克斯(Harry Vickers)发明了以先导控制压力阀为标志的管式系列液压控制元件,20 世纪 60 年代出现了板式及叠加式液压元件系列,70 年代出现了插装式液压元件系列,从而逐步形成了以标准化功能控制单元为特征的模块化集成单元技术。

20 世纪,控制理论及其工程实践得到了飞速发展,为电液控制工程的进步提供了理论基础和技术支持。

电液伺服机构首先被应用于飞机、火炮液压控制系统,后来也被用于机床及仿真装置等伺服驱动中。在 20 世纪 60 年代后期,发展了采用比例电磁铁作为电液转换装置的比例控制元件,其鲁棒性更好,价格更低廉,对油质也无特殊要求。此后,比例阀被广泛用于工业控制。

在 20 世纪,液压技术的应用领域不断得到拓展。从组合机床、注射成形设备、机械手、自动加工及装配线到金属和非金属压延,从材料及构件强度试验机到电液仿真试验平台,从建筑、工程机械到农业、环保设备,从能源机械调速控制到热力与化工设备过程控制,从橡胶、皮革、造纸机械到建筑材料生产自动线,从家用电器、电子信息产品自动生产线到印刷、包装及办公自动化设备,从食品加工、医疗监护系统到休闲及体育训练机械,从采煤机械到石油钻探及采收设备,从航空航天器到船舶、火车及家用小汽车等,液压传动与控制已成为现代机械工程的基本要素和工程控制的关键技术之一。

1.4.2　液压传动技术的发展趋势

1. 绿色液压

随着人类对环境保护的日益重视,液压传动技术首先要解决的是减少液压系统泄漏,降低噪声及开发水介质,使之成为当今用户追求的"洁净液压、静音液压,易用液压"。

实践表明,液压元件和系统中 70% 以上的故障是由油液污染造成的。为了提高液压元件和系统的工作可靠性及使用寿命,既要注意对油液中颗粒污染物的控制,又要注意对油液中水、空气、微生物等污染物的控制。因此,应合理设计液压设备的污染控制系统,严格保证油液的污染度在规定的范围之内;发展封闭式密封油箱系统,防止灰尘、水、化学物质或其他污染物的侵入;不断改进元件设计及合理选用材料,提高元件及系统的耐污染性能;发展纳垢能力强、满足环保要求的新型过滤材料和过滤器;发展经济实用的油水分离系统和油液气泡消除装置,以消除水和空气对系统的污染。

为降低噪声,应注意研制低噪声液压元件;正确安装管路,合理采用蓄能器和高压软管,以减少管路振动;采用集成化和复合化系统;采用变频电动机和 AC 伺服电动机驱动液压泵,使泵经常在低于额定转速下工作。

从与环境友善、不燃、保证安全生产及清洁卫生、与产品相容等多方面的要求来看,只有水才是最理想的液压系统工作介质。所以,水液压技术早已成为国际液压界和工程界普遍关注的热点,这也是三十多年来,水液压技术能够持续发展的根本动力。加之,工程陶瓷、高分子材料等新型工程材料的迅速发展,精密加工技术的进步及其他相关新技术的出现,使水液压技术所面临的诸如腐蚀、磨损、泄漏、气蚀、水污染的控制等一系列关键技术问题,能够有效地得到解决,从而促进了水液压技术的迅速发展。

2. 高效液压

能耗及效率是用户十分关心的问题,也是提高液压技术对电气、机械传动竞争力的重要措施。为此,应采用新型的调节和控制方法,尽量做到与工作机械的负荷相匹配,不断改善液压系统的性能,提高效率;合理选用元件,正确设计液压系统,尽量减少内部功率损失;选用新型密封、减摩材料及静压技术等,减少摩擦损失;充分利用液压和电气的各自优点,采用交流变频调速电动机或伺服电动机驱动定量油泵,减少功率损失;发展新型节能元件和系统。

3. 智能液压

液压技术与电子技术的结合,有利于实现液压系统的集成化、模块化和智能化,提高其工作可靠性,改变液压系统效率低、泄漏大、维修性差等缺点。

为此,发展内藏电子线路的液压元件,使液压元件的体积减小,功能增加,自动化程度提高;发展由电子控制装置实现压力、流量、功率等综合控制的变量泵,从而实现液压泵的多种控制方式,实现合理功率匹配和软启动,并自动保持最佳工作状态。

在工况监测和主动维修方面,通过监测与分析引起液压元件和系统失效的根源性参数,可尽快发现早期失效征兆,找出可能引起失效的原因、部位,及时采取预防及维护措施,消除故障隐患。加强故障诊断专家系统的研究,总结专家知识,建立完善的具有学习功能的专家知识库;利用计算机根据输入的现象和知识库中知识,推算出引起故障的原因,提高维修方案和预防措施。同时,还应开发液压系统的自动补偿系统,包括自调整、自润滑、自校正等,使系统在故障发生之前进行调整与补偿。

4. 长寿液压

新材料、新工艺的应用给液压元件的使用寿命带来了新的飞跃。诸如工程塑料、复合材料、精细陶瓷、低阻耐磨材料、高强度轻质合金及记忆合金等新一代材料将逐步进入实用阶段。它们不仅提高了产品的使用寿命,而且降低了生产成本,增强了产品的竞争力。比如:铸造工艺中,在阀体和集成块中实现了铸造流道,这不仅减少了液体流动的压力损失、流体与阀体的摩擦,降低了噪声,还可实现元件小型化;工程陶瓷具有优异的耐磨性、耐蚀性,低摩擦因数等优点,在液压元件中用工程陶瓷代替部分金属材料将会大大改善液压元件的性能。除满足某些特殊场合的需求外,新材料的使用可普遍减少由于黏附、擦伤、空穴、气蚀而引起的损伤,在大幅度提高可靠性和稳定性的同时,可提高允许工作温度和减轻元器件质量,进而提高液压系统的使用寿命。

复 习 题

1.1 什么是液压传动?液压传动系统由哪几部分组成?各组成部分的作用是什么?

1.2 液压传动的基本性质是什么?

1.3 液压传动与机械传动、电气传动相比有哪些优点?为什么存在这些优点?

1.4 液压传动技术在水电装备中有哪些应用?为什么选择液压传动?

1.5 液压传动今后的主要发展方向是什么?

第 2 章　液压流体力学基础

2.1　液压油的主要性质及选用原则

2.1.1　液压油的理化性质

1. 密度

单位体积的液体质量称为密度,用 ρ 表示。矿物油型液压油在 15 ℃时的密度为 900 kg/m³ 左右,在一般条件下可认为它们不受温度和压力的影响。

2. 压缩系数和热膨胀系数

液体受压力的作用而体积发生变化的性质称为液体的可压缩性,用压缩系数表示。液体受温度的影响而体积发生变化的性质称为液体的膨胀性,用热膨胀系数表示。

1) 压缩系数

体积为 V 的液体,当压力变化量为 Δp 时,体积的绝对变化量为 ΔV,在一定温度下,液体在单位压力变化下的体积相对变化量为

$$\kappa = -\frac{1}{\Delta p}\frac{\Delta V}{V} \tag{2-1}$$

式中　κ——液体的体积压缩系数。因为压力增大时液体的体积减小,所以上式的右边加一负号,使液体的体积压缩系数 κ 为正值。

液体体积压缩系数的倒数称为液体的体积模量,用 K 表示,即

$$K = \frac{1}{\kappa} = -\frac{V}{\Delta V}\Delta p \tag{2-2}$$

体积模量 K 表示液体产生单位体积相对变化量时所需要的压力增量。在使用中,可用 K 值来说明液体抗压缩能力的大小。一般矿物油型液压油的体积模量 $K = (1.4 \sim 2) \times 10^3$ MPa,它的可压缩性是钢的 100~150 倍。但实际使用中,由于液体内不可避免地会混入空气等,其抗压缩能力显著降低,影响液压系统的工作性能。因此,在要求较高或压力变化较大的液压系统中,应尽量减少油液中混入的气体及其他易挥发性物质(如煤油、汽油等)的含量。由于油液中的气体难以完全排除,在工程计算中常取液压油的体积模量 $K \approx 0.7 \times 10^3$ MPa。

液压油的体积模量与温度、压力有关。温度升高时,K 值减小,在液压油正常的工作温度范围内,K 值会有 5%~25% 的变化。压力增大时,K 值增大,反之则减小,

但这种变化不成线性关系。

　　封闭在容器内的液体在外力作用下的情况极像一根弹簧,外力增大时,体积减小;外力减小时,体积增大。如图 2-1 所示,在液体承压面积 A 不变时,可以通过压力变化 $\Delta p = \Delta F / A$(ΔF 为外力变化值)、体积变化 $\Delta V = A \Delta l$(Δl 为液柱长度变化值)和式(2-2)求出它的液压弹簧刚度 k_h,即

$$k_h = -\frac{\Delta F}{\Delta l} = \frac{A^2 K}{V} \tag{2-3}$$

　　液压油的可压缩性对液压传动系统的动态性能影响较大,但当液压传动系统在静态(稳态)下工作时,一般可以不予考虑。

　　2)热膨胀系数

　　体积为 V 的液体,当温度变化量为 ΔT 时,体积的绝对变化量为 ΔV,液体在单位温度变化下的体积相对变化量为

$$a_v = \frac{1}{V} \frac{\Delta V}{\Delta T} \tag{2-4}$$

式中　a_v——液体的体积膨胀系数。

　　液压油的热膨胀性很小,一般可忽略,而气体的热膨胀性相对很大,一般不可忽略。

　　3. 黏度

　　液体在外力作用下流动时,流体微团间有相对运动从而产生摩擦力,流体的这种内部产生摩擦力的性质称为黏性。液体流动时才会出现黏性,黏性的大小可用黏度表示。如图 2-2 所示,设两平行平板间充满液体,下平板不动,上平板以速度 u_0 向右平移。由于液体的黏性作用,紧贴下平板液体层的速度为零,紧贴上平板液体层的速度为 u_0,而中间各液层的速度则视其距下平板距离的大小按线性规律分布。实验表明,液体流动时相邻液层间的内摩擦力 F_f 与液层接触面积 A、液层间的速度梯度 $\mathrm{d}u/\mathrm{d}y$ 成正比,即

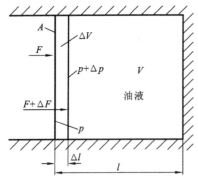
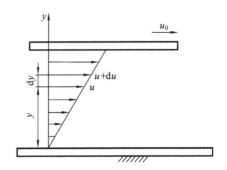

图 2-1　液压弹簧刚度计算　　　　　图 2-2　液体黏性示意

$$F_{\mathrm{f}} = \pm \mu A \frac{\mathrm{d}u}{\mathrm{d}y} \tag{2-5}$$

式中　μ——比例常数,称为黏性系数或动力黏度。如以 τ 表示液体的内摩擦切应力,即液层间单位面积上的内摩擦力,则有

$$\tau = \frac{F_{\mathrm{f}}}{A} = \pm \mu \frac{\mathrm{d}u}{\mathrm{d}y} \tag{2-6}$$

式(2-6)就是牛顿流体内摩擦定律。牛顿流体是指其动力黏度只与液体种类有关,而与速度梯度无关,否则为非牛顿流体。石油基液压油一般为牛顿流体。

由式(2-6)可知,在静止液体中,因速度梯度 $\mathrm{d}u/\mathrm{d}y=0$,内摩擦力 τ 也为零,所以液体在静止状态下不呈现黏性。

常用的液体黏度表示方法有三种,即动力黏度、运动黏度和相对黏度。

(1) 动力黏度 μ　动力黏度又称绝对黏度,由式(2-6)可得

$$\mu = \frac{F_{\mathrm{f}}}{A \dfrac{\mathrm{d}u}{\mathrm{d}y}} \tag{2-7}$$

式(2-7)直接表示流体的黏性即内摩擦力的大小。动力黏度的法定计量单位为 Pa·s(1 Pa·s=1 N·s/m²),以前沿用的单位为 P(泊,dyn·s/cm²),它们之间的关系为 1 Pa·s=10 P。

(2) 运动黏度 ν　液体的动力黏度 μ 与其密度 ρ 的比值称为液体的运动黏度,即

$$\nu = \frac{\mu}{\rho} \tag{2-8}$$

液体的运动黏度没有明确的物理意义,但它在工程实际中经常用到,因为它的单位只有长度和时间的量纲,类似于运动学的量,所以被称为运动黏度。运动黏度的法定计量单位为 m²/s,以前沿用的单位为 St(cm²/s),它们之间的关系为

$$1 \text{ m}^2/\text{s} = 10^4 \text{ St}(\text{cm}^2/\text{s}) = 10^6 \text{ cSt}(\text{mm}^2/\text{s})$$

我国液压油的牌号就是用液压油在 40 ℃时的运动黏度平均值来表示的。例如 32 号液压油,就是指这种油在 40 ℃时的运动黏度平均值为 32 mm²/s。

(3) 相对黏度　动力黏度和运动黏度是理论分析和计算时经常使用到的黏度,但它们都难以直接测量。因此,在工程上常常使用相对黏度,相对黏度又称条件黏度,它是采用特定的黏度计在规定的条件下测量出来的黏度。各国采用的相对黏度单位不同,美国用赛氏黏度,英国用雷氏黏度,我国和德国、前苏联用恩氏黏度。用恩氏黏度计测定液压油恩氏黏度的过程是:把 200 mL 温度为 $t(℃)$ 的被测油液装入恩氏黏度计的容器内,测出油液经容器底部直径为 2.8 mm 的小孔流尽所需时间 $t_1(\text{s})$,并将它和同体积的蒸馏水在 20 ℃时流过同一小孔所需时间 $t_2(\text{s})$(通常 $t_2=51$ s)相比,其比值即是被测油液在温度 $t(℃)$ 下的恩氏黏度,即 $°\text{E}_t = t_1/t_2$。一般以 20 ℃、40 ℃及 100 ℃作为测定液体恩氏黏度的标准温度,由此而得到的恩氏黏度分别用

${}^{\circ}E_{20}$、${}^{\circ}E_{40}$ 和 ${}^{\circ}E_{100}$ 来标记。

　　恩氏黏度与运动黏度之间的换算关系式为

$$\nu_t = \left(7.31\ {}^{\circ}E_t - \frac{6.31}{{}^{\circ}E_t}\right) \times 10^{-6} \tag{2-9}$$

式中，ν_t 的单位为 m^2/s。

　　事实上，液体的黏度是随液体压力和温度的变化而变化的。对液压油来说，压力增大时，黏度增大。但在一般液压系统使用的压力范围内，黏度增大的量很小，可以忽略不计。但是液压油的黏度对温度的变化十分敏感，温度升高，黏度显著下降，这种变化将直接影响液压油的正常使用和液压系统的性能。液压油的这种性质称为液压油的黏温特性。不同种类的液压油有着不同的黏温特性。黏温特性好的液压油，黏度随温度的变化较小。黏温特性通常用黏度指数表示。液压油的黏度指数(VI)表明它的黏度随温度变化程度与标准油的黏度随温度变化程度的比值的相对值。黏度指数高，则黏温特性好。

2.1.2　液压传动系统对液压油的要求

　　液压传动系统对液压油(也称工作介质)的基本要求如下。

　　(1) 适当的黏度和良好的黏温特性　黏度是选择工作介质时首要考虑的因素。黏度过高，各部件运动阻力增加，温升快，泵的自吸能力下降，同时，管道压降功率损失增大；反之，黏度过低会增加系统的泄漏，并使液压油膜支承能力下降，导致摩擦副间摩擦力增大。所以工作介质要有合适的黏度范围，同时在温度、压力变化下和剪切力作用下，油液的黏度变化要小。为减小液阻损失，一般在满足工作条件的要求下，尽可能选黏度低的工作介质。

　　黏度是液压油(液)划分牌号的依据。按国标 GB/T 3141—1994 的规定，液压油产品的牌号用黏度的等级表示，即用该液压油在 40 ℃时的运动黏度中心值表示。

　　(2) 氧化安定性和剪切安定性好　工作介质与空气接触，特别是在高温、高压下容易氧化、变质。氧化后工作介质酸值增加，腐蚀性增强，氧化生成的黏稠状油泥会堵塞滤油器，妨碍部件的动作、降低系统效率。因此，要求工作介质具有良好的氧化安定性和热安定性。

　　剪切安定性是指工作介质通过液压节流间隙时，要经受剧烈的剪切作用，这会使一些聚合型增黏剂高分子断裂，造成黏度永久性下降，在高压、高速时，这种现象尤为严重。为延长使用寿命，要求工作介质剪切安定性好。

　　(3) 抗乳化性和抗泡沫性好　工作介质在工作过程中可能会混入水或出现凝结水。混有水分的工作介质在泵和其他元件的长期剧烈搅拌下，易形成乳化液，使工作介质水解变质或生成沉淀物，引起工作系统锈蚀和腐蚀，所以要求工作介质具有良好的抗乳化性。工作介质中若有空气混入，则会产生气泡、形成泡沫，混有气泡的介质在液压系统内循环,会产生异常的噪声、振动,所以要求工作介质具有良好的抗泡沫性和空气释放能力。

（4）闪点、燃点要高,能防火、防爆。

（5）有良好的润滑性和耐蚀性,不腐蚀金属和密封件。

（6）对人体无害,成本低。

为同时满足上述多种性能,实践中往往通过在工作介质中加入相关的添加剂来实现。

2.1.3　液压油的选用原则

选用液压油时,首先应根据液压传动系统的工作环境和工作条件来选择合适的液压油类型,然后再选择液压油的黏度及牌号。

1. 选择液压油类型

在选择液压油液类型时,首选的是专用液压油。最主要的是考虑液压传动系统的工作环境和工作条件,若系统靠近 300 ℃以上的高温热源或在明火场所工作,就要选择难燃型液压油。对液压油液用量大的液压传动系统建议选用乳化型液压油;用量小的选用合成型液压油。当选用了矿物油型液压油后,在客观条件受到限制时或对于简单的液压传动系统,也可选用普通液压油或汽轮机油来代替。一般液压油的类型选择可参考表 2-1。

表 2-1　液压油类型选择

工 作 环 境	压力<7 MPa 温度<50 ℃	压力=7～14 MPa 温度<50 ℃	压力<7 MPa 温度=50～80 ℃	压力>14 MPa 温度=80～100 ℃
室内 固定液压设备	HL	HL 或 HM	HM	HM
寒天 寒区或严寒区	HR	HV 或 HS	HV 或 HS	HV 或 HS
地下 水上	HL	HL 或 HM	HM	HM
高温热源 明火附近	HFAE HFAS	HFB HFC	HEDR	HFDR

2. 选择液压油的黏度

液压油黏度的选择主要取决于液压泵的类型、工作压力、启动温度、工作温度及环境温度等。不同地区、不同季节使用的液压油,对黏度要求有所不同。在不同的工作压力和温度下工作的液压泵,其油液的推荐黏度范围及用油类型如表 2-2 所示。

表 2-2　　液压泵的黏度范围及推荐用油表

液压设备类型			工作温度下适宜运动黏度范围和最佳运动黏度 /(mm²/s)			推荐选用运动黏度(37.8 ℃) /(mm²/s)		适用工作介质类型及黏度等级
			最低	最佳	最高	工作温度/℃		
						5~40	40~85	
液压泵	叶片泵	<7 MPa	20	25	400~800	30~49	43~77	HM 油,32、46、68
		>7 MPa	20	25	400~800	54~70	65~95	HM 油,46、68、100
	齿轮泵		16~25	70~250	850	30~70	110~154	HL 油(中、高压用 HM), 32、46、68、100、150
	柱塞泵	轴向	12	20	200	30~70	110~220	HL 油(高压用 HM),32、46、68、100、150
		径向	16	30	500	30~70	110~200	L 油(高压用 HM),32、46、68、100、150
	螺杆泵		7~25	75	500~4000	30~50	40~80	HL 油,32、46、68
	电液脉冲马达		17	25~40	60~120	—	—	
机床	普通		10	—	500	—	—	
	精密		10	—	500	—	—	
	数控		17	—	60	—	—	

2.2　液体静力学计算

2.2.1　液体静压力及其计算

1. 液体的压力

作用在液体上的力有两种,即质量力和表面力。与液体质量有关并且作用在液体内部所有质点上的力称为质量力,单位质量液体所受的质量力称为单位质量力,它在数值上就等于加速度;与液体表面积有关并且作用在液体表面上的力称为表面力,单位面积上作用的表面力称为应力。应力分为法向应力和切向应力。当液体静止时,由于液体质点之间没有相对运动,不存在切向摩擦力,所以静止液体的表面力只有法向应力。由于液体质点间的凝聚力很小,不能受拉,因此法向应力总是沿着液体表面的内法线方向作用。液体在单位面积上所受的内法向力简称为压力,物理学中称之为压强,但在液压与气压传动中称之为压力。本书中用 p 来表示。

2. 静止液体中的压力分布

在重力作用下,密度为 ρ 的液体在容器中处于静止状态,其外加压力为 p_0,它的受力情况如图 2-3(a)所示。为了求出在容器内任意深度 h 处的压力 p,可以假想从液面往下切取一个竖直小液柱作为研究体。设此液柱的底面积为 ΔA,高为 h,如图 2-3(b)所示。由于液柱处于平衡状态,在竖直方向上列出它的静力平衡方程,有

$$p\Delta A = p_0 \Delta A + F_G \tag{2-10}$$

式中　F_G——液柱重力,且 $F_G = \rho g h \Delta A$,则又有

$$p\Delta A = p_0 \Delta A + \rho g h \Delta A \tag{2-11}$$

由此有

$$p = p_0 + \rho g h \tag{2-12}$$

式(2-12)是液体静力学基本方程式。由此可知,在重力作用下的静止液体,其压力分布具有如下特点。

(1)静止液体内任一点处的压力都由两部分组成:一部分是液面上的压力 p_0;另一部分是该点以上液体自重所形成的压力,即 ρg 与该点离液面深度 h 的乘积。当液面上只受大气压力作用时,则液体内任一点处的压力为 $p = p_0 + \rho g h$。

(2)静止液体内的压力 p 随液体深度 h 成直线规律分布。

(3)距液面深度 h 相同的各点组成了等压面。

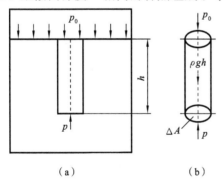 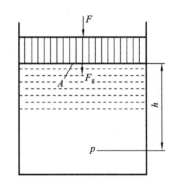

(a)　　　　　　　　　(b)

图 2-3　重力作用下的静止液体　　　　图 2-4　例 2.1 图

例 2.1　图 2-4 所示的容器内充满油液。已知油液的密度 $\rho = 900$ kg/m³,活塞上的作用力 $F = 10\,000$ N,活塞直径 $d = 2 \times 10^{-1}$ m,活塞厚度 $H = 5 \times 10^{-2}$ m,活塞材料为钢,其密度 $\rho_{\text{钢}} = 7\,800$ kg/m³。试求活塞下方深度为 $h = 0.5$ m 处液体的压力。

解　活塞所受重力为

$$F_g = \rho_{\text{钢}} \left(\frac{1}{4} \pi d^2 H \right) g = 7\,800 \times \frac{\pi}{4} (2 \times 10^{-1})^2 \times 5 \times 10^{-2} \times 9.81\ \text{N} = 120\ \text{N}$$

由活塞重力所产生的压力为

$$p_g = \frac{\rho_{钢} \times 1/4 \times \pi d^2 \times Hg}{1/4 \times \pi d^2} = \rho_{钢} Hg = 7\ 800 \times 5 \times 10^{-2} \times 9.81\ \text{Pa} = 3\ 826\ \text{Pa}$$

由作用力 F 所产生的压力为

$$p_f = \frac{F}{A} = \frac{10\ 000}{\frac{\pi}{4} \times (2 \times 10^{-1})^2}\ \text{Pa} = 318\ 310\ \text{Pa}$$

由液体重力所产生的压力为

$$p_G = \rho g h = 900 \times 9.81 \times 5 \times 10^{-2}\ \text{Pa} = 441\ \text{Pa}$$

根据式(2-12),且 $p_0 = p_g + p_f$,则深度 h 处的压力为

$$p = p_0 + \rho g h = p_g + p_f + p_G = (3\ 826 + 318\ 310 + 441)\ \text{Pa}$$
$$= 322\ 577\ \text{Pa} = 3.226 \times 10^5\ \text{Pa}$$

由例 2.1 可以看出,在液体受外力作用的情况下,与外力作用产生的压力相比,外加重物和液体自重所产生的压力相对很小,所以,在液压传动系统中可以忽略不计,近似地认为整个液体内部的压力是相等的。以后在分析液压传动系统的压力时,一般采用此结论。

2.2.2　液体静压力作用在固体壁面上的力计算

静止液体和固体壁面相接触时,固体壁面上各点在某一方向上所受静压作用力的总和,就是液体在该方向上作用于固体壁面上的力。

固体壁面为一平面时,如不计重力作用(即忽略 $\rho g h$),平面上各点处的静压力大小相等。作用在固体壁面上的力 F 等于静压力 p 与承压面积 A 的乘积,其作用力方向垂直于壁面,即

$$F = pA \tag{2-13}$$

当固体壁面为如图 2-5 所示的液压缸曲面时,为求压力为 p 的液压油对液压缸右半部缸筒内壁在 x 方向上的作用力 F_x,在内壁上取一微小面积 $dA = lds = lr d\theta$(其中 l 和 r 分别为缸筒的长度和半径),则液压油作用在该面积上的力 dF 的水平分量 dF_x 为

$$dF_x = dF\cos\theta = p dA \cos\theta = plr\ \cos\theta d\theta \tag{2-14}$$

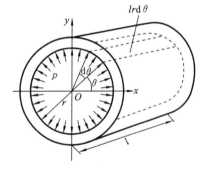

图 2-5　压力油作用在缸体壁面

液压油对缸筒内壁在 x 方向上的作用力为

$$F_x = \int_{-\frac{\pi}{2}}^{\frac{\pi}{2}} dF_x = \int_{-\frac{\pi}{2}}^{\frac{\pi}{2}} plr\ \cos\theta d\theta = 2plr = pA_x \tag{2-15}$$

式中　A_x——缸筒右半部内壁在 x 方向上的投影面积,$A_x = 2rl$。

由此可得曲面上液压作用力在 x 方向上的总作用力 F_x 等于液体压力 p 和曲面

在该方向投影面积 A_x 的乘积,即

$$F_x = pA_x \tag{2-16}$$

2.3　液体动力学计算

2.3.1　基础知识

1. 理想液体、定常流动

研究液体流动时必须考虑到黏性的影响,考虑到这个问题的复杂性。一般分析时,可以假设液体没有黏性,寻找出液体流动的基本规律后,再考虑黏性作用的影响,并通过实验验证的办法对所得出的结论进行补充或修正。对液体的可压缩性问题也可以用这种方法处理。一般把既无黏性又不可压缩的假想液体称为理想液体。

液体流动时,如果液体中任一空间点处的压力、速度和密度等都不随时间变化,则称这种流动为定常流动(或稳定流动、恒定流动);反之,则称为非定常流动。

2. 过流截面、流量和平均流速

(1)过流截面　在液压传动系统中,液体在管道中流动时,垂直于流动方向的截面即为过流截面。过流截面既可能是平面 $A—A$、$C—C$,也可能是曲面 $B—B$(见图2-6)。

(2)流量　单位时间内通过某一过流截面的流体量称为流量。流体量可以用体积来度量,相应的流量称为体积流量,以 q_v 表示;也可以用质量来度量,相应的流量称为质量流量,以 q_m 表示。

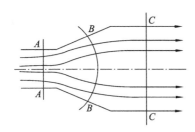

图 2-6　过流截面

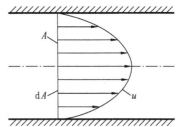

图 2-7　流量和平均流速

在某一过流截面(面积为 A)上,任取一微元面积 dA,如图 2-7 所示。dA 上各点的速度 u 可以认为相同,且 u 与 dA 垂直,则单位时间内通过 dA 的流体体积,即微小流量为

$$dq_v = u dA \tag{2-17}$$

把式(2-17)在整个过流截面 A 上积分可得流过过流截面的总流量,即

$$q_v = \int dq_v = \int_A u dA \tag{2-18}$$

相应的质量流量为

$$q_{\mathrm{m}} = \rho q_{\mathrm{v}} = \rho \int_{A} u \, \mathrm{d}A \qquad (2\text{-}19)$$

（3）平均流速　工程计算中,为了简化问题,常把通过某一过流截面的流量 q_{v} 与该过流截面面积 A 相除,得到一个均匀分布的速度 v,称为平均速度,即

$$v = \frac{q_{\mathrm{v}}}{A} = \frac{\displaystyle\int_{A} u \, \mathrm{d}A}{A} \qquad (2\text{-}20)$$

或

$$q_{\mathrm{v}} = vA \qquad (2\text{-}21)$$

这样用平均速度的概念来计算流量就比较方便了。

2.3.2　连续性方程

设有一如图 2-8 所示的被过流截面 1—1、2—2 及管壁所围成的体积,称为控制体,以 V 表示。因为流体不能穿过流管表面流动,只能通过过流截面 1—1、2—2 流进和流出。根据质量守恒定律,t 时刻控制体 V 内流体质量为 m_{t},那么 $t + \mathrm{d}t$ 时刻控制体 V 中流体质量为

$$m_{t+\mathrm{d}t} = m_{t} + \mathrm{d}t \int_{A_{1}} \rho_{1} u_{1} \, \mathrm{d}A - \mathrm{d}t \int_{A_{2}} \rho_{2} u_{2} \, \mathrm{d}A \qquad (2\text{-}22)$$

式中　　$\mathrm{d}t \displaystyle\int_{A_{2}} \rho_{2} u_{2} \, \mathrm{d}A$——$\mathrm{d}t$ 时间内从截面 2—2 流出的流体质量;

$\mathrm{d}t \displaystyle\int_{A_{1}} \rho_{1} u_{1} \, \mathrm{d}A$——$\mathrm{d}t$ 时间内从截面 1—1 流进的流体质量。

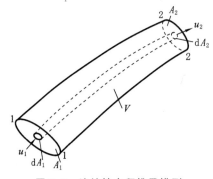

另外,控制体 V 内流体在 $t + \mathrm{d}t$ 时刻的质量可表示为

$$m_{t+\mathrm{d}t} = m_{t} + \mathrm{d}t \int_{V} \frac{\partial \rho}{\partial t} \mathrm{d}V \qquad (2\text{-}23)$$

式中　　$\dfrac{\partial \rho}{\partial t}$——流体密度对时间的变化率。

由式（2-22）和式（2-23）得

$$\int_{A_{1}} \rho_{1} u_{1} \, \mathrm{d}A - \int_{A_{2}} \rho_{2} u_{2} \, \mathrm{d}A = \int_{V} \frac{\partial \rho}{\partial t} \mathrm{d}V$$

图 2-8　连续性方程推导模型

$$(2\text{-}24)$$

这就是连续性方程的基本形式,它表明控制体内流体质量的时间变化率等于流出与流入控制体流体质量的差值。从这一方程可以得到如下更为有用的形式。

当流体在管道内作定常流动时,$\dfrac{\partial \rho}{\partial t} = 0$,于是

$$\rho_{1} \int_{A_{1}} u_{1} \, \mathrm{d}A = \rho_{2} \int_{A_{2}} u_{2} \, \mathrm{d}A \qquad (2\text{-}25)$$

或

$$\rho_1 A_1 v_1 = \rho_2 A_2 v_2 \tag{2-26}$$

如果流体不可压缩，则 $\rho=c$（常数），于是

$$\int_{A_1} u_1 \,\mathrm{d}A = \int_{A_2} u_2 \,\mathrm{d}A \tag{2-27}$$

或

$$A_1 v_1 = A_2 v_2 = q_v \tag{2-28}$$

式(2-28)就是一维流动的连续性方程，它适用于定常或非定常流动的不可压缩流体。

2.3.3　伯努利方程

伯努利方程是能量守恒定律在流体力学中的一种具体表现形式。为研究方便，先讨论理想液体的伯努利方程，然后再对其进行修正，最后给出实际液体的伯努利方程。

1. 理想液体的运动微分方程

在液流的微小流束上取出一段通流截面积为 $\mathrm{d}A$、长度为 $\mathrm{d}s$ 的微元体，如图 2-9 所示。在一维流动情况下，理想液体在微元体上作用有如下两种外力。

（1）压力在两端截面上所产生的作用力，即

$$p\mathrm{d}A - \left(p + \frac{\partial p}{\partial s}\mathrm{d}s\right)\mathrm{d}A = -\frac{\partial p}{\partial s}\mathrm{d}s\mathrm{d}A$$

式中　$\dfrac{\partial p}{\partial s}$——沿流线方向的压力梯度。

（2）作用在微元体上的重力——$\rho g \mathrm{d}s\mathrm{d}A$。

在恒定流动下这一微元体的惯性力为

$$ma = \rho \mathrm{d}s\mathrm{d}A \frac{\mathrm{d}u}{\mathrm{d}t} = \rho \mathrm{d}s\mathrm{d}A \left(u \frac{\partial u}{\partial s}\right)$$

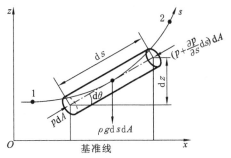

图 2-9　理想液体一维流动

式中　u——微元体沿流线的运动速度，$u = \dfrac{\mathrm{d}s}{\mathrm{d}t}$。

根据牛顿第二定律 $\sum F = ma$ 有

$$-\frac{\partial p}{\partial s}\mathrm{d}s\mathrm{d}A - \rho g \mathrm{d}s\mathrm{d}A \cos\theta = \rho \mathrm{d}s\mathrm{d}A \left(u \frac{\partial u}{\partial s}\right) \tag{2-29}$$

由于 $\cos\theta = \dfrac{\partial z}{\partial s}$，代入上式，整理后可得

$$-\frac{1}{\rho}\frac{\partial p}{\partial s} - g\frac{\partial z}{\partial s} = u\frac{\partial u}{\partial s} \tag{2-30}$$

式(2-30)就是理想液体沿流线作恒定流动时的运动微分方程，它表示了单位质量液

体的力平衡方程。

2. 理想液体的伯努利方程

将式(2-30)沿流线 s 从截面 1—1 积分到截面 2—2,便可得到微元体流动时的能量关系式,即

$$\int_1^2 \left(-\frac{1}{\rho} \frac{\partial p}{\partial s} - g \frac{\partial z}{\partial s} \right) \mathrm{d}s = \int_1^2 \frac{\partial}{\partial s} \left(\frac{u^2}{2} \right) \mathrm{d}s$$

上式两边同除以 g,移项后整理得

$$\frac{p_1}{\rho g} + z_1 + \frac{u_1^2}{2g} = \frac{p_2}{\rho g} + z_2 + \frac{u_2^2}{2g} \tag{2-31}$$

由于截面 1—1、2—2 是任意取的,所以上式也可写为

$$\frac{p}{\rho g} + z + \frac{u^2}{2g} = C \tag{2-32}$$

式(2-31)或式(2-32)就是理想液体微小流束作恒定流动时的伯努利方程或能量方程。

理想液体的伯努利方程表明:理想液体作恒定流动时具有压力能、位能和动能三种能量形式,在任一截面上这三种能量形式之间可以相互转换,但三者之和为一定值,即能量守恒。

3. 实际液体的伯努利方程

实际液体在流动时,由于液体存在黏性,会产生内摩擦力,消耗能量。同时,管道局部形状和尺寸的骤然变化,会使液体产生扰动,也消耗能量。因此,实际液体流动存在能量损失。假设图 2-9 中微元体从截面 1—1 流到截面 2—2 损耗的能量为 h'_{w},则实际液体微小流束作恒定流动时的伯努利方程为

$$\frac{p_1}{\rho g} + z_1 + \frac{u_1^2}{2g} = \frac{p_2}{\rho g} + z_2 + \frac{u_2^2}{2g} + h'_{\mathrm{w}} \tag{2-33}$$

为了得出实际液体的伯努利方程,图 2-10 给出了一段流管中的液流。在流管中,两端的通流截面积分别为 A_1、A_2。在此液流中取出一微小流束,两端的通流截面积各为 $\mathrm{d}A_1$ 和 $\mathrm{d}A_2$,其相应的压力、流速和高度分别为 p_1、u_1、z_1 和 p_2、u_2、z_2,这一微

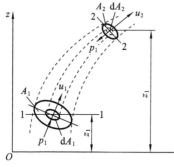

图 2-10 实际液体的伯努利方程

小流束的伯努利方程可用式(2-33)表示。将式(2-33)的两端乘以相应的微小流量 $\mathrm{d}q$($\mathrm{d}q = u_1 \mathrm{d}A_1 = u_2 \mathrm{d}A_2$),然后各自对液流的通流截面积 A_1 和 A_2 进行积分,得

$$\int_{A_1} \left(\frac{p_1}{\rho g} + z_1 \right) u_1 \mathrm{d}A_1 + \int_{A_1} \frac{u_1^2}{2g} u_1 \mathrm{d}A_1$$

$$= \int_{A_2} \left(\frac{p_2}{\rho g} + z_2 \right) u_2 \mathrm{d}A_2 + \int_{A_2} \frac{u_2^2}{2g} u_2 \mathrm{d}A_2 + \int_q h'_{\mathrm{w}} \mathrm{d}q \tag{2-34}$$

式(2-34)左边及右边的前两项积分分别表示单位时间内流过截面 1—1 和截面 2—2 的流量所具有的总能量,而右边最后一项则表示流管内的液体从截面 1—1 流到截面 2—2 损耗的能量。

为使式(2-34)便于实用,首先将图 2-10 中截面 1—1 和截面 2—2 处的流动限于平行流动(或缓变流动),这样,通流截面 1—1、2—2 可视作平面,在通流截面上除重力外无其他质量力,因而通流截面上各点处的压力具有与液体静压力相同的分布规律。其次,用平均流速 v 代替液流截面 1—1 和 2—2 上各点处不等的流速 u,令单位时间内截面 A 处液流的实际动能与按平均流速计算出的动能之比为动能修正系数 α,即

$$\alpha = \frac{\int_A \rho \dfrac{u^2}{2} u \, \mathrm{d}A}{\dfrac{1}{2}\rho A v v^2} = \frac{\int_A u^3 \, \mathrm{d}A}{v^3 A} \tag{2-35}$$

此外,对液体在流管中流动时产生的能量损耗,也用平均能量损耗的概念来处理,即令

$$h_w = \frac{\int_q h'_w \, \mathrm{d}q}{q} \tag{2-36}$$

将式(2-35)、式(2-36)代入式(2-34),整理后可得

$$\frac{p_1}{\rho g} + z_1 + \frac{\alpha_1 v_1^2}{2g} = \frac{p_2}{\rho g} + z_2 + \frac{\alpha_2 v_2^2}{2g} + h_w \tag{2-37}$$

式中　α_1、α_2——截面 1—1、2—2 上动能修正系数,实验表明 $\alpha = 1 \sim 2$。

式(2-37)就是实际液体在流管中作平行(或缓变)流动时的伯努利方程。其中 h_w 为单位重力液体从截面 1—1 流到截面 2—2 过程中的能量损耗,通常需要用实验确定。

在应用式(2-37)时,必须注意 p 和 z 应为通流截面的同一点上的两个参数,特别是压力参数 p 的度量基准应该一样,统一用绝对压力或统一用相对压力,为方便起见,通常把这两个参数都取在通流截面的轴心处。

在液压系统的计算中,公式(2-37)通常写成另外一种形式,即

$$p_1 + \rho g h_1 + \frac{1}{2}\rho \alpha_1 v_1^2 = p_2 + \rho g h_2 + \frac{1}{2}\rho \alpha_2 v_2^2 + \Delta p_w \tag{2-38}$$

式中　h_1、h_2——液体在流动时的不同高度;

　　　　Δp_w——液体流动时的压力损失。

伯努利方程揭示了液体流动过程中的能量变化规律。它指出,对于流动的液体来说,如果没有能量的输入和输出,液体内的总能量是不变的。伯努利方程是流体力学中一个重要的基本方程。

例 2.2　计算如图 2-11 所示液压泵吸油口处的真空度(低于大气压的那部分数

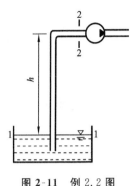

图 2-11 例 2.2 图

值）。

解 以油箱液面为基准，并定为截面 1—1，泵的进油口处为截面 2—2。对截面 1—1 和截面 2—2 建立实际液体的伯努利方程，有

$$p_1 + \rho g h_1 + \frac{1}{2}\rho\alpha_1 v_1^2 = p_2 + \rho g h_2 + \frac{1}{2}\rho\alpha_2 v_2^2 + \Delta p_w$$

如图 2-11 所示的油箱液面与大气接触，故 $p_1 = p_a$；v_1 为油箱液面下降速度，v_2 为泵吸油口处液体的流速，等于液体在吸油管内的流速，由于 $v_1 \ll v_2$，故 v_1 可以近似为零。取油箱液面为基准面，则 $h_1 = 0, h_2 = h$；Δp_w 为吸油管路的能量损失。因此，上式可简化为

$$p_a = p_2 + \rho g h + \frac{1}{2}\rho\alpha_2 v_2^2 + \Delta p_w$$

所以，液压泵吸油口处的真空度为

$$p_a - p_2 = \rho g h + \frac{1}{2}\rho\alpha_2 v_2^2 + \Delta p_w$$

由此可见，液压泵吸油口处的真空度由三部分组成：把油液提升到高度 h 所需的压力；将静止液体加速到 v_2 所需的压力；吸油管路的压力损失。

2.3.4 动量方程

动量方程是动量定律在流体力学中的具体应用。在液压传动中，要计算液流作用在固体壁面上的力时，应用动量方程求解比较方便。

刚体力学动量定律指出，作用在物体上的合外力等于物体在力的作用方向上单位时间内动量的变化量，即

$$\sum F = \frac{\mathrm{d}\dot{I}}{\mathrm{d}t} = \frac{\mathrm{d}(m\dot{v})}{\mathrm{d}t} \tag{2-39}$$

式中　$\sum F$ ——作用在液体上所有外力的矢量和；

　　　$\dot{I}$ ——液体的动量；

　　　m ——控制体液体质量；

　　　$\dot{v}$ ——液体的平均流速矢量。

在任意时刻 t，从流管中取出一个由过流截面 1—1 和截面 2—2 围起来的液体为控制体积，如图 2-12 所示。在此控制体积内取一微小流束，其在截面 1—1 和截面 2—2 上的过流截面积分别为 $\mathrm{d}A_1$、$\mathrm{d}A_2$，流速分别为 u_1、u_2。假定控制体积经过时间 $\mathrm{d}t$ 后流到新的位置，过流截面分别为截面 $1'—1'$、截面 $2'—2'$，则在 $\mathrm{d}t$ 时间内控制体积中液体质量的动量变化为

$$\mathrm{d}\left(\sum I\right) = \dot{I}_{\mathrm{II}_{t+\mathrm{d}t}} + \dot{I}_{\mathrm{III}_{t+\mathrm{d}t}} - (\dot{I}_{\mathrm{I}_{t}} + \dot{I}_{\mathrm{III}_{t}}) \tag{2-40}$$

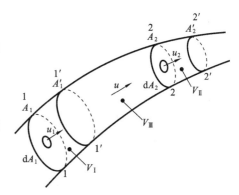

体积 V_{II} 中液体在 $t+\mathrm{d}t$ 时的动量为

$$\dot{I}_{\mathrm{II}_{t+\mathrm{d}t}} = \int_{V_{\mathrm{II}}} \rho u_2 \, \mathrm{d}V_{\mathrm{II}} = \int_{A_2} \rho u_2 \, \mathrm{d}A_2 \, u_2 \, \mathrm{d}t$$

同样可推得体积 V_{I} 中液体在 t 时的动量为

$$\dot{I}_{\mathrm{I}_{t}} = \int_{V_{\mathrm{I}}} \rho u_1 \, \mathrm{d}V_{\mathrm{I}} = \int_{A_1} \rho u_1 \, \mathrm{d}A_1 \, u_1 \, \mathrm{d}t$$

式(2-40)中

图 2-12　动量方程推导

$$\dot{I}_{\mathrm{III}_{t+\mathrm{d}t}} - \dot{I}_{\mathrm{III}_{t}} = \frac{\mathrm{d}}{\mathrm{d}t}\left(\int_{V_{\mathrm{III}}} \rho u \, \mathrm{d}V_{\mathrm{III}}\right) \mathrm{d}t$$

当 $\mathrm{d}t \to 0$ 时，体积 $V_{\mathrm{III}} \approx V$，将以上关系代入式(2-39)和式(2-40)，得

$$\sum \dot{F} = \frac{\mathrm{d}}{\mathrm{d}t}\left(\int_{V} \rho u \, \mathrm{d}V\right) + \int_{A_2} \rho u_2 u_2 \, \mathrm{d}A_2 - \int_{A_1} \rho u_1 u_1 \, \mathrm{d}A_1$$

若用流管内液体的平均流速 v 代替截面上的实际流速 u，其误差用动量修正系数 β 予以修正，且不考虑液体的可压缩性，即 $A_1 v_1 = A_2 v_2 = q$，而 $q = \int_{A} u \, \mathrm{d}A$，则上式经整理后可得

$$\sum F = \frac{\mathrm{d}}{\mathrm{d}t}\left(\int_{V} \rho u \, \mathrm{d}V\right) + \rho q (\beta_2 v_2 - \beta_1 v_1) \tag{2-41}$$

式中，动量修正系数 β 等于实际动量与按平均流速计算出的动量之比，即

$$\beta = \frac{\int_{A} u \, \mathrm{d}M}{Mv} = \frac{\int_{A} u (\rho u \, \mathrm{d}A)}{\rho v A v} = \frac{\int_{A} u^2 \, \mathrm{d}A}{v^2 A} \tag{2-42}$$

式(2-41)即为流体力学中的动量定律。等式右边第一项是使控制体积内的液体加速(或减速)所需的力，是因时间变化而产生的，称为瞬态液动力；等式右边第二项是由于液体在不同控制表面上具有不同速度所引起的力，是因地点变化而产生的，称为稳态液动力。

对于作恒定流动的液体，式(2-41)右边第一项等于零，于是有

$$\sum F = \rho q (\beta_2 v_2 - \beta_1 v_1) \tag{2-43}$$

式(2-41)、式(2-42)和式(2-43)均为矢量方程式，在应用时可根据具体要求向指定方向投影，列出该方向上的动量方程，然后再进行求解。例如在指定 x 方向上的动量方程可写成如下形式：

$$\sum F_x = \rho q (\beta_2 v_{2x} - \beta_1 v_{1x}) \tag{2-44}$$

在工程实际问题中，往往要求出液流对通道固体壁面的作用力，如动量方程中

$\sum F$ 的反作用力 F' 在指定 x 方向上的稳态液动力计算公式为

$$F'_x = -\sum F_x = \rho q(\beta_1 v_{1x} - \beta_2 v_{2x}) \qquad (2\text{-}45)$$

例 2.3　如图 2-13 所示,有一圆柱滑阀,进出口流速分别为 v_1 和 v_2,阀腔内平均流速为 v,出口截面上的压强可忽略,不计阻力,求液流对阀芯的轴向作用力。

解　取阀芯表面、阀套表面以及滑阀进出口表面所包围的流体为控制体。假设流体不可压缩,ρ 为常数。在 x 方向列写非定常流动的动量方程,则阀芯对液流的轴

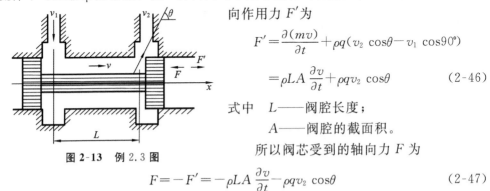

向作用力 F' 为

$$F' = \frac{\partial (mv)}{\partial t} + \rho q(v_2 \cos\theta - v_1 \cos 90°)$$

$$= \rho L A \frac{\partial v}{\partial t} + \rho q v_2 \cos\theta \qquad (2\text{-}46)$$

式中　L——阀腔长度;

　　　　A——阀腔的截面积。

所以阀芯受到的轴向力 F 为

图 2-13　例 2.3 图

$$F = -F' = -\rho L A \frac{\partial v}{\partial t} - \rho q v_2 \cos\theta \qquad (2\text{-}47)$$

式(2-47)等号右边第一项是因阀口开度改变而引起阀腔内的动量变化率,称阀芯的瞬态力,其方向与 $\frac{\partial v}{\partial t}$ 相反。右边第二项是阀口开度一定时,流进、流出阀腔流体动量的变化量,称阀芯的稳态力,其方向与 $v_2 \cos\theta$ 的方向相反,与阀口关闭的方向一致。当进出阀芯液体反向时,同理可以证明,阀芯的稳态液动力是使阀口关闭。

2.4　液压系统管道内压力损失计算

2.4.1　压力损失的种类

当液体流动时,其质点与质点之间及其质点与约束它流动的固体壁面间相互作用便产生对抗其流动的摩擦力,从而消耗其本身所具有的能量,产生能量损失。由于液体运动的复杂性,计算能量损失时,必须结合实验,再加以理论上的分析概括,用经验和半经验公式来确定各种情况下的能量损失。

实验表明,液体在沿固体壁面流动的过程中,能量损失有两种形式:一种是由于流体在等截面直管内的摩擦阻力所引起的沿程能量损失,称为沿程损失;另一种是由于流道形状改变,流速受到扰动,如管道进口、流道发生弯曲、截面突然扩大或缩小等引起的局部能量损失,称为局部损失。液体的黏性及固壁对液体的阻滞作用,使流动在固壁的法线方向上形成速度梯度,导致流体层间产生摩擦和流体内部质点的紊动,从而造成能量损失,这种损失称为沿程损失。液体的黏性及流程上过流断面的形状

发生变化,使质点具有横向速度,同时,流体的惯性使流动不能紧贴壁面,于是,在流场内形成旋涡区,流体微团猛烈紊动变形,从而造成能量损失,这种损失称为局部损失。引起这两种损失的内因都是由于液体的黏性。

2.4.2　液体的两种流态

19 世纪末,雷诺首先通过实验观察了水在圆管内的流动情况,并发现液体在管道中流动时有两种流动状态:层流和紊流(湍流)。这个实验称为雷诺实验。

层流时,液体的流速低,液体质点受黏性约束,不能随意运动,黏性力起主导作用,液体的能量主要消耗在液体之间的内摩擦损失上;紊流时,液体的流速较高,黏性的制约作用减弱,惯性力起主导作用,液体的能量主要消耗在动能损失上。

雷诺实验还证明,液体在圆形管道中的流动状态不仅与管内的平均流速 v 有关,还与管道的直径 d、液体的运动黏度 ν 有关。其流动状态是由上述三个参数所确定的称为雷诺数 Re 的无量纲数来判定,即

$$Re = \frac{vd}{\nu} \qquad (2\text{-}48)$$

对于非圆形截面管道,雷诺数 Re 可用下式表示,即

$$Re = \frac{vd_{H}}{\nu} \qquad (2\text{-}49)$$

式中　d_H——水力直径。

水力直径可用下式计算:

$$d_H = \frac{4A}{\chi} \qquad (2\text{-}50)$$

式中　A——过流截面积;

　　　χ——润湿周界长度,即有效截面的管壁周长。

面积相等但形状不同的过流截面,其水力直径是不同的。由计算可知,圆形的最大,同心环状的最小。水力直径的大小对过流能力有很大的影响。水力直径大,液流和管壁接触的周长短,管壁对液流的阻力小,过流能力大。这时,即使过流截面积小,也不容易阻塞。

雷诺数是液体在管道中流动状态的判据。对于不同情况下的液体流动状态,如果液体流动时的雷诺数 Re 相同,其流动状态也就相同。液流由层流转变为紊流时的雷诺数和由紊流转变为层流时的雷诺数是不相同的,前者称为上临界雷诺数,记作 Re_{c1},后者称为下临界雷诺数,记作 Re_{c2}。当液流的实际雷诺数 Re 小于下临界雷诺数 Re_{c2} 时,流态为层流;当 Re 大于 Re_{c1} 时,流态为紊流;当 Re 位于 Re_{c1} 和 Re_{c2} 之间时,流态可能是层流也可能是紊流。考虑到紊流比层流损失的能量多,故工程上常规定以下临界雷诺数作为判断标准并简称为临界雷诺数 Re_{cr}。在式(2-37)或式(2-38)给出的实际液体伯努利方程和式(2-43)给出的动量定律中,其动能修正系数 α 和动

量修正系数 β 值与液体的流动状态有关。对圆管来说,当液体处于紊流态时取 $\alpha=1,\beta=1$;处于层流态时取 $\alpha=2,\beta=4/3$。常见液流管道的临界雷诺数由实验确定,如表 2-3 所示。

表 2-3　常见液流管道的临界雷诺数

管　道	Re_{cr}	管　道	Re_{cr}
光滑金属圆管	2 000～2 320	带环槽的同心环状缝隙	700
橡胶软管	1 600～2 000	带环槽的偏心环状缝隙	400
光滑的同心环状缝隙	1 100	圆柱形滑阀阀口	260
光滑的偏心环状缝隙	1 000	锥阀阀口	20～100

2.4.3　沿程压力损失计算

沿程能量损失可以以水头损失 h_λ 的形式表示,h_λ 利用达西(Darcy)公式计算如下:

$$h_\lambda=\lambda\frac{L}{d}\frac{v^2}{2g} \tag{2-51}$$

式中　λ——沿程阻力系数,它与流动状态、管壁的粗糙度等因素有关;

　　　L——管道长度;

　　　d——管径。

能量损失又往往以压力差的形式表现出来,因此又称压力损失,沿程压力损失表示为

$$\Delta p=p_1-p_2=\lambda\frac{L}{d}\frac{\rho v^2}{2} \tag{2-52}$$

式中　p_1、p_2——管道两端的压力。

2.4.4　局部压力损失计算

局部能量损失可以以局部水头损失 h_ζ 的形式表示,即

$$h_\zeta=\zeta\frac{v^2}{2g} \tag{2-53}$$

式中　ζ——局部阻力系数,它的大小与局部障碍的结构形式有关,由实验确定;

　　　v——管中液体的平均速度(通常指局部障碍之后的速度)。

局部压力损失为

$$\Delta p=\zeta\frac{\rho v^2}{2} \tag{2-54}$$

式中　Δp——流经局部障碍前后的压力差。

局部障碍有多种形式,所引起的局部阻力特性、大小各异,但其共同的特点是阻力集中在一段较短的流程内。

2.4.5　管路系统中的总压力损失计算

在工程实际中,流体在管道中流动会同时产生沿程能量损失和局部能量损失。于是在某段管道上流体产生的总能量损失应该是这段管路上各种能量损失的叠加,即等于所有沿程能量损失与所有局部能量损失的和,用公式表示为

$$h_{\mathrm{f}} = \sum h_\lambda + \sum h_\zeta \tag{2-55}$$

例 2.4　图 2-14 所示为一油箱排油系统,油箱容积为 2 m³,液压油密度 $\rho = 900$ kg/m³。由油箱到油库的管长为 60 m,管路上有 2 个闸阀(全开,局部阻力系数 $\zeta_1 = 1.3$),5 个弯头($r/d = 1$,$\zeta_2 = 0.29$),入口阻力系数 $\zeta_3 = 0.5$,出口阻力系数 $\zeta_4 = 2$,圆管的沿程阻尼系数 $\lambda = 0.057$。油库油面比油箱油面低 3 m,要求在 30 min 内排空油箱,试选择油管及泵的流量 q_v 和压力 Δp_0。

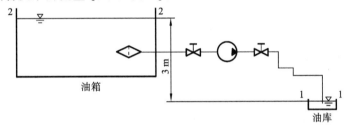

图 2-14　例 2.4 图

解　取油库液面为基准面,则油库油面 1—1 和油箱油面 2—2 的伯努利方程为

$$\Delta p_0 + \rho g h_1 + \frac{1}{2}\rho\alpha_1 v_1^2 = p_2 + \rho g h_2 + \frac{1}{2}\rho\alpha_2 v_2^2 + \Delta p_\mathrm{w}$$

上式中,$p_2 = 0$,$h_1 = 0$,$h_2 = 3$,$v_1 = v_2 = 0$,Δp_w 为总压力损失。取动能修正系数 $\alpha_1 = \alpha_2 = 1$,则泵压力

$$\Delta p_0 = \Delta p_\mathrm{w} + \rho g h_2$$

泵所需流量为

$$q_\mathrm{v} = \frac{V}{t} = \frac{2}{30 \times 60}\ \mathrm{m^3/s} = 0.001\ \mathrm{m^3/s} = 66.7\ \mathrm{L/min}$$

按输油流速为 3 m/s 计算,则

$$d = \sqrt{\frac{4q_\mathrm{v}}{\pi v}} = \sqrt{\frac{4 \times 0.0667/60}{\pi \times 3}}\ \mathrm{m} = 2.17 \times 10^{-2}\ \mathrm{m}$$

选用标准管径 $\phi 25$ mm,则管中流速

$$v = \frac{q_\mathrm{v}}{\frac{\pi}{4}d^2} = \frac{0.0667/60}{\frac{\pi}{4} \times 0.025^2}\ \mathrm{m/s} = 2.26\ \mathrm{m/s}$$

沿程压力损失为

$$\Delta p_\lambda = \lambda \frac{L}{d} \frac{\rho v^2}{2} = 0.057 \times \frac{60}{0.025} \times \frac{900 \times 2.26^2}{2} \text{ Pa} = 3.14 \times 10^5 \text{ Pa}$$

局部压力损失为

$$\Delta p_\zeta = \sum \zeta \frac{\rho v^2}{2} = (2 \times 1.3 + 5 \times 0.29 + 0.5 + 2) \times \frac{900 \times 2.26^2}{2} \text{ Pa}$$

$$= 1.51 \times 10^4 \text{ Pa}$$

则总压力损失为

$$\Delta p_w = \sum h_\lambda + \sum h_\zeta = (3.14 \times 10^5 + 1.51 \times 10^4) \text{Pa} = 3.29 \times 10^5 \text{ Pa}$$

则泵所需的压力为

$$\Delta p_0 = 3.29 \times 10^5 + 900 \times 9.8 \times 3 = 3.56 \times 10^5 \text{ Pa} = 0.356 \text{ MPa}$$

2.5　孔口及缝隙液流特性计算

2.5.1　常见孔口流量计算

孔口根据它们的长径比(长度 l/直径 d)可分为三种:当 $l/d \leqslant 0.5$ 时,称为薄壁孔;当 $0.5 < l/d \leqslant 4$ 时,称为短孔;当 $l/d > 4$ 时,称为细长孔。

1. 薄壁孔口流量

图 2-15 所示为进口边做成刃口形的典型薄壁孔口。由于液体的惯性作用,液流通过孔口时要发生收缩现象,在靠近孔口的后方出现收缩最大的过流截面。对于薄壁圆孔,若孔口离侧壁的距离大于孔口在该方向最大尺寸的 3 倍,则流束的收缩作用不受孔前通道内壁的影响,这时的收缩称为完全收缩;反之,则孔前通道对液流进入小孔起导向作用,这时的收缩称为不完全收缩。

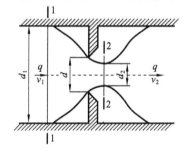

现对孔前通道截面 1—1 和收缩截面 2—2 之间的液体列出伯努利方程,即

图 2-15　薄壁孔口液流

$$p_1 + \rho g h_1 + \frac{1}{2} \rho \alpha_1 v_1^2 = p_2 + \rho g h_2 + \frac{1}{2} \rho \alpha_2 v_2^2 + \Delta p_w$$

式中,$h_1 = h_2$;因 $v_1 \ll v_2$,则 v_1 可以忽略不计;因为收缩截面的流动是紊流,则 $\alpha_2 = 1$;而 Δp_w 仅为局部损失,即 $\Delta p_w = \zeta \frac{\rho v_2^2}{2}$,代入上式后可得

$$v_2 = \frac{1}{\sqrt{1+\zeta}} \sqrt{\frac{2}{\rho}(p_1 - p_2)} = C_v \sqrt{\frac{2}{\rho} \Delta p} \qquad (2\text{-}56)$$

式中　C_v——速度系数,$C_v = \dfrac{1}{\sqrt{1+\zeta}}$;

Δp——孔口前后的压力差，$\Delta p = p_1 - p_2$。

由此可得出通过薄壁孔口的流量公式为

$$q = A_2 v_2 = C_v C_c A_T \sqrt{\frac{2}{\rho} \Delta p} = C_q A_T \sqrt{\frac{2}{\rho} \Delta p} \tag{2-57}$$

式中　A_2——收缩截面的面积；

　　　C_c——收缩系数，$C_c = A_2 / A_T = d_2^2 / d^2$；

　　　A_T——孔口的过流截面面积，$A_T = \pi d^2 / 4$；

　　　C_q——流量系数，$C_q = C_v C_c$。

C_v、C_c、C_q 的数值可由实验确定。在薄壁圆形孔口液流完全收缩的情况下，当 $Re \leqslant 10^5$ 时，C_v 及 C_c、C_q 与 Re 之间的关系如图 2-16 所示，或按下列关系计算：

$$C_q = 0.964 Re^{-0.05} \ (Re = 800 \sim 5\,000) \tag{2-58}$$

当 $Re > 10^5$ 时，C_v、C_c、C_q 可认为是不变的常数，计算时可取平均值 $C_v = 0.97 \sim 0.98$，$C_c = 0.61 \sim 0.63$，$C_q = 0.6 \sim 0.62$；当液流不完全收缩（$d_1 / d < 7$）时，流量系数可增大到 $C_q = 0.7 \sim 0.8$；当孔口不是薄刃式而带棱边或小倒角时，C_q 值将更大。薄壁孔口由于流程短，只有局部损失，流量对油温的变化不敏感，因此流量稳定，适合于作节流器。但薄壁孔口加工困难，因此实际应用较多的是短孔。

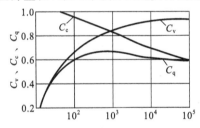

图 2-16　薄壁孔口的 C_v-Re、C_c-Re、C_q-Re 曲线

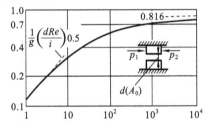

图 2-17　短孔流量系数

2. 短孔、细长孔口流量

短孔的流量公式仍然是式（2-57），但流量系数 C_q 应由图 2-17 中查出。而当 $dRe/l > 10^4$ 时，一般可取 $C_q = 0.82$。短孔比薄壁孔口容易制作，因此特别适合于作固定节流器使用。

流经细长孔的液流，由于黏性而流动不畅，流速低，故多为层流，其流量计算按圆管中匀速层流分析计算。

1）过流截面上流速分布规律

从流动液体中取出一轴心与管轴重合的微小圆柱体，如图 2-18 所示。圆柱体长为 L，半径为 r。由于圆柱体作恒定常匀速流动，故质量力只有重力。在圆柱体的两端面上有压力 p_1 和 p_2 作用，但无切向力存

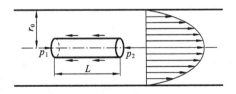

图 2-18　过流截面速度分布

在,在圆柱体的侧表面上,压力与轴线垂直而切向力与轴线平行。由于流动是轴对称的,因而,所有切向力在侧面上均匀分布。把所有的作用力投影到轴线方向,可得

$$(p_1 - p_2)\pi r^2 - T = 0$$

式中　$T = -\mu S \dfrac{\mathrm{d}v}{\mathrm{d}r}, S = 2\pi r L$。

此处,由于横坐标取在轴心上,$\dfrac{\mathrm{d}v}{\mathrm{d}r}$ 为负值,为使 T 本身的值为正,故前面加一负号,有

$$\Delta p\pi r^2 = -\mu 2\pi r L \frac{\mathrm{d}v}{\mathrm{d}r} \quad 或 \quad \frac{\mathrm{d}v}{\mathrm{d}r} = -\frac{\Delta p}{2\mu L}r$$

积分后得

$$v = -\frac{\Delta p}{4\mu L}r^2 + c$$

式中　c 为积分常数,可由边界条件决定,即当 $r = r_0$ 时,$v = 0$,于是得到

$$c = \frac{\Delta p}{4\mu L}r_0^2$$

因而求得速度分布的表达式为

$$v = \frac{\Delta p}{4\mu L}(r_0^2 - r^2) \tag{2-59}$$

2) 流量计算

如图 2-19 所示,取半径 r 处厚度为 $\mathrm{d}r$ 的微小环形面积来进行观察。通过此环形面积的流量为

$$\mathrm{d}q = v \cdot 2\pi r \mathrm{d}r$$

因此通过整个过流截面的流量应为

$$q = \int_0^{r_0} v 2\pi r \mathrm{d}r$$

将速度表达式代入上式,得

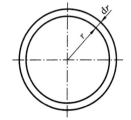

图 2-19　流量计算图

$$q = \int_0^{r_0} \frac{\Delta p}{4\mu L}(r_0^2 - r^2)2\pi r \mathrm{d}r = -\frac{\pi \Delta p}{2\mu L}\int_0^{r_0}(r^2 - r_0^2)r\mathrm{d}r = \frac{\pi r_0^4}{8\mu L}\Delta p$$

即

$$q = \frac{\pi d^4}{128\mu L}\Delta p \tag{2-60}$$

这里,液体流经细长孔的流量 q 与孔前后的压差 Δp 成正比,而与液体的黏度 μ 成反比。可见细长孔的流量与液压油的黏度有关。

综合式(2-57)、式(2-59)及各孔口的流量公式,可以归纳出一个通用公式,即

$$q = C A_\mathrm{T} \Delta p^\varphi \tag{2-61}$$

式中　C——由孔口的形状、尺寸和液体性质决定的系数,对于细长孔,$C = d^2/(32\mu l)$,对于薄壁孔和短孔,$C = C_\mathrm{q}\sqrt{2/\rho}$;

　　　　A_T——孔口的过流截面面积;

Δp——孔口的两端压力差；

φ——由孔口的长径比决定的指数，薄壁孔和短孔 $\varphi=0.5$，细长孔 $\varphi=1$。

孔口的流量通用公式(2-61)经常用于分析孔口的流量压力特性。

2.5.2　缝隙液流特性计算

液压装置的各零件之间，特别是有相对运动的各零件之间，一般都存在缝隙(或称间隙)。流过缝隙的油液流量就是缝隙泄漏流量。由于缝隙的高度与其长度和宽度相比较通常很小，液流受壁面的影响较大，因此缝隙液流的流态一般均为层流。

通常来讲，缝隙流动有三种状况：一种是由缝隙两端压力差造成的流动，称为压差流动；另一种是形成缝隙的两壁面作相对运动所造成的流动，称为剪切流动；还有一种是这两种流动的组合，称为压差剪切流动。

1. 平行平板缝隙流量

图 2-20 所示为平行平板缝隙间的液体流动情况。设缝隙高度为 h，宽度为 b，长度为 l，$b\gg h$，$l\gg h$，设两端的压力分别为 p_1 和 p_2，其压差为 $\Delta p=p_1-p_2$。从缝隙中取出一微元体 $b\mathrm{d}x\mathrm{d}y$，其左右两端面所受的压力分别为 p 和 $p+\mathrm{d}p$，上下两侧面所受的摩擦切应力分别为 τ 和 $\tau+\mathrm{d}\tau$，则在水平方向上的力平衡方程为

$$pb\mathrm{d}y+(\tau+\mathrm{d}\tau)b\mathrm{d}x=(p+\mathrm{d}p)b\mathrm{d}y+\tau b\mathrm{d}x$$

经整理并将式(2-6)代入后得

$$\frac{\mathrm{d}^2 u}{\mathrm{d}y^2}=\frac{1}{\mu}\frac{\mathrm{d}p}{\mathrm{d}x}$$

对 y 积分两次得

$$u=\frac{1}{2\mu}\frac{\mathrm{d}p}{\mathrm{d}x}y^2+c_1 y+c_2 \qquad (2\text{-}62)$$

式中　c_1、c_2——积分常数。当平行平板间的相对运动速度为 u_0 时，边界条件为：当 $y=0$

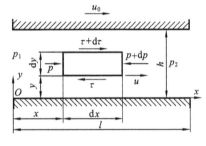

图 2-20　平行平板缝隙液流

时，$u=0$；当 $y=h$ 时，$u=u_0$，得 $c_1=\dfrac{u_0}{h}-\dfrac{h}{2\mu}\dfrac{\mathrm{d}p}{\mathrm{d}x}$，$c_2=0$。由于流动是匀速的，故有

$$\frac{\mathrm{d}p}{\mathrm{d}x}=\frac{p_2-p_1}{l}=-\frac{p_1-p_2}{l}=-\frac{\Delta p}{l}$$

把上述关系分别代入式(2-62)，并考虑到运动平板有可能反方向运动，可得

$$u=\frac{\Delta p}{2\mu l}(h-y)y\pm\frac{u_0}{h}y \qquad (2\text{-}63)$$

由此得液体在平行平板缝隙中的流量为

$$q=\int_0^h bu\mathrm{d}y=\int\left[\frac{\Delta p}{2\mu l}(h-y)y\pm\frac{u_0}{h}y\right]b\mathrm{d}y=\frac{bh^3}{12\mu l}\Delta p\pm\frac{u_0}{2}bh \qquad (2\text{-}64)$$

式(2-64)中"$\pm$"号的确定方法为：当平板的移动方向和压差方向相同时，取

"＋"号;方向相反时,取"－"号。

当平行平板间没有相对运动时$(u_0=0)$,有

$$q=\frac{bh^3\Delta p}{12\mu l}\qquad(2\text{-}65)$$

当平行平板两端没有压差时$(\Delta p=0)$,有

$$q=\frac{u_0}{2}bh\qquad(2\text{-}66)$$

由上述结论可以理解,在液压元件缝隙中,其泄漏量与缝隙值的三次方成正比,这说明液压元件内缝隙的大小对其泄漏量的影响是很大的。

2. 圆环缝隙流量

在液压缸的活塞和缸筒之间,液压阀的阀芯和阀孔之间,都存在着圆环缝隙。圆环缝隙有同心和偏心两种情况,它们的流量公式不同。

1)流过同心圆环缝隙的流量

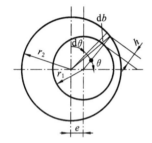

图 2-21　偏心圆环缝隙间液流

如图 2-21 所示,若 $e=0$,则为同心圆环缝隙,其圆柱体直径为 d,缝隙值为 h,缝隙长度为 L。如果将圆环缝隙沿圆周方向展开,就相当于一个平行平板缝隙。因此,只要用 πd 来替代式(2-64)中的 b,就可以得到内外表面之间有相对运动的同心圆环缝隙流量公式,即

$$q=\frac{\pi dh^3}{12\mu L}\Delta p\pm\frac{\pi dhu_0}{2}\qquad(2\text{-}67)$$

2)流过偏心圆环缝隙的流量

设有如图 2-21 所示的偏心环形间隙,r_1 和 r_2 分别为内圆柱和外孔的半径,e 为偏心距,在任意角 θ 处间隙高度为 h,对 θ 角取微小增量 $d\theta$,如 h 相对 r_1 为微量,则 $d\theta$ 所对应的间隙中的流动可近似地看成是平行平板间隙中的流动,其流速可按式(2-63)计算,其微流量可按式(2-64)计算,取 $b=r_1 d\theta$,于是

$$dq=\left(\frac{h^3\Delta p}{12\mu L}\pm\frac{hu_0}{2}\right)r_1 d\theta$$

由图 2-21 可知

$$h=r_2-e\cos\theta-r_1=h_0-e\cos\theta$$

式中　h——同心圆环间隙的高度,$h_0=r_2-r_1$。

以 $\varepsilon=\frac{e}{h_0}$ 为相对偏心率,有

$$h=h_0(1-\varepsilon\cos\theta)$$

于是可得

$$dq=\left[\frac{\Delta ph_0^3}{12\mu L}(1-\varepsilon\cos\theta)^3\pm h_0\frac{u_0}{2}(1-\varepsilon\cos\theta)\right]r_1 d\theta$$

$$q=\frac{\Delta p h_0^3 r_1}{12\mu L}\int_0^{2\pi}(1-\varepsilon\cos\theta)^3\mathrm{d}\theta\pm\frac{u_0 h_0 r_1}{2}\int_0^{2\pi}(1-\varepsilon\cos\theta)\mathrm{d}\theta$$

$$q=\frac{\Delta p h_0^3 2\pi r_1}{12\mu L}(1+1.5\varepsilon^2)\pm\frac{u_0 h_0}{2}2\pi r_1$$

或写为
$$q=\frac{\Delta p h_0^3 \pi d_1}{12\mu L}(1+1.5\varepsilon^2)\pm\frac{u_0 h_0}{2}\pi d_1 \qquad (2\text{-}68)$$

当内外圆表面没有相对运动,即 $u_0=0$ 时,其流量公式为

$$q=\frac{\pi d_1 h_0^3}{12\mu L}\Delta p(1+1.5\varepsilon^2) \qquad (2\text{-}69)$$

由式(2-69)可以看出,当 $\varepsilon=0$ 时,它就是同心圆环缝隙的流量公式;当 $\varepsilon=1$ 时,即在最大偏心情况下,理论上其压差流量为同心圆环缝隙压差流量的 2.5 倍。可见在液压元件中,为了减小圆环缝隙的泄漏,应使相互配合的零件尽量处于同心状态。例如,在滑阀阀芯上加工一些压力平衡槽,就能达到使阀芯和阀套减小偏距的目的。

3. 圆环平面缝隙流量

图 2-22 所示为液体在圆环平面缝隙间的流动,通常为挤压流动。这里,圆环平面缝隙无相对运动,液体自圆环中心向外辐射流出。设圆环的大、小半径分别为 r_1 和 r_2,两板间的缝隙值为 h。以下板中心为原点建立柱坐标,在半径为 r 处,取一薄层 $\mathrm{d}r$,将此薄层展开后可得到平行板间隙中的流动。令 $u_0=0$,由式(2-63)可得在半径为 r、距离下平面 z 处的径向速度为

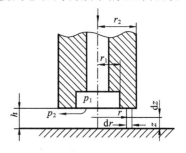

图 2-22　圆环平面缝隙间液流

$$u_r=-\frac{1}{2\mu}(h-z)z\frac{\mathrm{d}p}{\mathrm{d}r} \qquad (2\text{-}70)$$

通过的流量为

$$q=\int_0^h u_r 2\pi r\mathrm{d}z=-\frac{\pi r h^3}{6\mu}\frac{\mathrm{d}p}{\mathrm{d}r} \qquad (2\text{-}71)$$

即
$$\frac{\mathrm{d}p}{\mathrm{d}r}=-\frac{6\mu q}{\pi r h^3}$$

对上式积分,得

$$p=-\frac{6\mu q}{\pi h^3}\ln r+C$$

当 $r=r_2$ 时,$p=p_2$;当 $r=r_1$ 时,$p=p_1$。令 $p_1-p_2=\Delta p$,则圆环平面缝隙的流量公式为

$$q=\frac{\pi h^3}{6\mu\ln\dfrac{r_2}{r_1}}\Delta p \qquad (2\text{-}72)$$

2.6　液压冲击和气蚀现象

2.6.1　液压冲击

1. 管路中阀门突然关闭时所产生的液压冲击

在阀门突然关闭的情况下，液体在系统中的流动会突然受阻。这时，由于液流的惯性作用，液体就从受阻端开始，迅速将动能逐层转换为液压能，因而产生压力冲击波。此后，这个压力波又从该端开始反向传递，压力能逐层转化为动能，使得液体又反向流动。然后，在另一端又再次将动能转化为压力能，如此反复地进行能量转换。这种压力波的迅速往复传播，便在系统内形成压力振荡。由于液体受到摩擦力及液体和管壁的弹性作用不断消耗能量，这一振荡过程逐渐衰减而趋于稳定。产生液压冲击的本质是动量变化。

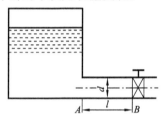

图 2-23　阀门突然关闭产生的液压冲击

如图 2-23 所示，液体自一具有固定液面的压力容器沿长度为 l、直径为 d 的管道经出口处的阀门以速度 v_0 流出。如果将阀门突然关闭，此时紧靠阀口 B 处的一层液体停止流动，压力升高 Δp。其后液体也依次停止流动，动能形成压力波，并以速度 c 向 A 传播。此后 B 处压力降低 $\Delta p'$，形成压力波，并向 A 传播。而后当 A 处先恢复初始压力，压力波又传向 B。如此循环使液流振荡，最终因摩擦损失而停止。

液压冲击是一种非定常流动，动态过程非常复杂，影响因素很多，故精确计算阀门关闭时的最大压力升高值 Δp 是很困难的，这里给出其近似计算公式。

设管道截面积为 A，产生冲击的管长为 l，压力冲击波第一波在 l 长度内传播的时间为 t_1，液体的密度为 ρ，管中液体的起始流速为 v，阀门关闭后的流速为零，则由动量方程得

$$-\Delta p A t_1 = -\rho A l v$$

整理后得

$$\Delta p = \rho l \frac{v}{t_1} = \rho c v \qquad (2\text{-}73)$$

式中　c——压力冲击波在管中的传播速度（未考虑动量修正），$c = l/t_1$。

应用式(2-73)时，需要先知道 c 值的大小，而 c 值不仅与液体的体积模量 K 有关，而且还与管道材料的弹性模量 E、管道内径 d 及壁厚 δ 有关。在液压传动中，c 值一般在 900～1 300 m/s 之间。

若流速 v 不是突然降为零，而是降为 v_1，则式(2-73)可写为

$$\Delta p = \rho c (v - v_1) \qquad (2\text{-}74)$$

设压力冲击波在管中往复一次的时间为 t_c，其中 $t_c = 2l/c$。当阀门关闭时间 $t <$ t_c 时称为突然关闭，此时压力峰值很大，这时的冲击称为直接冲击，其值可按式 (2-73)或式(2-74)计算；当 $t > t_c$ 时，阀门不是突然关闭，此时压力峰值较小，这时的冲击称为间接冲击，其 Δp 值可按下式计算

$$\Delta p = \rho c (v - v_1) \frac{t_c}{t} \qquad (2\text{-}75)$$

2. 运动部件制动时所产生的液压冲击

如图 2-24 所示，活塞以速度 V_0 向右运动，活塞和负载总质量为 M。当换向阀突然关闭进出油口通道时，油液被封闭在两腔之中，由于运动部件的惯性，活塞将继续运动一段距离后才停止，这时液压缸右腔油液受到压缩，从而引起液体压力急剧增加。此时运动部件的动能的冲击为回油腔中油液所形成的液体弹簧所吸收。

如果不考虑损失，可认为运动部件的动能与回油腔中油液所形成的液体弹簧吸收的能量相等，经推演可得到压力峰值的近似表达式为

$$\Delta p = (MK/V)^{1/2} V_0 \qquad (2\text{-}76)$$

式中　K——油液的体积模量；

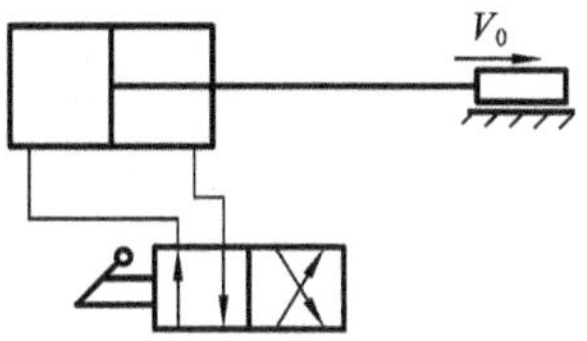

图 2-24　运动部件制动产生的液压冲击

V——回油腔体积；

V_0——运动部件的初始速度；

M——运动部件总质量。

由式(2-76)可见，运动部件质量越大，初始速度越大，制动时产生的冲击压力也就越大。

分析式(2-73)至式(2-76)中 Δp 的影响因素，可以归纳出如下减小液压冲击的主要措施。

(1) 尽可能延长阀门关闭和运动部件制动换向的时间，如采用换向时间可调的换向阀等。

(2) 正确设计阀口，限制管道流速及运动部件速度，使运动部件制动时速度变化比较均匀。例如在机床液压传动系统中，通常将管道流速限制在 4.5 m/s 以下，液压缸驱动的运动部件速度一般不宜超过 10 m/min 等。

(3) 在某些精度要求不高的工作机械上，使液压缸两腔油路在换向阀回到中位时瞬时互通。

(4) 适当加大管道直径，尽量缩短管道长度。加大管道直径不仅可以降低流速，而且可以减小压力冲击波速度 c 值；缩短管道长度的目的是减小压力冲击波的传播时间 t_c，必要时，还可在冲击区附近设置卸荷阀和安装蓄能器等缓冲装置来达到此目的。

(5) 采用软管，增加系统的弹性，以减少压力冲击。

2.6.2　空穴和气蚀现象

一般液体中均溶解有空气,水中溶解有体积分数约 2% 的空气,液压油中溶解有体积分数 6%～12% 的空气。成溶解状态的气体对油液体积模量没有影响,成游离状态的小气泡则对油液体积模量产生显著的影响。空气的溶解度与压力成正比。当压力降低时,在较高压力时溶解于油液中的气体就处于过饱和状态,便会分解出游离状态的微小气泡,此时分离速率不高,但当压力低于空气分离压 P_g 时,溶解的气体会以很高的速率分解出来,成为游离微小气泡,并聚合长大,使原来充满油液的管道变为油液中混有许多气泡的不连续状态,这种现象称为空穴现象。油液的空气分离压随油温及空气溶解度的变化而变化,当油温 $t=50$ ℃时,$P_g < 4 \times 10^6$ Pa(绝对压力)。

发生空穴现象的气泡随着液流进入高压区时,体积急剧缩小,气泡又凝结成液体,形成局部真空,周围液体质点以极大速度来填补这一空间,使气泡凝结处瞬间局部压力可高达数十兆帕,温度可达近千摄氏度。在气泡凝结附近壁面的金属表面,因反复受到液压冲击与高温作用,以及油液中逸出气体较强的酸化作用,会产生腐蚀。因空穴产生的腐蚀,一般称为气蚀。泵吸入管路连接、密封不严使空气进入管道,回油管高出油面使空气冲入油中而被泵吸油管吸入油路,以及泵吸油管道阻力过大,流速过高等均是造成空穴的原因。

此外,当油液流经节流部位,流速增高,压力降低,在节流部位前后压差较大时,将发生节流空穴。

空穴现象会引起系统的振动,产生冲击、噪声、气蚀,使工作状态恶化,应采取如下预防措施:

(1) 限制泵吸油口离油面的高度,泵吸油口要有足够的管径,滤油器压力损失要小,自吸能力差的泵用辅助供油;

(2) 提高管路的密封性能,防止空气渗入;

(3) 减小节流口处的压力降,一般应使节流口前后的压差尽量小。

复　习　题

2.1　液压油的黏度有几种表示方法?它们各用什么符号表示?各用什么单位?

2.2　液压油的选用应考虑哪几个方面的问题?

2.3　如图 2-25 所示,一圆柱体 $d=0.1$ m,质量 $m=50$ kg,在外力 $F=520$ N 的作用下压进容器中,当 $h=0.5$ m 时达到平衡状态。求测压管中水柱高度 H。

2.4　如图 2-26 所示,由上下两个半球合成的圆球,直径 $d=2$ m,球中充满水。当测压管读数

$H=3$ m 时,不计球的自重,求下列两种情况下螺栓群 $A—A$ 所受的拉力:(1)上半球固定在支座上;(2)下半球固定在支座上。

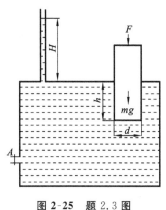

图 2-25 题 2.3 图   图 2-26 题 2.4 图

2.5 如图 2-27 所示,水从竖直圆管向下流出。已知管直径 $d_1=10$ cm,管口处的水流速度 $v_1=1.8$ m/s,试求管口下方 $h=2$ m 处的水流速度 v_2 和直径 d_2。

2.6 如图 2-28 所示,一带有倾斜光滑平板的小车,逆着射流方向以速度 u 运动,若射流喷嘴固定不动,射流截面为 A,流速为 v,不计小车对地面的摩擦,求推动小车所需要的功率。

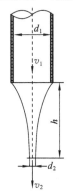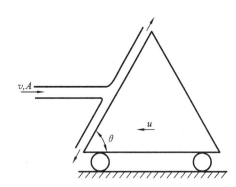

图 2-27 题 2.5 图   图 2-28 题 2.6 图

2.7 虹吸管道如图 2-29 所示,已知水管直径 $d=10$ cm,水管总长 $L=1\,000$ m,$h_0=3$ m,求流量 q(局部阻力系数:入口 $\zeta=0.5$,出口 $\zeta=1.0$,弯头 $\zeta=0.3$;沿程阻力系数 $\lambda=0.06$)。

2.8 如图 2-30 所示,为测定 90°弯头的局部阻力系数,在 A、B 两截面接测压管。已知管径 $d=50$ mm,AB 段长 $L=10$ m,流量 $q_v=2.74$ L/s,沿程阻力系数 $\lambda=0.03$,两测压管中的水柱高度差 $\Delta h=0.629$ m,求弯头的局部阻力系数 ζ 值。

2.9 如图 2-31 所示,一水箱在 $H=2$ m 处开一薄壁孔,$d=10$ mm,若测得流量 $q_v=2.94\times10^{-4}$ m³/s,射流的某截面中心坐标为 $x=3$ m,$y=1.2$ m。试求:流量系数 C_d,流速系数 C_v,截面收缩系数 C_c,阻力系数 ζ。

2.10 如图 2-32 所示的端面止推轴承,其间隙高度为 h_0,圆盘直径为 D,当油液黏度为 μ,旋

转角速度为 ω 时,试求其摩擦力矩和所消耗的功率。

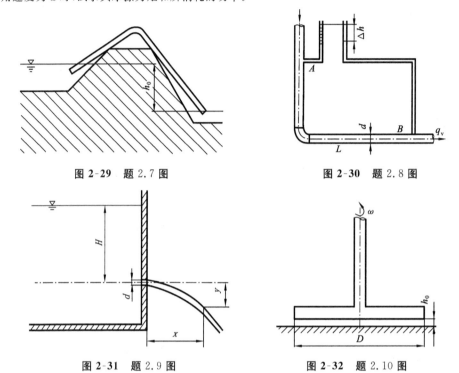

图 2-29　题 2.7 图　　　　　　图 2-30　题 2.8 图

图 2-31　题 2.9 图　　　　　　图 2-32　题 2.10 图

第3章 液 压 泵

液压泵由原动机驱动,把输入的机械能转换成为油液的压力能,再以压力、流量的形式输到系统中去,它是液压传动系统的心脏,也是液压系统的动力源。

3.1 液压泵的主要性能参数

3.1.1 液压泵的工作原理与分类

1. 工作原理

液压泵都是依靠密封容积变化的原理进行工作的,故一般称为容积式液压泵,图3-1所示为单柱塞液压泵的工作原理图,图中柱塞2装在缸体3中形成一个密封容积(油腔),柱塞在弹簧4的作用下始终压紧在偏心轮1上。原动机驱动偏心轮1旋转使柱塞2作往复运动,使密封容积的大小发生周期性的交替变化。

吸油过程:当油腔由小变大时就形成部分真空,使油箱中油液在大气压力作用下,经吸油管顶开单向阀6进入油腔而实现吸油。

压油过程:当油腔由大变小时,油腔中吸满的油液将顶开单向阀5流入系统而实现压油。

原动机驱动偏心轮不断旋转,这样液压泵就将原动机输入的机械能转换成液体的压力能,液压泵就不断地吸油和压油。

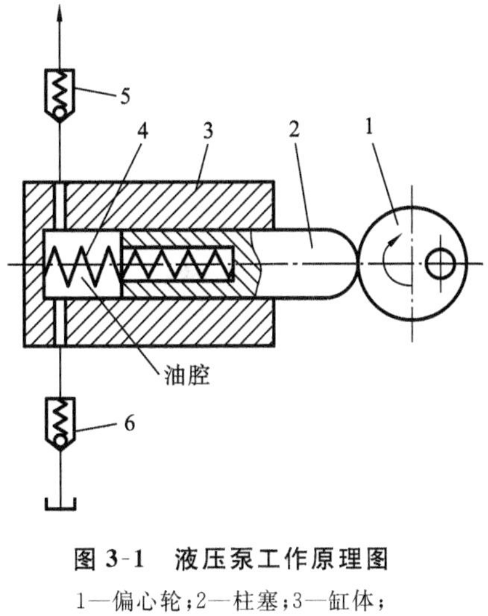

2. 液压泵正常工作的必要条件

(1) 必须有一个大小能作周期性变化的封闭容积,如图3-1中的油腔(又称工作腔);

图 3-1 液压泵工作原理图
1—偏心轮;2—柱塞;3—缸体;
4—弹簧;5、6—单向阀

(2) 工作腔能周期性地增大和减小,当它增大时与吸油口相连,当它减小时与排油口相通,图3-1中单向阀5和6起到了此作用;

(3) 吸油口与排油口不能连通,即不能同时开启。

3. 液压泵的分类

液压泵的分类方式很多,按压力的大小可分为低压泵、中压泵和高压泵;按流量是否可调节分为定量泵和变量泵;按泵的结构分为齿轮、叶片泵和柱塞泵,其中齿轮泵和叶片泵多用于中、低压系统,柱塞泵多用于高压系统。

　　液压泵的详细分类如图 3-2 所示。

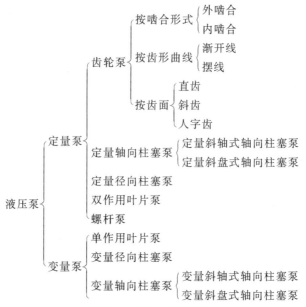

图 3-2　液压泵的分类

4. 液压泵的图形符号

不同类型液压泵的图形符号如图 3-3 所示。

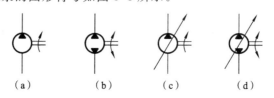

（a）　　　　　（b）　　　　　（c）　　　　　（d）

图 3-3　液压泵的图形符号

（a）单向定量液压泵;（b）双向定量液压泵;（c）单向变量液压泵;（d）双向变量液压泵

3.1.2　液压泵的主要性能参数和常用计算公式

1. 压力

（1）工作压力　液压泵实际工作时的输出压力称为工作压力。工作压力的大小取决于外负载的大小和排油管路上的压力损失,而与液压泵的流量无关。

（2）额定压力　液压泵在正常工作条件下,按试验标准规定,连续长时间运转的最高压力称为液压泵的额定压力。

（3）最高允许压力　在超过额定压力的条件下,根据试验标准规定,允许液压泵短暂运行的最高压力值,称为液压泵的最高允许压力。

2. 排量

排量 V 液压泵每转一周,由其密封容积几何尺寸变化计算而得的排出液体的体积称为液压泵的排量。

排量可调节的液压泵称为变量泵,排量不可调节的液压泵称为定量泵。

3. 流量

(1)理论流量 q_t 在不考虑液压泵泄漏流量的情况下,在单位时间内所排出液体体积的平均值称为理论流量。

如果液压泵的排量为 V,其主轴转速为 n,该液压泵的理论流量 q_t 为

$$q_t = Vn \tag{3-1}$$

(2)实际流量 q 液压泵在某一具体工况下,单位时间内所排出的液体体积称为实际流量,它等于理论流量 q_t 减去泄漏流量 Δq,即

$$q = q_t - \Delta q \tag{3-2}$$

(3)额定流量 q_n 液压泵在正常工作条件下,按试验标准规定(如在额定压力和额定转速下)必须保证的流量。

4. 功率和效率

液压泵由原动机驱动,输入量是转矩 T_t 和转速 n,输出的是液体的压力 p 和流量 q。如果不考虑液压泵能量转化过程中的损失,则输出功率等于输入功率,即液压泵的理论功率为

$$P_t = pq_t = T_t\omega \tag{3-3}$$

实际上,液压泵在能量转化过程中是有损失的,因此输出功率小于输入功率,两者之间的差值即为功率损失,功率损失包括容积损失和机械损失两部分。

容积损失是因泄漏、气穴和油液在高压下压缩等造成的流量损失,对液压泵来说,输出压力增大时,泵实际输出的流量就减少,泵的流量损失用容积效率来表示,即

$$\eta_v = \frac{q}{q_t} = \frac{q_t - \Delta q}{q_t} = 1 - \frac{\Delta q}{q_t} \tag{3-4}$$

式中 η_v——液压泵的容积效率;

Δq——液压泵的泄漏流量。

机械损失是指因摩擦而造成的转矩的损失。对液压泵来说,泵的驱动转矩总是大于其理论上需要的驱动转矩,机械损失用机械效率来表示,即

$$\eta_m = \frac{T_t}{T} = \frac{T_t}{T_t + \Delta T} = \frac{1}{1 + \Delta T / T_t} \tag{3-5}$$

式中 η_m——液压泵的机械效率;

ΔT——液压泵的损失转矩。

液压泵的总效率是其输出功率和输入功率之比,即

$$\eta = \frac{pq}{T\omega} = \frac{q}{T} \frac{T_t}{q_t} = \frac{q}{q_t} \frac{T_t}{T} = \eta_v \eta_m \tag{3-6}$$

式中　　η——液压泵的总效率。

也就是说液压泵的总效率等于容积效率和机械效率的乘积。

　　例 3.1　某液压系统泵的排量为 10 mL/r,电动机转速 $n=1\ 200$ r/min,泵的输出压力 $p=5$ MPa,泵容积效率 $\eta_v=0.92$,总效率 $\eta=0.84$,求:(1) 泵的理论流量;(2) 泵的实际流量;(3) 泵的输出功率;(4) 驱动电动机的功率。

　　解　(1) 泵的理论流量　$q_t=Vn=10\times1\ 200\times10^{-3}$ L/min$=12$ L/min

　　　　(2) 泵的实际流量　$q=q_t\eta_v=12\times0.92$ L/min$=11.04$ L/min

　　　　(3) 泵的输出功率　$P=\Delta pq=5\times10^{-6}\times200\times10^{-6}\times0.92$ kW$=0.92$ kW

　　　　(4) 驱动电机功率　$P_m=\dfrac{P}{\eta}=\dfrac{0.92}{0.84}$ kW$=1.09$ kW

　　而在实际上,液压泵的容积效率和机械效率在总体上与油液的泄漏和摩擦副的摩擦有关,而泄漏及摩擦损失则与泵的工作压力、油液黏度、泵的转速有关。

　　图 3-4 所示为液压泵能量传递及效率特性曲线,由图可见,在不同压力下,液压泵的效率值是不同的,在不同的转速和黏度下,液压泵的效率值也是不同的,可见液压泵的使用转速、工作压力和传动介质均会影响其工作效率。

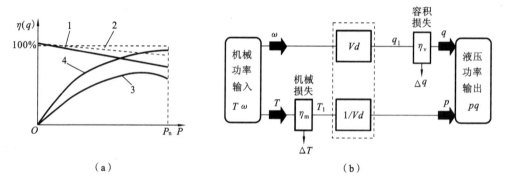

（a）　　　　　　　　　　　　　　　　　　（b）

图 3-4　液压泵能量传递及效率特性曲线

（a）液压泵的效率曲线;(b)液压泵的能量传递方框图

1—容积效率;2—实际流量;3—总效率;4—机械效率

3.2　齿轮泵

　　齿轮泵是液压系统中广泛采用的一种液压泵,其主要特点是结构简单,制造方便,价格低廉,体积小,重量轻,自吸性能好,对油液污染不敏感,工作可靠。其主要缺点是流量和压力脉动大,噪声大,排量不可调,一般做成定量泵。齿轮泵广泛应用于各种机械设备,如水利电力施工机械平地机、起重机,闸门启闭机液压回路及施工机械的行走机械中。

　　按结构不同,齿轮泵分为外啮合齿轮泵和内啮合齿轮泵两种,其中外啮合齿轮泵应用最广。

3.2.1 外啮合齿轮泵工作原理

外啮合齿轮泵工作原理如图 3-5 所示,它是分离三片式结构,主要包括上下两个泵端盖、泵体及侧板和一对互相啮合的齿轮。

泵体内相互啮合的主、从动齿轮 2 和 3,齿轮两端端盖和泵体一起构成密封容积,同时齿轮的啮合又将左、右两腔隔开,形成吸、压油腔。

当齿轮按图示方向旋转时,右侧吸油腔内的轮齿脱离啮合,密封工作腔容积不断增大,形成部分真空,油液在大气压力的作用下从油箱经吸油管进入吸油腔,并被旋转的轮齿带入左侧的压油腔。左侧压油腔内的轮齿不断进入啮合,使密封工作腔容积减小,油液受到挤压被排出系统,完成齿轮泵的吸油和排油过程。在齿轮泵的啮合过程中,啮合点沿啮合线把吸油腔和压油腔隔开。

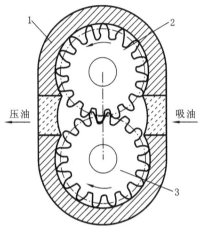

图 3-5 外啮合型齿轮泵工作原理
1—泵体;2—主动齿轮;3—从动齿轮

3.2.2 齿轮泵的流量和脉动率

外啮合齿轮泵的排量 V 可以近似相当于一对啮合齿轮所有齿谷容积之和。假如齿谷容积大致等于轮齿的体积,那么齿轮泵的排量等于一个齿轮的齿谷容积和轮齿容积体积的总和,即相当于以有效齿高 h 和齿宽构成的平面所扫过的环形体积,排量 V 可近似为

$$V = \pi d h b = 2\pi z m^2 b \tag{3-7}$$

式中　z——齿轮的齿数;

$\quad\quad m$——齿轮的模数;

$\quad\quad b$——齿轮的齿宽;

$\quad\quad d$——齿轮的节圆直径,$d = mz$;

$\quad\quad h$——齿轮的有效齿高,$h = 2m$。

实际上齿谷的容积要比轮齿的体积稍大,并且齿数越少误差就越大,因此,上式中的 π 常以 3.33 代替,则式(3-7)可写为

$$V = (6.66 \sim 7) z m^2 b \tag{3-8}$$

齿轮泵的实际流量为

$$q = (6.66 \sim 7) z m^2 b n \eta_v \tag{3-9}$$

齿轮泵在工作过程中,排量是转角的周期函数,存在排量脉动,瞬时流量也是脉动的。实际上齿轮泵的输出流量是有脉动的,故式(3-9)所表示的是泵的平均流量。

流量脉动会直接影响到系统工作的平稳性,引起压力脉动,使管路系统产生振动和噪声,如果脉动频率与系统的固有频率一致,还将引起共振,加剧振动和噪声。一般用流量脉动率 σ 度量流量脉动的大小,即

$$\sigma = \frac{q_{max} - q_{min}}{q_0} \tag{3-10}$$

式中　σ——液压泵的流量脉动率;

　　　　q_{max}——液压泵最大瞬时流量;

　　　　q_{min}——液压泵最小瞬时流量;

　　　　q_0——液压泵实际平均流量。

综上所述,可得出如下结论:

(1) 齿轮泵的输出流量与齿轮模数 m 的二次方成正比;

(2) 在泵的体积一定时,齿轮齿数少,模数就大,故排量增加,但流量脉动大;反之,流量脉动小;

(3) 齿轮泵的输出流量和齿宽 b、转速 n 成正比。

3.2.3　外啮合齿轮泵结构特点

外啮合齿轮泵因受其自身结构的影响,在结构性能上具有以下特征。

1. 困油现象

齿轮泵要能连续地供油就要求齿轮啮合的重叠系数 ε 大于 1,也就是当一对齿轮尚未脱开啮合时,另一对齿轮已进入啮合,这样就出现同时有两对齿轮啮合的瞬间,在两对齿轮的齿向啮合线之间形成了一个封闭容积。部分油液也就被困在这一封闭容积中(见图 3-6),这一封闭容积的大小随齿轮转动而变化。齿轮连续旋转时,从图 3-6(a)到图 3-6(b)这一封闭容积便逐渐减小,到两啮合点处于节点两侧的对称位置时,封闭容积为最小,如图 3-6(b)所示。齿轮再继续转动时,封闭容积又逐渐增大,直到图 3-6(c)所示位置时,容积又变为最大,如此产生封闭容积周期性的变化。当封闭容积减小时,被困油液受到挤压,压力急剧上升,使轴承上突然受到很大的冲击载荷,使泵剧烈振动,这时高压油从一切可能泄漏的缝隙中挤出,造成功率损失,使

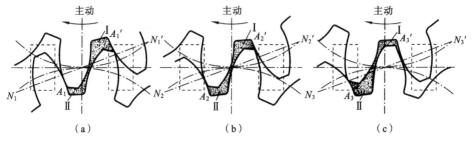

图 3-6　齿轮泵的困油现象

油液发热等；当封闭容积增大时，由于没有油液补充，因此形成局部真空，使原来溶解于油液中的空气分离出来，形成了气穴。这就是齿轮泵的困油现象。

困油现象会带来一系列不良后果：使齿轮产生强烈的噪声，并引起振动、气蚀，同时降低泵的容积效率等，严重影响泵的工作平稳性和降低其使用寿命。

为了消除困油现象，在齿轮泵的泵盖上铣出两个卸荷凹槽，其几何关系如图 3-7 所示。卸荷槽的位置一般应满足以下三个条件：

（1）两卸荷槽的距离必须保证在任何时候都不能使压油腔和吸油腔互通；

（2）当困油腔由大变小时，能通过卸荷槽与压油腔相通；

（3）当困油腔由小变大时，能通过另一卸荷槽与吸油腔相通。

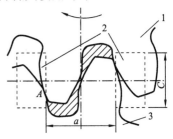

图 3-7　齿轮泵的困油卸荷槽
1—齿轮 1；2—卸荷槽；3—齿轮 2

2. 齿轮泵的泄漏途径及端面间隙的自动补偿

在液压泵中，运动件之间是靠微小间隙密封的，这些微小间隙形成了运动学中所谓的摩擦副，而高压腔的油液通过间隙向低压腔泄漏是不可避免的。齿轮泵压油腔的压力油可通过以下三条途径泄漏到吸油腔：① 齿侧间隙，通过齿轮啮合线处的间隙；② 齿顶间隙，通过泵体内孔和齿顶间隙的径向间隙；③ 端面间隙，通过齿轮两端面和侧板间的间隙。

在这三类间隙中，端面间隙的泄漏量最大，占泄漏总量的 $70\%\sim80\%$。外啮合齿轮泵压力越高，吸压油腔两端的压差越大，由间隙泄漏的液压油液就越多。因此，为了实现齿轮泵的高压化，提高齿轮泵的压力和容积效率，减少泄漏，需要从结构上来考虑，对端面间隙进行自动补偿。通常采用如下自动补偿端面间隙的措施。

1）浮动轴套

图 3-8(a)所示为浮动轴套式间隙补偿装置。它将泵的出口压力油引入齿轮轴上的浮动轴套 1 的外侧 A 腔，在液体压力作用下，使轴套紧贴齿轮 2 的侧面，因而可以消除间隙并可补偿齿轮侧面和轴套间的磨损量。在泵启动时，靠弹簧 4 来产生预紧力，保证了轴向间隙的密封。

2）浮动侧板

如图 3-8(b)所示，浮动侧板式补偿装置的工作原理与浮动轴套式的基本相似，它也是将泵的出口压力油引到浮动侧板 1 的背面，使之紧贴于齿轮 2 的端面来补偿间隙。启动时，浮动侧板靠密封圈来产生预紧力。

3）挠性侧板

图 3-8(c)所示为挠性侧板式间隙补偿装置，它是将泵的出口压力油引到侧板的背面后，靠侧板自身的变形来补偿端面间隙的，侧板较薄，内侧面须耐磨，如烧结

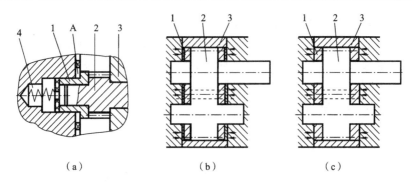

图 3-8　端面间隙补偿装置示意图

（a）浮动轴套式；（b）浮动侧板式；（c）挠性侧板式

1—浮动轴套（侧板）；2—齿轮；3—泵体；4—弹簧

0.5～0.7 mm 的磷青铜,对这种结构采取一定措施后,易使侧板外侧面的压力分布大体上和齿轮侧面的压力分布相适应。

4）二次密封机构

二次密封机构是指在主动齿轮轴颈两端各放置一个密封环,由于密封环与轴颈间的间隙节流作用,相当于继浮动侧板之后的第二道密封,从而使轴向泄漏进一步减少。

3. 径向不平衡力

齿轮泵工作时,在齿轮和轴承上承受径向液压力的作用,如图 3-9 所示。

下侧是泵的吸油口为低压腔,上侧是压油口为高压腔。从低压腔到高压腔,压力沿齿轮旋转的方向逐齿递增,因此,齿轮和轴受到径向不平衡力的作用。齿轮泵液压力越高,不平衡力就越大,这不仅加速了轴承的磨损,还会降低轴承的寿命,甚至使齿轮轴变形,造成齿顶和泵体内壁的摩擦等。

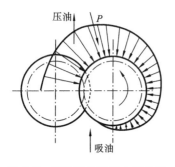

图 3-9　齿轮泵的径向力不平衡

为解决齿轮泵径向力不平衡问题,可采取以下措施:

（1）开压力平衡槽,但这将使齿轮泵的泄漏增大,容积效率降低;

（2）缩小压油腔,以减小液压力对齿顶部分的作用面积来减小径向不平衡力,所以泵的压油口孔径比吸油口孔径要小。

3.2.4　内啮合齿轮泵

内啮合齿轮泵也是利用齿间密封容积的变化来实现吸油、压油的。图 3-10 为内啮合齿轮泵的工作原理图。

内啮合齿轮泵是由配流盘（前、后盖）、外转子（从动轮）和偏心安置在泵体内的内

转子(主动轮)等组成。内、外转子相差一齿,图中内转子
为 6 齿,外转子为 7 齿,由于内外转子是多齿啮合,因此形
成了若干密封容积。

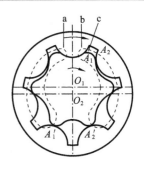

当内转子围绕中心 O_1 旋转时,带动外转子绕外转子
中心 O_2 作同向旋转。这时,由内转子齿顶 A_1 和外转子齿
谷 A_2 间形成的密封容积 c(图中虚线部分),随着转子的转
动密封容积就逐渐扩大,于是就形成局部真空,油液从配
油窗口 b 被吸入密封腔,至 A_1'、A_2' 位置时封闭容积最大,
这时吸油完毕。

图 3-10   内啮合齿轮泵的
工作原理图

当转子继续旋转时,充满油液的密封容积便逐渐减
小,油液受挤压,于是通过另一配油窗口 a 将油排出,转至内转子的另一齿和外转子
的齿在 A_2 位置全部啮合时,压油完毕。

内转子每转一周,由内转子齿顶和外转子齿谷所构成的每个密封容积,完成吸
油、压油各一次,当内转子连续转动时,即完成了液压泵的吸油、排油工作。

内啮合齿轮泵有许多优点,如结构紧凑、体积小、零件少、转速可高达 10 000
r/min,运动平稳,噪声低,容积效率较高等。其缺点是流量脉动大、转子的制造工艺
复杂等。目前,内啮合齿轮泵可采用粉末冶金压制成形。随着工业技术的发展,摆线
齿轮泵的应用将会愈来愈广泛。内啮合齿轮泵可正、反转,可作液压马达用。

3.3   叶片泵

叶片泵的结构比齿轮泵的复杂,但其工作压力较高,且流量脉动小,工作平稳,噪
声较小,寿命较长。叶片泵结构复杂,其吸油特性不太好,对油的污染也比较敏感。

根据各密封工作容积在转子旋转一周吸、排油次数的不同,叶片泵分为单作用叶
片泵和双作用叶片泵。单作用叶片泵回转一周完成一次吸、排油,多为变量泵;双作
用叶片泵完成二次吸油、排油,均为定量泵。

3.3.1   单作用叶片泵

1. 单作用叶片泵工作原理

图 3-11 为单作用叶片泵的工作原理图,泵由转子、定子、叶片和配流盘等组成。
定子具有圆柱形内表面,定子和转子间有偏距 e。叶片装在转子槽中,并可在槽内滑
动,当转子回转时,由于离心力和其他设计的力的作用,叶片紧靠在定子内壁,这样在
定子、转子、相邻两叶片和两侧配流盘间就形成密封的工作腔。

当转子按图示方向旋转时,图中右半周叶片逐渐伸出,两个叶片间的密封工作腔
逐渐增大,产生真空,油液在大气压力的作用下,从吸油口吸入形成吸油腔。图中左
半周,叶片被定子内壁逐渐压进槽内,密封工作腔逐渐缩小,将油液从压油口压出,形

成压油腔。随着转子不停地旋转,叶片泵就不断地吸油和排油。转子旋转一周,吸油和压油各进行一次,故称单作用叶片泵。这种泵由于吸压油口的压力不一致,转子上受有单方向的液压不平衡作用力,故又称非平衡式泵,其轴承负载大。

若改变定子和转子间的偏距 e 的大小,便可改变泵的排量,形成变量叶片泵。

2. 单作用叶片泵排量和流量计算

单作用叶片泵的排量和流量可以用图解法近似求出,图 3-12 为其计算原理图。

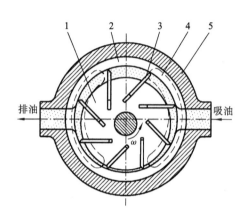
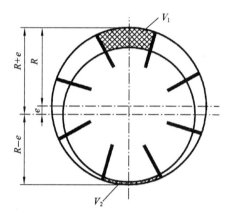

图 3-11　单作用叶片泵原理图
1—转子;2—定子;3—叶片;
4—配流盘;5—泵体

图 3-12　单作用叶片泵排量计算原理图

如果相邻两叶片的在吸油腔形成的最大容积为 V_1,当转子旋转 π 弧度后,达到最小容积 V_2,两叶片间排出容积为 ΔV 的油液,当两叶片再由容积最小位置转到容积最大位置时,两叶片间吸入容积为 ΔV 的油液。由此可见,转子旋转一周,两叶片间排出油液体积为 ΔV。当泵有 z 个叶片时,就排出 z 个与 ΔV 相等的油液体积,若将各部分体积加起来,就可近似为环形体积,因此,单作用叶片泵的理论排量为

$$V=\pi[(R+e)^2-(R-e)^2]b=4be\pi R \tag{3-11}$$

式中　R——定子的半径;

　　　b——转子的齿宽;

　　　e——定子相对转子的偏距。

单作用叶片泵的流量为

$$q=Vn\eta_v=4be\pi Rn\eta_v \tag{3-12}$$

式中　n——叶片泵的转速;

　　　η_v——叶片泵的容积效率。

单作用叶片泵的叶片底部与工作油腔相通。当叶片处于吸油腔时,它与吸油腔相通,也参与吸油;当叶片处于压油腔时,它与压油腔相通,向外压油。叶片底部的吸油和排油正好补偿了工作油腔中叶片占的体积,因此,叶片对容积的影响可以忽略。

3. 单作用叶片泵的变量工作原理

根据变量叶片泵的变量工作原理,叶片泵可分为内反馈式变量叶片泵和外反馈式变量叶片泵。在此只介绍内反馈、外反馈限压式变量叶片泵。

1) 内反馈限压式变量叶片泵

内反馈限压式变量叶片泵操纵力来自泵本身的排油压力,其配流盘吸、排油窗口的布置如图 3-13 所示。

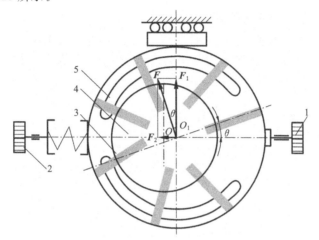

图 3-13　内反馈限压式变量叶片泵

1—最大流量限定螺钉;2—变量压力设定调节螺钉;3—叶片;4—转子;5—定子

由于作用于定子内表面的油压合力与竖直方向存在偏角 θ,排油压力对定子环的作用力可以分解为垂直于轴线 $O—O_1$ 的分力 F_1 及与轴线 $O—O_1$ 平行的调节分力 F_2,调节分力 F_2 与调节弹簧力相平衡。定子相对于转子的偏距及泵的排量大小可由力的相对平衡来决定,变量特性曲线如图 3-14 所示。

当泵的工作压力所形成的调节分力 F_2 小于弹簧预紧力时,泵的定子环对转子的偏距保持在最大值,不随工作压力的变化而变化,由于泄漏,泵的实际输出流量随其压力增加而稍有下降,如图 3-14 中 AB 段。

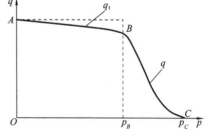

图 3-14　变量特性曲线

当泵的工作压力 p 超过 p_B 后,调节分力 F_2 大于弹簧预紧力,使定子环向减小偏距的方向移动,泵的排量开始下降。

当工作压力达到 p_C 时,调节分力 F_2 达到最大,使定子环圆心与转子圆心近似重合,即偏距 e 接近于零。此时极小的偏距可用于测定泵的泄漏,泵的实际排出流量为零。此时泵的输出压力最大。

改变调节弹簧的预紧力可以改变泵的特性曲线。增加调节弹簧的预紧力可使

p_B 点向右移动,BC 线则平行右移。更换调节弹簧改变其刚度,可改变 BC 段的斜率。若调节弹簧刚度增加,则 BC 段斜率减小;若刚度减小,则 BC 段斜率增大。调节最大流量调节螺钉,可以调节曲线的 A 点在纵坐标的位置,改变泵的最大流量值。

内反馈限压式变量叶片泵利用泵本身的排出压力推动变量机构,在泵的理论排量接近工况时,泵的输出流量为零,因此不能继续推动变量机构使泵的流量反向,所以,内反馈限压式变量叶片泵仅能用于单向变量。

2)外反馈限压式变量叶片泵

图 3-15 所示为外反馈限压式变量叶片泵,它可根据泵出口负载压力的大小自动调节泵的排量。图中转子 1 的中心是固定的,定子 3 可沿滑块轴承 4 左右移动。定子右边有反馈柱塞 5,它的油腔与泵的压油腔相通。

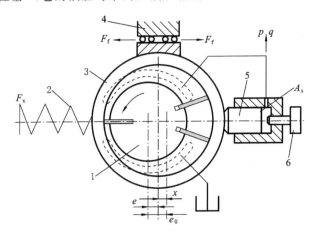

图 3-15　外反馈限压式变量叶片泵
1—转子;2—弹簧;3—定子;4—滑块轴承;5—反馈柱塞;6—流量调节螺钉

当泵的出口压力在反馈柱塞 5 上产生的液压力小于作用在定子上的弹簧力时,弹簧 2 将定子推向最右边。反馈柱塞 5 和流量调节螺钉 6 用以调节泵的初始偏心距。

当泵的出口压力在反馈柱塞 5 上产生的液压力大于弹簧作用力时,反馈柱塞推动定子左移,偏心距减小,泵的输出流量减小。压力越高,泵的偏心距越小,输出流量也越小。当压力达到使泵的偏心所产生的流量全部用于补偿泄漏时,泵的输出流量为零,泵的输出压力不会再随着外负载的增大而增大,故称为外反馈限压式变量叶片泵。

当压力逐渐增大,定子处于开始移动的临界状态时,其力平衡方程为
$$p_B A_x = k_x(x_0 + e_{max} - e_0) \tag{3-13}$$
当泵的压力超过临界状态继续增加时,定子相对转子有移动距离,其力平衡方程为
$$p A_x = k_x(x_0 + e_{max} - e_0 + x) \tag{3-14}$$
转子和定子的实际偏心距为
$$e = e_0 - x \tag{3-15}$$

式(3-13)至式(3-15)中　x——弹簧压缩量变化值；

　　　　　　　　　　x_0——弹簧预压缩量；

　　　　　　　　　　e——定子相对转子的偏心距；

　　　　　　　　　　e_0——定子的初始偏心距；

　　　　　　　　　　e_{max}——泵转子和定子间的最大设计偏心距；

　　　　　　　　　　A_x——反馈柱塞的有效作用面积；

　　　　　　　　　　k_x——弹簧刚度；

　　　　　　　　　　p——泵的实际工作压力；

　　　　　　　　　　p_B——定子处于开始移动临界状态时的压力。

　　泵的实际输出流量的一般形式为

$$q = k_q e - k_l p \qquad (3-16)$$

式中　k_q——泵的流量增益；

　　　k_l——泵的泄漏系数。

　　当液压反馈力小于弹簧力时，弹簧的总压缩量等其预压缩量，定子的偏距为 e_0，泵的流量为

$$q = k_q e_0 - k_l p \qquad (3-17)$$

　　当液压反馈力大于弹簧力时，泵的流量减小，由以上公式可得

$$q = k_q (x_0 + e_{max}) - \frac{k_q}{k_x} \left(A_x + \frac{k_x \cdot k_l}{k_q} \right) p \qquad (3-18)$$

　　外反馈限压式变量叶片泵的静态特性曲线参见图 3-14，不变量的 AB 段与式(3-17)相对应，压力增加时，实际输出流量因压差泄漏而减少；BC 段是泵的变量段，与式(3-18)相对应，这一区段内泵的实际流量随着压力增大而迅速下降，叶片泵处变量泵工况，B 点称为曲线的拐点，拐点处的压力为 p_B，主要由弹簧预紧力确定，并可以由式(3-14)换算得到。

4. 单作用叶片泵的结构特点

　　(1) 困油现象　由于配流盘吸、排油窗口间的密封角大于相邻两叶片的夹角，而单作用叶片泵的定子不存在与转子同心的圆弧段。因此，在吸、排油过渡区，当两叶片间的密封容腔发生变化时，会产生与齿轮泵相类似的困油现象。为解决困油现象，通常在配流盘排油窗口边缘开三角卸荷槽。

　　(2) 叶片根部通油　在转子旋转时，如果只依靠离心力使叶片向外伸出，并不能保证叶片和泵体充分接触，在这种情况下，根本不能形成吸压油腔，造成泵的失效。为了解决这个问题，就在叶片根部通压力油，使叶片和泵体充分接触。

　　(3) 叶片倾角　单作用叶片泵的叶片在吸油区是靠离心力紧贴在定子表面，与定子、转子、配流盘形成容积可变的密封空间的，叶片在运动的过程中，受到科里奥利力和摩擦力的复合作用，为了使叶片所受的合力与叶片的滑动方向一致，保证叶片更

容易地从叶片槽滑出,常将叶片槽加工成沿旋转方向向后倾斜一定的角度。

（4）径向力不平衡　单作用叶片泵转子的一侧为高压油的排油腔,一侧为低压油的吸油腔,泵的转子和轴承将承受较大的液压力,这使得泵的工作压力和排量的提高受到一定的限制。

（5）流量脉动　单作用叶片泵的流量也是有脉动的,泵内叶片数越多,流量脉动率越小。奇数叶片的泵的脉动率比偶数叶片的泵的脉动率小,所以单作用叶片泵的叶片数均为奇数,一般为 13 或 15 片。

3.3.2　双作用叶片泵

1. 双作用叶片泵工作原理

图 3-16 为双作用叶片泵原理图,泵由定子 1、转子 3、叶片 2 和配流盘 4 组成。

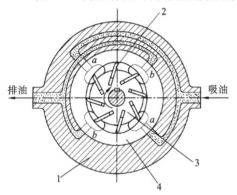

图 3-16　双作用叶片泵原理图
1—定子；2—叶片；3—转子；4—配流盘

转子和定子的中心重合,定子内表面由两段长半径圆弧、两段短半径圆弧和四段过渡曲线组成。定子、转子、相邻两叶片和两侧配流盘间形成若干个密封工作腔。

当转子顺时针方向旋转时,处在小圆弧段上的密封腔经过渡曲线而运动到大圆弧段的过程中,叶片外伸,两叶片之间密封腔的容积增大,形成真空,油液在大气压力的作用下经配流盘的配油窗口进入形成吸油腔。

当相邻两个叶片从大圆弧段经过渡曲线运动到小圆弧段的过程中,叶片被定子内壁逐渐压进槽内,两叶片与定子、转子和配流盘形成的密闭空间逐渐减小,形成高压腔,将油液从压油口压出。

压油区和吸油区之间有一段封油区将它们隔开。转子每转一周,每个密封工作腔完成两次吸油和压油,故称之为双作用叶片泵。泵的高压腔和低压腔是径向对称的,作用在转子上的压力径向平衡,故又称平衡式叶片泵。

2. 双作用叶片泵排量和流量计算

双作用叶片泵平均流量的计算方法和单作用叶片泵的相同,也可按近似的环形体积来计算。图 3-17 为双作用叶片泵排量计算原理图。

当两叶片从 a、b 位置转至 c、d 位置时,排

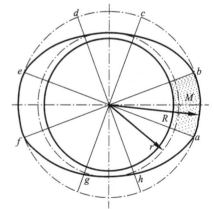

图 3-17　双作用叶片泵排量计算原理图

出容积为 M 的油液,从 c、d 位置转至 e、f 位置时,吸入容积为 M 的油液。从 e、f 位置转至 g、h 位置时又排出容积为 M 的油液,再从 g、h 位置转回至 a、b 位置时又吸入容积为 M 的油液。这样转子转一周,两叶片间吸油两次,排油两次,每次吸、排油的容积均为 M。当叶片数为 z 时,转子转一周,所有叶片的排量为 $2z$ 个 M 容积,若不计叶片几何尺度,此值正好为环行体积的两倍,所以,双作用叶片泵的理论排量为

$$V = 2B\pi(R^2 - r^2) \tag{3-19}$$

式中　R——定子内表面圆弧部分长半径;

　　　r——定子内表面圆弧部分短半径;

　　　B——转子宽度。

双作用叶片泵的实际输出流量为

$$q = 2B\pi(R^2 - r^2)n\eta_v \tag{3-20}$$

式(3-20)是不考虑叶片几何尺度时的平均流量计算公式。对于一般双作用叶片泵,在叶片底部都通以压力油,并且在设计中保证高、低压腔叶片底部总容积变化为零,也就是说叶片底部容积不参与泵的吸油和排油。因此在排油腔,叶片缩进转子槽的容积变化,对泵的流量有影响,在精确计算叶片泵的平均流量时,还应该考虑叶片容积对流量的影响。每转不参加排油的叶片总容积为

$$V_b = \frac{2(R-r)}{\cos\varphi}Bbz \tag{3-21}$$

式中　V_b——不参与排油的叶片总容积;

　　　b——叶片厚度;

　　　φ——叶片相对于转子半径的倾角;

　　　z——叶片数。

则双作用叶片泵精确流量公式为

$$q = 2\left[\pi(R^2 - r^2) - \frac{(R-r)}{\cos\varphi}bz\right]Bn\eta_v \tag{3-22}$$

对于特殊结构的双作用叶片泵,如双叶片结构、带弹簧式叶片泵,其叶片底部和单作用叶片泵一样也参加泵的吸油和排油,其平均流量计算方法仍采用式(3-20)。

3. 双作用叶片泵高压化趋势

双作用叶片泵转子上的径向力基本是平衡的,这与齿轮泵和单作用叶片泵工作压力会受到径向承载能力的影响不同。目前,双作用叶片泵的最高工作压力可达 $20 \sim 30$ MPa。叶片泵采用浮动配流盘和端面间隙补偿后,在高压下同样可以保持较高的容积效率。

但叶片和定子内表面的磨损作用限制了双作用叶片泵压力的提高。为了解决定子和叶片的磨损,就必须减小在吸油区中叶片对定子内表面的压紧力,常采用如下结构。

1）双叶片结构

图 3-18 为双叶片结构原理图。叶片槽中有两个可以作相对滑动的叶片 1 和 2，每个叶片都有一棱边与定子内表面接触，在叶片的顶部形成一个油腔 a，叶片底部油腔 b 始终与压油腔相通，并通过两叶片间的小孔 c 与油腔 a 相连通，因而使叶片顶端和底部的液压作用力得到平衡。适当选择叶片顶部棱边的宽度，可以使叶片对定子表面既有一定的压紧力，又不致使该力过大。为了使叶片运动灵活，零件需要较高的制造精度。

2）弹簧叶片结构

图 3-19 为弹簧叶片结构原理图。这种结构的叶片较厚，叶片在头部及两侧开有半圆形槽，在叶片的底面上开有一个或多个弹簧孔。通过叶片头部和底部相连的小孔及侧面的半圆槽使叶片底部与头部相通，这样，叶片在转子槽中滑动时，头部和底部的压力完全平衡。叶片和定子内表面的接触压力仅为叶片的离心力、惯性力和弹簧力，故接触力较小。不过，弹簧在工作过程中频繁受交变压缩，易引起疲劳损坏，但这种结构可以作为液压马达使用，这是其他叶片泵结构所不具备的。

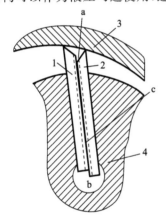

图 3-18 双叶片结构原理图

1、2—叶片；3—定子；4—转子

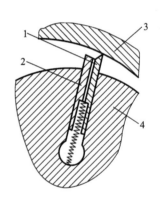

图 3-19 弹簧叶片结构原理图

1、2—叶片；3—定子；4—转子

3）子母叶片结构

图 3-20 为子母叶片结构原理图。在转子叶片槽中装有母叶片和子叶片，母、子叶片能自由地相对滑动，为了使母叶片和定子的接触压力适当，需正确选择子叶片和母叶片的宽度比。转子上的压力平衡孔使母叶片的头部和底部液压力相等，泵的排油压力经过配流盘、转子槽通到母、子叶片之间的中间压力腔，若不考虑离心力、惯性力，由图3-20 可知，叶片作用在定子上的力为

$$F = be(p - p_1) \tag{3-23}$$

式(3-23)中符号的意义如图 3-20 所示。在吸油区，$p_1 = 0$，则 $F = peb$；在压油

区,$p_1 = p$,故 $F = 0$。由此可见,只要适当地选择 e 和 b 的大小,就能控制接触应力的大小,一般取子叶片的宽度 b 为母叶片宽度的 $1/3 \sim 1/4$。

在压油区 $F = 0$,叶片仅靠离心力与定子接触。为防止叶片脱空,在连通中间压力腔的油道上设置适当的节流阻尼,使叶片运动时中间油腔的压力高于作用在母叶片头部的压力,保证叶片在压油区时与定子紧密贴合。

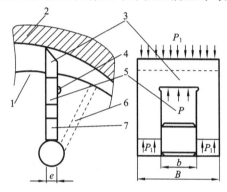

图 3-20　子母叶片结构原理图

1—转子;2—定子;3—母叶片;4—压力油槽;
5—中间油腔;6—压力平衡孔;7—子叶片

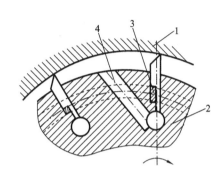

图 3-21　阶梯叶片结构

1—定子;2—转子;3—中间油腔;4—压力平衡油道

4)阶梯叶片结构

如图 3-21 所示为阶梯叶片结构,转子上的叶片槽亦具有相应的形状。它们之间的中间油腔经配流盘上的槽与压力油相通,转子上的压力平衡油道把叶片头部的压力油引入叶片底部,使叶片顶部与底部通入相同压力的油,在压力油引入中间油腔之前,设置节流阻尼,使叶片向内缩进时,此腔能保持足够的压力,保证叶片紧贴定子内表面。这种结构由于叶片及槽的形状较为复杂,加工工艺性较差,应用较少。

4. 双作用叶片泵的结构特点

(1)配流盘　图 3-22 为双作用叶片泵配流盘结构示意图。配流盘上有两个吸油窗口 2、4 和两个压油窗口 1、3,窗口之间为封油区 a、b。通常应使封油区对应的中心角稍大于或等于两个叶片之间的夹角,否则会使吸油腔和压油腔连通,造成泄漏。当相邻两个叶片间密封油液从吸油区过渡到封油区(长半径圆弧处)时,其压力基本上与吸油压力相同;当转子继续旋转一个微小角度时,该密封腔快速与压油腔相通,引起液压泵的流量脉动、压力脉动和噪声。为此,在

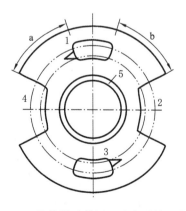

图 3-22　双作用叶片泵配流盘结构示意图

1、3—压油窗口;2、4—吸油窗口;5—环形槽

配流盘的压油窗口靠近叶片从封油区进入压油区的一侧开有一个截面形状为三角形的三角槽(又称眉毛槽),两叶片之间的封闭油液在未进入压油区之前就通过该三角槽与压力油相连,使其压力逐渐上升,因而,减弱了流量和压力脉动,并降低了噪声。环形槽 5 与压油腔相通并与转子叶片槽底部相通,使叶片的底部作用有压力油。

(2) 叶片倾角　　叶片在工作过程中,受离心力和叶片根部压力油的作用,与定子紧密接触。当叶片转至压油区时,定子内表面迫使叶片向转子中心移动,其工作情况和凸轮的相似。叶片与定子内表面接触有一个压力角,其大小是变化的,且变化规律与叶片径向速度变化规律相同,即从零逐渐增加到最大,又从最大逐渐减小到零。因而,在双作用叶片泵中,将叶片顺着转子回转方向前倾一个 θ 角,压力角减小,从而减小侧向力,使叶片在槽中移动灵活,并可减少磨损。当叶片有安放角时,叶片泵就不允许反转。

(3) 定子曲线　　双作用叶片泵定子内表面的曲线由四段同心圆弧和四段过渡曲线组成,其动力学特性很大程度上受过渡曲线的影响。理想的过渡曲线不仅应使叶片在槽中滑动时的径向速度变化均匀,而且应使叶片转到过渡曲线和圆弧段交接点处的加速度突变不大,以减小冲击和噪声,同时,还应使泵瞬时流量的脉动最小。

3.4　柱塞泵

柱塞泵是靠柱塞在缸体中作往复运动造成密封容积的变化来实现吸油与压油的液压泵,因其适应高压、大流量、大功率的系统和流量需要调节的场合,故在机床、工程机械、水电工程机械装备中得到广泛应用。

柱塞泵按柱塞的排列、运动方向与主轴相对位置的不同,可分为轴向柱塞泵和径向柱塞泵。轴向柱塞泵又分为斜盘式和斜轴式两大类。

3.4.1　斜盘式轴向柱塞泵

1. 斜盘式轴向柱塞泵的工作原理

斜盘式轴向柱塞泵的工作原理如图 3-23 所示。泵由斜盘 1、柱塞 2、缸体 3、配流盘 4 等零件组成,斜盘 1 和配流盘 4 是不动的,传动轴 5 带动缸体 3、柱塞 2 一起转动,柱塞 2 靠机械装置或在低压油作用下压紧在斜盘上。当传动轴按图 3-23 所示方向旋转时,柱塞 2 在沿斜盘自下而上回转的半周内逐渐向缸体外伸出,使缸体孔内密封工作腔容积不断增加,产生局部真空,从而将油液经配流盘 4 上的配油窗口 6 吸入;柱塞在自上而下回转的半周内又逐渐向里推入,使密封工作腔容积不断减小,将油液从配流盘窗口 7 向外排出,缸体每转一周,每个柱塞往复运动一次,完成一次吸油和压油动作。

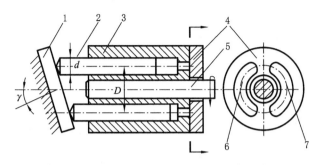

图 3-23　斜盘式轴向柱塞泵的工作原理图

1—斜盘；2—柱塞；3—缸体；4—配流盘；5—传动轴；6—吸油窗口；7—压油窗口

2. 斜盘式轴向柱塞泵的排量和流量计算

如图 3-23 所示，根据几何关系，斜盘式轴向柱塞泵的排量为

$$V = \frac{\pi}{4} d^2 z D \tan\gamma \qquad (3\text{-}24)$$

输出的流量为

$$q = \frac{\pi}{4} d^2 z D n \eta_v \tan\gamma \qquad (3\text{-}25)$$

式(3-24)和式(3-25)中　　γ——斜盘倾角；

D——柱塞孔分布圆直径；

d——柱塞直径；

z——柱塞数目。

改变斜盘的倾角 γ，就可以改变密封工作容积的有效变化量，实现泵的变量。柱塞泵的排量是转角的函数，其输出流量是脉动的，就柱塞数而言，柱塞数为奇数时的脉动率比偶数时的小，且柱塞数越多，脉动越小，故柱塞泵的柱塞数一般都为奇数。从结构工艺性和脉动率综合考虑，常用的柱塞泵的柱塞个数是 7、9 或 11。

3. 斜盘式轴向柱塞泵的结构和特点

1）典型结构和特点

如图 3-24 所示为斜盘式轴向柱塞泵，它由主体部分和变量机构两大部分组成。

（1）主体部分　传动轴 6 与缸体 3 通过花键连接而驱动缸体转动，均匀分布在缸体上的柱塞 7 绕传动轴的轴线作旋转运动。每个柱塞的球头与滑靴 10 铰接，定心弹簧 2 通过内套、钢球、回程盘 9 将滑靴紧紧压在斜盘 11 上，由于斜盘的法线方向与传动轴的轴线方向有一夹角，当缸体旋转时，柱塞沿缸体上的柱塞孔作相对往复运动，通过配流盘 4 完成吸、排油。与此同时，定心弹簧反方向的作用力又将缸体压在配流盘上，起预紧密封作用。由于滑靴和配流盘均采用静压支承结构，因此具有较高的性能参数。

（2）变量机构　当旋转变量手轮 15 时，通过丝杠 14 带动变量活塞 13 沿变量壳

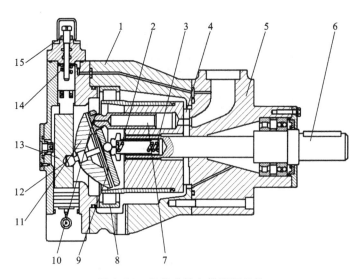

图 3-24　斜盘式轴向柱塞泵结构

1—泵体;2—定心弹簧;3—缸体;4—配流盘;5—前泵体;6—传动轴;7—柱塞;8—轴承;

9—回程盘;10—滑靴;11—斜盘;12—拨叉;13—变量活塞;14—丝杠;15—变量手轮

体上下运动,活塞通过拨叉 12 使斜盘及变量头组件绕其自身的旋转中心摆动,改变斜盘的法线方向与传动轴方向的夹角,从而达到变量的目的。

为保证缸体紧压配流盘端面,预密封的推力除机械装置或弹簧作用力外,还有柱塞孔底部台阶面上的液压力,它比弹簧力大得多,而且随泵的工作压力增大而增大,从而端面间隙得到了自动补偿。

2)变量机构

轴向柱塞泵常用变量机构有手动变量和伺服变量机构。在斜盘式轴向柱塞泵中,通过改变斜盘的倾角大小就可调节泵的排量,变量机构的形式有多种,这里以手动变量机构和手动伺服变量机构为例来说明其工作原理。

(1)手动变量机构　图 3-25 所示为斜盘式轴向柱塞泵常用的手动变量机构。转动变量手轮 1,使丝杠 3 转动,带动变量活塞 4 作轴向移动,通过轴销 5 使斜盘 6 绕变量机构壳体上的圆弧导轨面的中心旋转,从而使斜盘倾角改变,达到变量的目的。当流量达到要求时,可用锁紧螺母 2 锁紧。这种变量机构结构简单,但操作费力,且不能在工作过程中变量。

(2)手动伺服变量机构　图 3-26 所示为斜盘式轴向柱塞泵的手动伺服变量机构。该机构由壳体(缸筒)1、变量活塞 2 和伺服阀芯 3 组成。变量活塞 2 兼作伺服阀的阀体,其中心与阀芯相配合,并有 c、d 和 e 三个孔道分别连通缸筒 1 的下腔 a、上腔 b 和油箱。泵上的斜盘 4 通过拨叉机构与变量活塞 2 下端铰接,可利用变量活塞 2 的上下移动来改变斜盘倾角。当用手柄使伺服阀芯 3 向下移动时,孔道 c 上的阀口打开,经 a 腔引入的压力油 p 经孔道 c 通向 b 腔,活塞因上腔有效面积大于下腔的有效面积而向下移动,其移动又会使伺服阀上的阀口关闭,最终使活塞 2 停止运动;同理,当手柄伺服阀芯 3 向上移动时,孔道 d 上的阀口打开,b 和 e 接通油箱,活塞 2 在 a 腔压力油的作用下向上移动,并在该阀口关闭时自行停止运动。可见,活塞 2 与阀芯 3 是随动关系,用较小的力驱动阀芯,就可以调节斜盘倾角。

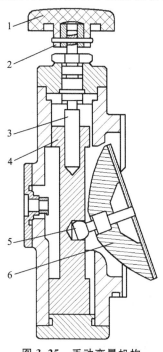

图 3-25 手动变量机构

1—变量手轮;2—锁紧螺母;3—丝杠;
4—变量活塞;5—轴销;6—斜盘

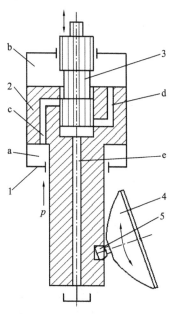

图 3-26 手动伺服变量机构

1—壳体(缸筒);2—变量活塞;
3—伺服阀芯;4—斜盘;5—拨叉

3.4.2 斜轴式轴向柱塞泵

图 3-27 为斜轴式轴向柱塞泵的工作原理图。当传动轴 5 转动时,通过连杆 4 和柱塞 2 与缸体 3 接触带动缸体 3 转动。同时,柱塞 2 在缸体 3 的柱塞孔中往复运动,实现吸压油。斜轴式轴向柱塞泵的传动轴中心线与缸体中心线倾斜一个角度 γ,改变 γ 的大小,即可改变泵的排量。

与斜盘式轴向柱塞泵相比,斜轴式轴向柱塞泵由于缸体所受的不平衡力较小,故结构强度较高,可以有较高的设计参数,其缸体曲线与驱动轴的夹角较大,故变量范围较大,但由于其外形尺寸较大,结构也较复杂。

在变量形式上,斜盘式轴向柱塞泵依靠斜盘摆动实现变量,斜轴式轴向柱塞泵依靠摆缸实现变量,有较大的惯性,故其变量系统反应较慢。

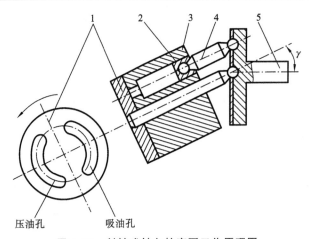

图 3-27　斜轴式轴向柱塞泵工作原理图
1—配流盘；2—柱塞；3—缸体；4—连杆；5—传动轴

3.4.3　径向柱塞泵

1. 径向柱塞泵的工作原理

如图 3-28 为径向柱塞泵的工作原理图。柱塞 1 径向排列安装在转子 2 中，转子 2 由原动机带动连同柱塞 1 一起旋转。

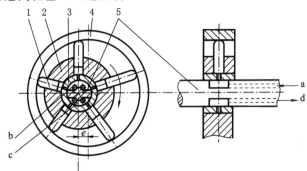

图 3-28　径向柱塞泵工作原理图
1—柱塞；2—转子；3—衬套；4—定子；5—配流轴

柱塞 1 在离心力和机械回程力作用下，其头部顶紧定子 4 的内壁，当转子按图示方向回转时，由于定子 4 和转子 2 之间有偏距 e，柱塞绕经上半周时向外伸出，柱塞底部的容积逐渐增大，形成部分真空，经衬套 3（衬套 3 压紧在转子内，并和转子一起回转）上的油孔从配流轴 5 和吸油口 b 吸油。当柱塞转至下半周时，定子 4 的内壁将柱塞向里推入，柱塞底部的容积逐渐减小，向配流轴 5 的压油口 c 压油，当转子 2 回转一周时，每个柱塞底部的密封容积完成一次吸压油，转子 2 连续运转，即完成吸、压油工作。配流轴固定不动，油液从配流轴上半部的两个孔 a 流入，从下半部的两个油孔

d 压出。

为进行配油,在配流轴 5 和衬套 3 接触的一段上加工出上下两个缺口,形成吸油口 b 和压油口 c,余下的部分形成封油区。封油区的宽度应能封住衬套上的吸压油孔,以防吸油口和压油口相连通,但尺寸也不能过大,以免产生困油现象。

当移动定子 4,改变偏距 e 时,泵的排量就发生改变。当偏心距 e 从正值变为负值时,泵的吸、排油口互换,因此,径向泵可以是单向泵也可以是双向泵。

径向柱塞泵的径向尺寸大,结构比较复杂,自吸能力差,且配流轴受到径向不平衡液压力的作用,易磨损,这限制了径向柱塞泵压力和速度的提高。

2. 径向柱塞泵的排量和流量计算

径向柱塞泵的排量和流量按下述方法计算,泵的平均排量为

$$V = \frac{\pi}{2} d^2 ez \tag{3-26}$$

泵的输出流量为

$$q = \frac{\pi}{2} d^2 ezn\eta_v \tag{3-27}$$

式(3-26)和式(3-27)中 d——柱塞直径;

z——柱塞数。

3.5 液压泵的选用

3.5.1 液压泵的选用原则

根据液压泵的特点,在选用时主要考虑三个方面的因素:使用性能、价格和维修方便性。液压泵的选用主要包括液压泵的类型和型号选择。

1. 液压泵的工作特点

(1) 液压泵的吸油腔压力过低将会吸油不足,噪声异常,甚至无法工作。因此,除了在泵的结构设计上尽可能减少吸油管路的液阻外,为了保证泵的正常运行,还应使泵满足如下要求:①安装高度不超过允许值;②避免吸油滤油器及管路形成过大的压降;③限制泵的使用转速在额定转速以内。

(2) 液压泵的工作压力取决于负载,若负载为零,则泵的工作压力为零。随着排油量的增加,泵的工作压力根据负载大小自动增加,泵的最高工作压力主要受其结构强度和使用寿命的限制。为了防止压力过高而使泵受到损害,液压泵的出口常需采取限压措施。

(3) 变量泵可以通过调节排量来改变流量,定量泵只能通过改变转速的办法来调节流量,但是转速的增大受到吸油性能、泵的使用寿命、效率等因素的限制。例如,工作转速较低时,虽然对泵的使用寿命有利,但是会使容积效率降低,并且,

对于需要利用离心力来工作的叶片泵来说,转速过低会无法保证其正常工作。

（4）液压泵的流量具有某种程度的脉动性质,其脉动情况取决于泵的形式及结构设计参数。为减少脉动的影响,必要时可在系统中设置蓄能器或液压滤波器。

（5）液压泵靠工作腔的容积变化来吸、排油,如果工作腔在吸、排油之间的过渡密封区存在容积变化,就会产生困油现象,从而影响容积效率,产生压力脉动、噪声及工作构件上的附加动载荷。

2. 液压泵的技术性能和应用范围

各种液压泵的技术性能和应用范围如表 3-1 所示。

表 3-1　液压泵的技术性能和应用范围

性能参数	齿轮泵			叶片泵		柱塞泵		
	外啮合	内啮合		单作用	双作用	轴向		径向轴配流
		楔块式	摆线转子式			直轴端面配流	斜轴端面配流	
压力范围/MPa	≤25.0	≤30.0	1.6～16.0	≤6.3	6.3～32.0	≤10.0	≤40.0	10.0～20.0
排量范围/(mL/r)	0.3～650	0.8～300	2.5～150	1～320	0.5～480	0.2～560	0.2～3 600	20～720
转速范围/(r/min)	300～7 000	1 500～2 000	1 000～4 500	500～2 000	500～4 000	600～2 200	600～1 800	700～1 800
最大功率/kW	120	350	120	30	320	730	2 660	250
容积效率/(%)	70～95	≤96	80～90	85～92	80～94	88～93	88～93	80～90
总效率/(%)	63～87	≤90	65～80	64～81	65～82	81～88	81～88	81～83
最高自吸能力/kPa	50	40	40	33.5	33.5	16.5	16.5	16.5
流量脉动/(%)	11～27	1～3	≤3	≤1	≤1	1～5	1～5	<2
噪声	中	小	小	中	中	大	大	中
污染敏感度	小	中	中	中	中	大	中大	中
变量能力	不能	不能	不能	能	能	好	好	好
价格	最低	中	低	中	中低	高	高	高
应用范围	机床、工程机械、农业机械、航空、船舶、一般机械			机床、注塑机、液压机、起重运输机械、工程机械、飞机		工程机械、锻压机械、运输机械、矿山机械、冶金机械、船舶、飞机等		

3. 液压泵类型的选用

根据液压系统的工作压力、对运动平稳性的要求、环境条件和价格等因素结合表
3-1 综合考虑。一般低压系统选齿轮泵,中压系统选叶片泵,高压系统选柱塞泵。

4. 液压泵型号的选用

根据液压系统的工作压力选择液压泵的额定压力,根据液压系统所需的流量选
择液压泵的额定流量。

液压泵的工作压力 p_B 应满足液压系统中执行原件需的最大工作压力 p_{max},
即

$$p_B \geqslant K p_{max} \qquad (3\text{-}28)$$

式中 K——系统压力损失系数,一般取 $K = 1.1 \sim 1.5$。

液压泵的流量 q_{VB} 应满足液压系统中执行元件所需的最大流量之和 $\sum q_{v\,max}$,即

$$q_{VB} \geqslant K_q \sum q_{v\,max} \qquad (3\text{-}29)$$

式中 K_q——系统泄漏系数,一般取 $K_q = 1.2 \sim 1.3$。

3.5.2 液压泵的选择计算

例 3.2   在一个线路牵引施工现场中,根据设计要求,牵引力 F 为 15 t 时,牵引
速度 v 应能达到 2.5 km/h。试为此牵引机液压系统选择合适的液压泵。

解   此时牵引功率 P_q 为

$$P_q = F \times v = \frac{15 \times 1\,000 \times 9.8 \times 2.5 \times 1\,000}{3\,600} \text{ W} = 102 \text{ kW}$$

取传动系统机械效率 $\eta_m = 0.9$,则液压泵输出功率 P_m 为

$$P_m = \frac{P_q}{\eta_m} = \frac{102}{0.9} \text{ kW} = 113.3 \text{ kW}$$

大功率牵引机液压系统一般为高压系统。在本系统中,选取泵的额定压力为
31.5 MPa。则液压泵流量为

$$Q = \frac{P_m \times 61.2}{\Delta p \eta} = \frac{113.3 \times 61.2}{31.5 \times 0.8} \text{ L/min} = 275 \text{ L/min}$$

式中 Δp——液压泵进出口压力差,此处设出口压力为 0;

   η——马达的总效率,此处选 0.8。

取发动机在最大力矩时的转速 n 为 1 500 r/min,则可估算所用变量泵排量
V,即

$$V = \frac{Q}{n} = \frac{275}{1\,500} \text{ L/r} = 0.183 \text{ L/r}$$

根据排量系列,在产品列表中选取斜轴式变量泵 A7V2250,其性能参数如下:
排量   0.25 L/min;

排量变化范围　0～0.25 L/min；

额定压力　35 MPa；

最高压力　40 MPa；

其排量由手动减压阀的压力控制,与系统构成半开式系统。

复 习 题

3.1　什么是泵的排量、流量? 什么是泵的容积效率、机械效率?

3.2　液压泵完成吸油和压油必须具备什么条件?

3.3　什么是容积式液压泵? 它的两个工作特性是什么?

3.4　齿轮泵的困油现象是怎么引起的,对其正常工作有何影响? 如何解决?

3.5　如果与液压泵吸油口相通的油箱是完全封闭的,不与大气相通,液压泵能否正常工作?

3.6　低压齿轮泵泄漏的途径有哪几条? 中高压齿轮泵常采用什么措施来提高工作压力?

3.7　某液压泵输出油压为 10 MPa,转速为 1 450 r/min,排量为 200 mL/r,液压泵的容积效率为 $\eta_v = 0.95$,总效率为 $\eta = 0.9$。求液压泵的输出功率及驱动该泵的电动机所需功率(不计泵的入口油压)。

3.8　已知某液压泵的转速为 950 r/min,排量为 $V_P = 168$ mL/r,在额定压力 29.5 MPa 和同样转速下,测得的实际流量为 150 L/min,额定工况下的总效率为 0.87,求:

(1) 液压泵的理论流量 q_v；　　(2) 液压泵的容积效率 η_v；

(3) 液压泵的机械效率 η_m；　　(4) 在额定工况下,驱动液压泵的电动机功率 P；

(5) 驱动泵的转矩 T。

3.9　已知某液压泵的输出压力为 5 MPa,排量为 10 mL/r,机械效率为 0.95,容积效率为 0.9,转速为 1 200 r/min,求:

(1) 液压泵的总效率；　　(2) 液压泵的输出功率；

(3) 电动机的驱动功率。

3.10　查阅相关文献,简述液压技术在水利电力行业中的应用及发展。

第4章 液压传动执行元件

液压传动执行元件主要包括液压马达和液压缸。

4.1 液压马达

液压马达是指将液压泵提供的液压能转变为机械能,并可以实现连续旋转运动的装置。其结构与液压泵相似,原理上也是靠密封容积的变化进行工作的。

4.1.1 液压马达的分类

液压马达可按多种方式来进行分类。如按其结构类型的不同,液压马达可以分为齿轮式、叶片式和柱塞式等;按额定转速的高低,液压马达分为高速和低速两大类,额定转速高于 500 r/min 的属于高速液压马达,低于 500 r/min 的属于低速液压马达。

高速液压马达的基本形式有齿轮式、螺杆式、叶片式和轴向柱塞式等。它们的主要特点是转速高、转动惯量小、便于启动和制动、调节(调速及换向)灵敏度高。

低速液压马达的基本形式是径向柱塞式。低速液压马达的主要特点是排量大、体积大、转速低(每分钟几转甚至更低),因此可直接与工作机构连接,不需要减速装置,使传动机构大为简化。通常低速液压马达输出转矩较大,所以又称低速大转矩液压马达。

4.1.2 液压马达的主要性能参数计算

1. 工作压力和额定压力

液压马达进口油液的实际压力称为马达的工作压力,其大小取决于马达的负载。马达进口压力与出口压力的差值称为马达的工作压差。在马达出口直接连接油箱的情况下,为了便于分析问题,通常可近似地认为马达的工作压力与工作压差相等。按试验标准规定,使马达长时间连续正常工作的最高压力称为马达的额定压力。

2. 流量与排量

液压马达入口处的流量称为马达的实际流量 q。马达密封腔容积变化所需要的流量称为马达的理论流量 q_t。实际流量和理论流量之差即为马达的泄漏流量 Δq。

液压马达的输出轴每转一周,按几何尺寸计算所进入的液体容积称为液压马达的排量 V,有时也称之为几何排量、理论排量,即不考虑泄漏损失时的排量。因为液压马达在工作中输出的转矩大小是由负载转矩决定的,推动同样大小的负载,排量大的马达,其压力要低于排量小的马达的压力,故排量是反映液压马达工作能力的重要指标。

3. 转速及容积效率

根据液压马达的工作原理可知,液压马达的理论转速 n_t、流量 q 与排量 V（每转排量）之间具有如下关系：

$$n_t = \frac{q}{V} \tag{4-1}$$

然而,由于泄漏的存在,在计算马达转速的时候,要考虑马达的容积效率。马达实际输入流量 q 与理论流量 q_t、泄漏流量 Δq 有如下关系：

$$q = q_t + \Delta q \tag{4-2}$$

则容积效率为

$$\eta_{mv} = \frac{q_t}{q} = \frac{q_t}{q_t + \Delta q} \tag{4-3}$$

式中 η_{mv}——液压马达的容积效率。

液压马达的实际转速为

$$n = \frac{q}{V} \eta_{mv} = n_t \eta_{mv} \tag{4-4}$$

4. 转矩与机械效率

根据液压马达排量的大小,可以计算在给定压力下液压马达所能输出的转矩的大小,也可以计算在给定的负载转矩下马达的工作压力的大小。如果不计损失,液压马达输入的液压功率应当全部转化为液压马达输出的机械功率,即

$$\Delta p q = T_t \omega \tag{4-5}$$

又因为 $\omega = 2\pi n$,所以液压马达的理论转矩为

$$T_t = \frac{\Delta p V}{2\pi} \tag{4-6}$$

式中 Δp——液压马达进出口之间的压力差；

T_t——液压马达输出的理论转矩；

ω——角速度。

由于液压马达内部存在各种摩擦,实际输出的转矩 T 比理论转矩 T_t 小些,即

$$T = T_t \eta_{mm} = \frac{\Delta p V}{2\pi} \eta_{mm} \tag{4-7}$$

式中 η_{mm}——液压马达的机械效率。

5. 功率及效率

液压马达的输入功率为

$$P_i = \Delta p q \tag{4-8}$$

液压马达的输出功率为

$$P_o = T\omega = 2\pi n T \tag{4-9}$$

液压马达的总效率为

$$\eta_{\mathrm{m}} = \frac{P_{\mathrm{o}}}{P_{\mathrm{i}}} = \frac{2\pi n T}{\Delta p q} = \eta_{\mathrm{mv}} \eta_{\mathrm{mm}} \tag{4-10}$$

由式(4-10)可知,液压马达的总效率等于容积效率与机械效率之积。

4.1.3　液压马达基本工作原理与特点

除齿轮式液压马达外,叶片式和柱塞式液压马达使用比较广泛。

1. 叶片马达

叶片马达与叶片泵的结构类似,叶片马达通常可分为单作用、双作用和多作用叶片马达,多作用叶片马达通常为低速大扭矩液压马达。图 4-1 为双作用叶片马达的

结构图,叶片马达主要由定子、转子、叶片、配流盘、轴和壳体等零件组成,位于高压腔的叶片 1、3、5、7、2、6,都受到高压液压油的作用,叶片 2、6 两侧的压力相互平衡。因为叶片 3、7 的承压面积、合力中心半径均比叶片 1、5 的大,故产生顺时针方向的合转矩,带动外负载旋转。双作用叶片马达定子内表面由 4 个工作段和 4 个过渡段组成,通常取叶片数为偶数,并使叶片在转子中对称布

图 4-1　双作用叶片马达

置,目的是为了平衡转子所承受的径向液压力,以减小轴承的受力,延长马达使用寿命。

由于液压马达一般都要求能够正反转动,所以叶片式液压马达的叶片要径向放置。为了使叶片根部始终通有压力油,在回、压油腔通入叶片根部的通路上应设置单向阀;为了确保叶片式液压马达在压力油通入后能正常启动,必须使叶片顶部和定子内表面紧密接触,以保证良好的密封,因此,在叶片根部应设置预紧弹簧。

叶片式液压马达体积小、转动惯量小、动作灵敏,适用于换向频率较高的场合,但其泄漏量较大,低速工作时不稳定。因此,叶片式液压马达一般用于转速高、转矩小和动作要求灵敏的场合。

2. 曲柄连杆式液压马达

图 4-2 为曲柄连杆式液压马达的工作原理图。马达由壳体 1、连杆 3、活塞 2 及其组件、曲轴 4 及配流轴 5 组成。壳体 1 内沿圆周呈放射状均匀布置了多只缸体(一般为 5 个或 7 个),形成星形壳体。缸体内装有活塞 2 及与活塞相连的连杆 3,活塞与连杆通过球铰连接,连杆大端做成鞍形圆柱支承面紧贴在曲轴 4 的偏心圆上,其圆心为 O_1,它与曲轴旋转中心 O 有大小为 e 的偏距。配流轴 5 与曲轴 4 通过十字键连接在一起,随曲轴一起转动,马达的压力油经过配流轴通道,由配流轴分配到对应的

活塞油缸。图中,油缸的①、②、③腔通压力油,相应的活塞受到压力油作用,其余的油缸则与排油窗口接通。

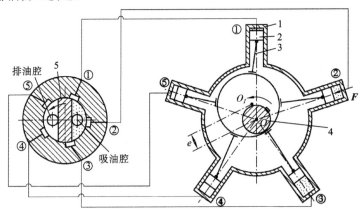

图 4-2　曲柄连杆式液压马达工作原理图
1—壳体;2—活塞;3—连杆;4—曲轴;5—配流轴

　　根据曲柄连杆机构运动原理,受油压作用的柱塞通过连杆对偏心圆中心 O_1 作用有力 F,推动曲轴绕旋转中心 O 转动,对外输出转速和转矩。随着驱动轴、配流轴的转动,配油状态交替变化。在曲轴旋转过程中,位于高压侧的油缸容积逐渐增大,而位于低压侧的油缸容积逐渐缩小,因此,在工作时高压油不断进入液压马达,然后由低压腔不断排出。

　　由于配流轴过渡密封间隔的方位和曲轴的偏心方向一致,并且同时旋转,所以配流轴轴颈的进油窗口始终对着偏心线 $O—O_1$ 一侧的两只或三只油缸,吸油窗口对着偏心线 $O—O_1$ 另一侧的其余油缸,总的输出转矩是叠加所有柱塞对曲轴中心所产生的扭矩。如果将进、排油口互换,液压马达就会反向旋转。

　　曲柄连杆式液压马达的优点是结构简单、工作可靠、品种多、价格低;缺点是体积和重量较大、扭矩脉动较大、低速稳定性较差,近年来,曲柄连杆式液压马达的低速稳定性已经得到改善。

3. 内曲线径向柱塞式液压马达

　　如图 4-3 所示为内曲线径向柱塞式液压马达。液压马达由定子(凸轮环)1、转子2、配流轴4与柱塞5等部件组成,定子1的内壁由若干段均布的、形状完全相同的曲面构成,每一段相同形状的曲面又可分为对称的进油和回油工作区段。每个柱塞在液压马达每转中往复的次数就等于定子的曲面数 x(图中 $x=6$),将 x 称为液压马达的作用次数。在转子的径向有 z 个均匀分布的柱塞缸孔,每个缸孔的底部都有一个配油出口,与中心配流轴4相匹配的配油孔相通。配流轴4中间有进油和回油的孔道,其配油窗口的位置与导轨曲面的进油工作段和回油工作段的位置相对应,分别接通进油通道和回油通道。柱塞5沿转子2上的柱塞缸孔作往复运动。

在压力油的作用下,滚轮 6 压向导轨,导轨曲面对滚轮产生反向作用力,如图 4-3 中所示的力 **N**,其径向作用力 **F** 与液压力平衡,切向分力 **F′** 通过横梁传递给缸体,形成驱动外负载的转矩。当马达进、回油路换向时,马达反转。

多作用内曲线液压马达根据其传递切向分力 **F′** 的部件的不同,可以进行不同的分类。如通过横梁将力传递给缸体的,称为横梁传力马达;通过柱塞将力传递给缸体的,称为柱塞传力马达等。

多作用内曲线液压马达有轴配流和端面配流两种结构。轴配流磨损后不能补偿,出

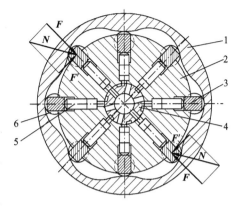

图 4-3　内曲线径向柱塞液压马达
1—定子(凸轮环);2—转子;3—横梁;
4—配流轴;5—柱塞;6—滚轮

现容积效率下降,而更突出的缺点是轴配流可靠性差,易出现配流轴与配流套的粘咬失效。因此,近年来多作用内曲线液压马达大多改用端面配流,以提高马达性能。

内曲线液压马达适用于需要低速大扭矩的系统中,选择适当的参数,可以不采用后续减速传动装置。在内曲线液压马达的典型结构中,横梁式和球塞式内曲线液压马达使用较普遍。使用时,若扭矩较大、压力较高(例如大于 16 MPa),可选择横梁式内曲线液压马达;相反则可二者任选其一。对于输出轴承承受径向力的场合,选择横梁式内曲线液压马达。

4.2　液压缸

液压缸是将液压能转变为机械能,并作直线往复运动(或摆动运动)的液压执行元件,输出力或扭矩。按作用方式的不同,液压缸可以分为单作用式液压缸和双作用式液压缸两大类。单作用式液压缸是利用液压力推动活塞向一个方向运动,而反向运动则依靠重力或弹簧等来实现。双作用式液压缸正、反两个方向的运动都依靠液压力来实现。按结构特点的不同,液压缸分为活塞式、柱塞式和摆动式三类基本形式,除此以外,还有在基本形式上发展起来的各种特殊用途的组合式液压缸。

4.2.1　液压缸主要参数与基本计算

1. 活塞式液压缸

活塞式液压缸有双杆式和单杆式两种结构形式,其安装方式有缸筒固定和活塞杆固定两种形式。

1)双杆活塞式液压缸

如图 4-4 为两种安装方式下的双杆活塞式液压缸的工作原理图。活塞两侧都有

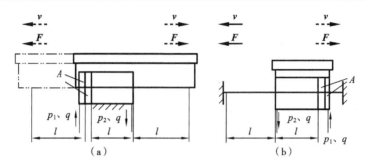

图 4-4 双杆活塞式液压缸安装原理图

(a) 缸筒固定式;(b) 活塞杆固定式

活塞杆伸出。当两活塞杆直径相同、油液供油压力和流量不变时,活塞(或缸体)在两个方向上的运动速度 v 和推力 F 都相等,即有

$$v = \frac{q}{A}\eta_{mv} = \frac{4q\eta_{mv}}{\pi(D^2 - d^2)} \qquad (4\text{-}11)$$

$$F = A(p_1 - p_2)\eta_{mm} = \frac{\pi}{4}(D^2 - d^2)(p_1 - p_2)\eta_{mm} \qquad (4\text{-}12)$$

上式中　　q——液压缸的输入流量;

　　　　　A——活塞有效作用面积;

　　　　　η_{mv}——液压缸的容积效率;

　　　　　D——活塞直径(即缸筒内径);

　　　　　d——活塞杆直径;

　　　　　p_1——液压缸的进油口压力;

　　　　　p_2——液压缸的排油口压力;

　　　　　η_{mm}——液压缸的机械效率。

　　双杆活塞式液压缸常用于要求往返运动速度相同的场合。图 4-4(a)所示为缸体固定式结构,油缸的左腔进压力油,推动活塞向右移动,右腔的油液排出;反之,活塞反向移动。其运动范围约等于活塞有效行程的三倍,一般用于中小型设备。图 4-4(b)所示为活塞杆固定式结构,缸的右腔进压力油,推动缸体向左移动,左腔的油液排出;反之,缸体反向移动。其运动范围约等于缸体有效行程的两倍,因此常用于大中型设备中。

2)单杆活塞式液压缸

　　图 4-5 所示为双作用单杆活塞式液压缸的连接形式,其连接形式有无杆腔进油、有杆腔进油和差动连接三种方式。液压缸一端伸出活塞杆,两腔有效面积不相等,当向液压缸两腔分别输入油液,且压力和流量都不变时,活塞在两个方向上的运动速度和推力都不相等。如图 4-5(a)所示,在无杆腔输入压力油时,活塞的运动速度 v_1 和推力 F_1 分别为

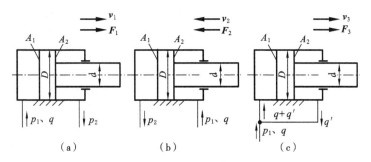

图 4-5　双作用单杆活塞式液压缸的连接形式
(a) 无杆腔进油；(b) 有杆腔进油；(c) 差动连接

$$v_1=\frac{q}{A_1}\eta_{\mathrm{mv}}=\frac{4q\eta_{\mathrm{mv}}}{\pi D^2} \tag{4-13}$$

$$F_1=(A_1 p_1-A_2 p_2)\eta_{\mathrm{mm}}=\frac{\pi}{4}\big[D^2 p_1-(D^2-d^2)p_2\big]\eta_{\mathrm{mm}} \tag{4-14}$$

如图 4-5(b)所示，在有杆腔输入压力油时，活塞的运动速度 v_2 和推力 F_2 分别为

$$v_2=\frac{q}{A_2}\eta_{\mathrm{mv}}=\frac{4q\eta_{\mathrm{mv}}}{\pi(D^2-d^2)} \tag{4-15}$$

$$F_2=(A_2 p_1-A_1 p_2)\eta_{\mathrm{mm}}=\frac{\pi}{4}\big[(D^2-d^2)p_1-D^2 p_2\big]\eta_{\mathrm{mm}} \tag{4-16}$$

上式中各符号意义同前。

如图 4-5(c)所示，两腔同时输入压力油时，由于无杆腔受力面积大于有杆腔受力面积，活塞向右的作用力大于向左的作用力，因此活塞杆作伸出运动，并将有杆腔的液体或气体挤出，流进无杆腔，从而加快了活塞杆的伸出速度，这种连接方式称为差动连接。此时活塞的运动速度 v_3 和推力 F_3 分别为

$$v_3=\frac{q}{A_1-A_2}\eta_{\mathrm{mv}}=\frac{4q\eta_{\mathrm{mv}}}{\pi d^2} \tag{4-17}$$

$$F_3=(A_1-A_2)p_1\eta_{\mathrm{mm}}=\frac{\pi}{4}d^2 p_1\eta_{\mathrm{mm}} \tag{4-18}$$

由式(4-17)和式(4-18)可知，差动连接时，液压缸的有效作用面积是活塞杆的横截面积，与非差动连接无杆腔进油相比，在输入油液压力和流量不变的情况下，差动连接活塞杆伸出速度较快，而推力较小。差动连接是在不增加液压泵容量和功率的条件下，实现快速运动的有效办法。因此，实际应用中，常用控制阀来改变单杆活塞缸的油路连接，使其有不同的工作方式。

2. 柱塞式液压缸

柱塞式液压缸由缸筒、柱塞、导套、密封圈和压盖等零件组成，如图 4-6 所示。柱塞和缸筒内壁不接触，因此缸筒内孔不需精加工，工艺性好，成本低。

对于图 4-6 所示的柱塞式液压缸，其活塞伸出时的速度与推力(假定出口压力为

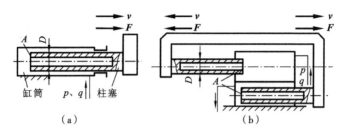

图 4-6　柱塞式液压缸

(a) 缸筒固定式；(b) 活塞杆固定式

零)分别为

$$v = \frac{q}{A}\eta_{mv} = \frac{4q\eta_{mv}}{\pi D^2} \qquad (4-19)$$

$$F = Ap\eta_{mm} = \frac{\pi}{4}D^2 p\eta_{mm} \qquad (4-20)$$

式中　　q——液压缸的输入流量；

　　　　A——柱塞的有效作用面积；

　　　　η_{mv}——液压缸的容积效率；

　　　　D——柱塞外径；

　　　　p——液压缸的进油口压力；

　　　　η_{mm}——液压缸的机械效率。

　　单一的柱塞式液压缸，只能制成缸筒固定的单作用缸，如图 4-6(a)所示。在大行程设备中，为了得到双向运动，柱塞式液压缸可以成对使用，构成复合式柱塞缸结构，如图 4-6(b)所示。柱塞端面是受压面，其面积大小决定了柱塞缸的输出速度和推力。为保证柱塞缸有足够的推力和稳定性，一般柱塞较粗，重量较大，水平安装时易产生单边磨损，故柱塞缸宜竖直安装使用。水平安装使用时，为减轻重量，有时制成空心柱塞。为防止柱塞因自重而下滑，通常要设置柱塞支承套和托架。

3. 摆动液压缸

　　摆动液压缸可输出转矩并实现往复摆动，它有单叶片和双叶片两种形式。其结构如图 4-7 所示。图 4-7(a)所示为单叶片式摆动液压缸，图 4-7(b)所示为双叶片式摆动液压缸。它由定子块 1、缸体 2、摆动轴 3、叶片 4、左右支承盘和左右盖板等零件组成。定子块固定在缸体上，叶片和摆动轴连接在一起。其工作原理为：当工作介质从压油口进入缸内时，叶片被推动并带动轴作逆时针旋转，叶片另一侧的工作介质从排油口排出；反之，叶片及轴作顺时针旋转。

　　当考虑容积效率 η_{mv} 和机械效率 η_{mm} 时，叶片式摆动缸的摆动轴输出转矩 T 和角速度 ω 分别为

$$T = \frac{Zb}{8}(D^2 - d^2)(p_1 - p_2)\eta_{mm} \qquad (4-21)$$

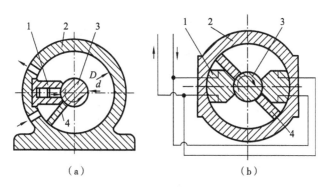

图 4-7 摆动液压缸结构

(a) 单叶片式；(b) 双叶片式

1—定子块；2—缸体；3—摆动轴；4—叶片

$$\omega = \frac{8q\eta_{mv}}{zb(D^2 - d^2)} \tag{4-22}$$

式中　z——叶片数；

　　　b——叶片宽度；

　　　D——缸体内孔直径；

　　　d——叶片轴直径；

　　　p_1、p_2——进、排油口压力；

　　　q——输入流量。

　　单叶片式摆动液压缸的最大回转角小于 $360°$，一般不超过 $280°$；双叶片式摆动液压缸的最大回转角小于 $180°$，一般不超过 $150°$。当输入工作介质的压力和流量不变时，双叶片式摆动液压缸摆动轴输出的转矩是单叶片式摆动液压缸的两倍，而摆动角速度则是单叶片式摆动液压缸的一半。摆动液压缸结构紧凑、输出转矩大，但密封困难，一般只用在低中压系统中作往复摆动、转位或间歇运动的地方。

4.2.2 活塞式液压缸的典型结构

　　在液压传动系统中，活塞缸为最常用的液压缸，因此，这里主要介绍活塞缸的结构特点。活塞式液压缸通常由端盖、缸筒、活塞、活塞杆和前端盖等几部分组成。为防止工作介质外泄或由高压腔向低压腔泄漏，在缸筒与端盖、活塞与缸筒、活塞与活塞杆、活塞与前端盖之间均设有密封装置；在前端盖外侧还设有防尘装置。为防止活塞快速运动到行程终端时撞击缸盖，缸筒的端部还可设置缓冲装置，有需要时还可设置排气装置。

　　如图 4-8 所示为空心双活塞杆式液压缸的典型结构。由图可见，液压缸的左右两腔是通过油口 b 和 d 经活塞杆 1 和 15 的中心孔与左右径向孔 a 和 c 相通的。由于活塞杆固定在床身上，缸体 10 固定在工作台上，工作台在径向孔 c 接通压力油，径

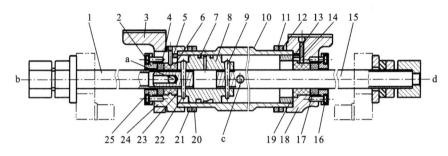

图 4-8　空心双活塞杆式液压缸的结构

1、15—活塞杆;2—堵头;3—托架;4、17—V 形密封圈;5、14—排气孔;
6、19—导向套;7—O 形密封圈;8—活塞;9、22—锥销;10—缸体;
11、20—压板;12、21—钢丝环;13、23—纸垫;16、25—压盖;18、24—缸盖

向孔 a 接通回油时向右移动;反之则向左移动。在这里,缸盖 18 和 24 通过螺钉(图中未画出)与压板 11 和 20 相连,并经钢丝环 12 相连,左缸盖 24 空套在托架 3 孔内,可以自由伸缩。空心活塞杆的一端用堵头 2 堵死,并通过锥销 9 和 22 与活塞 8 相连。缸筒相对于活塞的运动由左右两个导向套 6 和 19 导向。活塞与缸筒之间、缸盖与活塞杆之间,以及缸盖与缸筒之间分别用 O 形密封圈 7、V 形密封圈 4 和 17 和纸垫 13 和 23 进行密封,以防止油液的内、外泄漏。缸筒在接近行程的左、右终端时,径向孔 a 和 c 的开口逐渐减小,对移动部件起制动缓冲作用。为了排除液压缸中剩余的空气,缸盖上设置有排气孔 5 和 14,经导向套环槽的侧面孔道(图中未画出)引出与排气阀相连。

4.2.3　液压油缸的设计与计算

一般来说,液压缸是标准件,但有时也需要自行设计。液压缸的设计包括主要尺寸的计算及强度、刚度的验算等。

1. 液压缸设计应注意的问题

设计液压缸时应注意:① 尽量缩小液压缸的外形尺寸,使结构紧凑;② 有效消除活塞、活塞杆和导轨之间的偏斜;③ 活塞杆最好受拉不受压,以免产生弯曲变形;④ 长行程液压缸活塞杆伸出时,应尽量避免下垂;⑤ 液压缸的结构参数应采用标准系列尺寸,尽量选择经常使用的标准件;⑥ 尽量避免液压缸受侧向载荷;⑦ 液压缸不能因温度变化时受限制而产生弯曲,特别是液压缸较长时更应注意;⑧ 保证每个零件有足够的强度、刚度和耐久性;⑨ 尽量做到成本低、制造容易、维修方便;⑩ 根据液压缸的工作条件和具体情况,考虑缓冲、排气和防尘措施。

2. 液压缸的设计计算步骤

(1) 根据主机的运动要求,选择液压缸的类型及安装方式。

(2) 根据主机的动力和运动分析,确定液压缸的主要性能参数和主要尺寸,如推力、速度、内径、行程等。

（3）选择液压缸型号或根据选定的工作压力和材料进行液压缸的结构设计。

（4）对于自行设计的液压缸,应进行性能验算。

3. 液压缸的设计计算举例

例 4.1　某液压系统中采用双作用单活塞杆液压缸,工作载荷 $F=5$ kN,液压缸的最大行程 $S=200$ mm。设计过程如下。

1）根据液压缸载荷,选定系统工作压力

由文献[10]中的表 23.4-2 或其他相关手册和液压缸工作载荷,可选定液压缸工作压力 $p_1=2$ MPa,其回油直接接油箱,即 $p_2=0$。

2）液压缸主要几何参数的计算

（1）缸筒内径计算。

当已知液压缸的理论作用力 F、供油压力 p,则缸筒内径可按下式计算

$$D=3.57\times10^{-2}\sqrt{\frac{F}{p}} \tag{4-23}$$

式中　F——液压缸的推力(kN);

　　　p——选定的工作压力(MPa);

　　　D——液压缸内径(m)。

代入数据可得 $D=5.64\times10^{-2}$ m,对于计算出来的内径值,按缸筒内径尺寸系列,参照文献[10]中的表 23.6-33 或其他相关手册,圆整成标准值,取 $D=63$ mm。

（2）活塞杆直径的计算。

活塞杆直径 d 可根据速度比来计算,即

$$\phi=\frac{d}{D} \tag{4-24}$$

式中　ϕ——杆径比;

　　　d——活塞杆直径(m);

　　　D——液压缸内径(m)。

根据文献[10]中的表 23.4-5 或其他相关手册,选定杆径比 $\phi=0.55$。则根据式(4-24)可得 $d=34.65$ mm,参照文献[10]中的表 23.6-34 或其他相关手册,圆整为标准值,取 $d=36$ mm。

（3）最小导向长度的确定。

活塞杆导向套如图 4-9 所示,当活塞杆全部外伸时,从活塞支承面中点到导向套滑动面中点的距离称为最小导向套长度 H,可由下式求得

$$H\geqslant\frac{S}{20}+\frac{D}{2} \tag{4-25}$$

式中各符号意义在前述已说明。

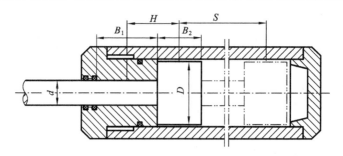

图 4-9　活塞杆导向长度

导向套滑动面的长度为 B_1，因活塞直径 $D \leqslant 80$ mm，故 $B_1 = (0.6 \sim 1.0)D$，取 $B_1 = 50$ mm；活塞的宽度，一般取 $B_2 = (0.6 \sim 1.0)D$，即可取 $B_2 = 40$ mm。由此计算出的最小导向长度 $H = \dfrac{B_1}{2} + \dfrac{B_2}{2} = 45$ mm，与由式(4-25)所取的 H 值相符。

3）结构强度计算和稳定校核

（1）缸筒内径确定后，由强度条件来计算壁厚，然后求出缸筒外径 D_1。

对于低压系统，液压缸缸筒厚度按一般薄壁筒计算，根据文献［10］中的式（23.6-22）或其他相关手册有

$$\delta \geqslant \frac{p_{max} D}{2[\sigma]} \tag{4-26}$$

最大压力 $p_{max} = 1.5 p_1 = 3$ MPa；缸筒材料选取铸钢，其许用应力 $[\sigma] = 100$ MPa；代入数据求得 $\delta \geqslant 0.945$ mm，取 $\delta = 5$ mm。

液压缸的外径 $D_1 = D + 2\delta = 73$ mm，参照文献［10］中的表 23.6-59 或其他相关手册，圆整为 $D_1 = 76$ mm，故最终取 $\delta = 6.5$ mm。

（2）活塞杆稳定性验算。

验算活塞杆稳定性时，要考虑细长比 $\dfrac{l_s}{K}$ 与 $m\sqrt{n}$ 的关系。活塞杆为实心杆、采用铸钢制造，根据液压缸一端固定、一端自由的安装结构，则有 $K = d/4$；由文献［10］中的表 23.6-63 或其他相关手册，可确定式中 $n = 1/4$；l_s 取两倍行程，即有 $l_s = 400$ mm；由文献［10］中的表 23.6-64 或其他相关手册，可确定式中 $m = 110$。则 $\dfrac{l_s}{K} = 44.4$，$m\sqrt{n} = 55$，故 $\dfrac{l_s}{K} < m\sqrt{n}$。

因而可根据文献［10］中的式（23.6-57）或其他相关手册得

$$F_K = \frac{f_c A}{1 + \dfrac{a}{n}\left(\dfrac{l_s}{K}\right)^2} \tag{4-27}$$

式中　A——活塞杆横截面的面积 (m^2)。

参照文献[10]中的表 23.6-64 或其他相关手册,可确定式中 $f_c=250$ MPa,$a=1/9\,000$。代入式(4-27)中可得活塞杆纵向弯曲破坏的临界载荷 $F_K=135.6$ kN。F_K 远远大于活塞杆所承受的载荷,故活塞杆稳定性足够。

4. 缸体组件及连接方式选择

缸体组件通常由缸筒、缸底、缸盖、导向环和支承环等组成。缸体组件和活塞组件构成的密封腔承受压力,因此缸体组件要求有足够的强度、较高的表面精度和可靠的密封性。

常见的缸体组件连接形式如图 4-10 所示。

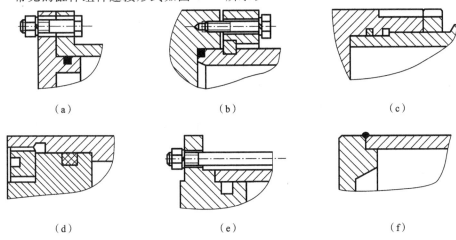

图 4-10　缸体组件连接形式
(a) 法兰式连接;(b) 半环式连接;(c) 螺纹式连接(外螺纹)
(d) 螺纹式连接(内螺纹);(e) 拉杆式连接;(f) 焊接式连接

(1) 法兰式连接　该连接方式结构简单、容易加工、连接可靠、也容易装拆,但要求缸筒端部有直径足够大的凸缘和足够厚的壁厚,以便于安装螺栓或螺钉,因而,外形尺寸和重量都较大。常用于铸造、镦粗的缸筒上,如图 4-10(a)所示。

(2) 半环式连接　这种连接分为外半环连接和内半环连接两种形式。半环连接工艺性好、连接可靠、结构紧凑、重量轻,但零件较多、加工也较复杂,而且因缸筒壁部开有环形槽而削弱了其强度,为此有时要加厚缸壁。常用于无缝钢管或锻钢制造的缸筒上,如图 4-10(b)所示。

(3) 螺纹式连接　这种连接有外螺纹连接和内螺纹连接两种形式。其特点是体积小、重量轻、结构紧凑,但缸筒端部结构复杂,外径加工时要求保证内外径同心,装拆要使用专用工具,而且,一旦锈蚀,缸盖很难卸下,它一般应用于外形尺寸小、重量轻的场合,如图 4-10(c)和 4-10(d)所示。

(4) 拉杆式连接　这种结构简单、工艺性好、通用性强,易于加工和装拆,但外形尺寸较大且较重,拉杆受力后会产生变形,影响密封效果,只适用于长度不大的中、低压液压缸,如图 4-10(e)所示。

（5）焊接式连接 这种连接结构简单、连接强度高、尺寸小,但缸底处内径不易加工,且可能引起变形,如图 4-10(f)所示。

缸筒是液压缸的主体,其内孔一般采用镗削、铰孔、滚压或珩磨等精密加工工艺制造,要求其表面粗糙度 Ra 为 $0.1 \sim 0.4 \mu m$,以便活塞及其密封件、支承件能顺利滑动和保证密封效果、减少磨损。同时,缸筒要承受很大的压力,因此还应具有足够的刚度和强度。

端盖装在缸筒两端,与缸体形成封闭油腔,同样承受很大的压力,因此,端盖、缸体等及其连接部位都应具有足够的强度,设计时既要考虑强度,又要选择工艺性较好的结构形式。导向套对活塞杆或柱塞起导向和支承作用。由于有些液压缸没有导向套,直接采用端盖导向,因而在端盖磨损后必须予以更换。

缸筒、端盖、导向套的材料选择和技术要求可参照相关的液压工程设计手册。

5. 活塞组件及连接方式选择

活塞组件由活塞、活塞杆和连接件等组成。根据液压缸的工作压力、安装方式和工作条件的不同,活塞组件可分为多种结构形式。最常用的活塞与活塞杆连接形式是螺纹式连接和半环式连接方式,除此之外,还有卡环式结构、锥销式结构、整体式结构、焊接式结构等。图 4-11 所示为半环式连接结构、螺纹式连接结构和锥销式连接结构。

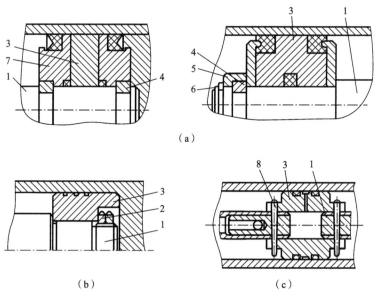

图 4-11 活塞与活塞杆的连接形式

(a) 半环式连接;(b) 螺纹式连接;(c) 锥销式连接

1—活塞杆;2—螺母;3—活塞;4—半环;5—轴套;6—弹簧;7—密封圈座;8—锥销

半环式连接如图 4-11(a)所示，其连接强度高，但结构复杂、拆卸不方便，多用于高压和振动较大的场合。螺纹式连接如图 4-11(b)所示，其结构简单、拆卸方便，但是一般要有螺母防松装置，适用于负载较小、受力无冲击的液压缸中。锥销式连接如图 4-11(c)所示，该结构加工容易、装配简单，但承载能力小，而且需配备必要的防脱落措施，因而锥销式连接只适用于轻载的场合。整体式连接和焊接式连接结构简单、轴向尺寸紧凑，但损坏后需整体更换，适用于活塞与活塞杆直径比值较小、行程较短或尺寸不大的液压缸。4.2.3 节讲述的设计实例中可选择上述连接。

6. 密封装置选择

防污和密封装置是液压缸的一个重要组成部分。密封的作用是防止液压油泄漏或从高压腔进入低压腔，防污的作用是防止污染杂质从外部侵入液压缸。液压缸工作的可靠性和寿命是衡量其好坏的一个重要标志。

1）密封装置的分类

根据两个需要密封的耦合面间有无相对运动，可将密封装置分为动密封和静密封两大类。

动密封中除非接触式的间隙密封和接触式的线密封外，密封件密封均为接触式密封，液压传动系统中所用密封件有 O 形、V 形、Y 形、L 形和 J 形密封圈、防尘圈等。静密封均为接触式密封，可以分为非金属静密封、半金属静密封、金属静密封和液态静密封。

密封装置应满足如下的要求：① 在工作压力下具有良好的密封性，并随着压力的增大自动地提高密封性；② 密封件材料在流体介质中应具有良好物性稳定性；③ 摩擦力要小且稳定；④ 耐磨性好，寿命长，制造简单，便于安装和维修。

2）液压系统中常用密封装置

（1）间隙密封　间隙密封如图 4-12 所示，它是一种常用的密封方法，依靠相对运动零件配合面之间的微小间隙来防止泄漏。由环形缝隙轴向流动理论可知，泄漏量与间隙的三次方成正比，因而可采用减小间隙的方法来减小泄漏。间隙密封具有自位性能、自动对中性和自润滑性等优点。一般的间隙为 0.01～0.05 mm，因此，要求配合面具有很高的加工精度。

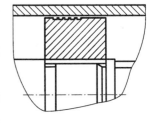

间隙密封的特点是结构简单、摩擦力小、耐用，但是对零件的加工精度要求较高，而且难以完全消除泄漏。故只适用于低压、小直径的快速液压缸。

图 4-12　间隙密封

（2）活塞环密封　活塞环密封依靠装在活塞环槽内的弹性金属环紧贴缸筒内壁实现密封，如图4-13所示。其密封效果比间隙密封的效果好，适用的压力与温度范围很宽，能自动补偿磨损和温度变化的影响，能在高速条件下工作，摩擦力小，工作可靠，寿命长，但同样不能完全密封。活塞环的加工复杂、缸筒内表面加工精度要求很高，一般用于高压、高速和高温场合。

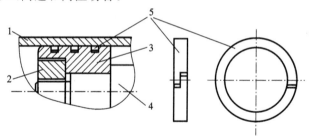

图 4-13　活塞环密封

1—缸筒；2—螺母；3—活塞；4—活塞杆；5—活塞环

（3）密封圈密封　密封圈密封是液压系统中应用最广泛的一种密封方式。目前常用的密封件以其截面形状命名，有 O 型、V 型、Y 型和 Y_x 型、L 型和 J 型密封圈等。不同形状的密封圈应均能使密封可靠、耐久，且摩擦阻力小、容易制造和装拆，特别是应能随着压力的升高而自动提高密封能力和有利于自动补偿磨损。密封圈的材料多为耐油橡胶、尼龙、聚氨酯等。

① O 型密封圈　O 型密封圈是一种截面为圆形的橡胶环，如图 4-14 所示。其结构简单、密封性能好、摩擦阻力小、安装空间小、使用方便，广泛应用于固定密封和运动密封。O 型密封圈安装时有一定的预压缩量，同时受油压作用产生变形，紧贴密封表面起密封作用，如图 4-14（a）所示。当压力较高或密封圈沟槽尺寸选择不当时，密封圈容易被挤出而造成严重的磨损，如图 4-14（b）所示。对于运动密封，一般当工作压力大于 10 MPa 时应加设挡圈。单侧受压时，在其非受压侧加设一个挡圈，如图 4-14（c）所示；双侧受压时，在其两侧各加设一个挡圈，如图 4-14（d）所示。O 型密封圈不宜用于直径大、行程长、运动速度快的液压缸密封。

② V 型密封圈　V 型密封圈由多层涂胶织物制成，其结构如图 4-15 所示。它

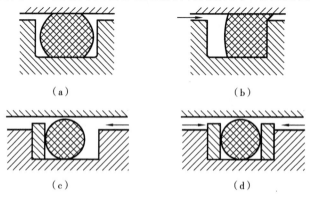

（a）　　　　　　　　　　　　　　（b）

（c）　　　　　　　　　　　　　　（d）

图 4-14　O 型密封圈及其安装形式

（a）初始安装；（b）单侧受压，无挡圈；（c）单侧受压，单侧挡圈；（d）双侧受压，双侧挡圈

由支承环、密封环和压环组装而成。V 型密封圈密封性能、耐压性能好,可在 50 MPa 以上的压力下工作,随着压力的增加,可以增加密封环的数目。当因长期工作而磨损,出现泄漏时,可以调整压盖,压紧补偿。其缺点是安装空间大、摩擦阻力大。安装 V 型密封圈时,应使唇边朝向压力偏高的一侧,并用螺纹压盖等压紧。

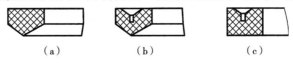

(a)　　　　　　　(b)　　　　　　　(c)

图 4-15　V 型密封圈

(a) 压环;(b) V 型圈;(c) 支承环

③ Y 型和 Y_X 型密封圈　Y 型密封圈一般采用丁腈橡胶制成,其结构如图 4-16 (a)所示。Y 型密封圈密封可靠、摩擦阻力小,适用于往返速度较高的液压缸密封。它一般在工作压力不大于 20 MPa 的条件下工作,使用温度为 $-40\sim80$ ℃。使用时密封圈的唇边面向压力油一方,为防止密封圈在工作过程中翻转和扭曲,需使用支承环固定。

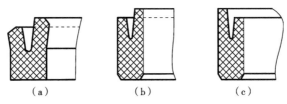

(a)　　　　　　　(b)　　　　　　　(c)

图 4-16　Y 型和 Y_X 型密封圈

(a) 孔用 Y 型密封圈;(b) 孔用 Y_X 型密封圈;(c) 轴用 Y_X 型密封圈

Y_X 型密封圈由聚氨酯橡胶制成,其结构如图 4-16(b)和图 4-16(c)所示。Y_X 型密封圈强度高、耐高压,化学稳定性、耐磨性、低温稳定性好,能在 $-100\sim-30$ ℃ 的温度下工作,其工作压力可达 32 MPa。它的缺点是耐高温性能较差,一般工作温度不能超过 100 ℃。目前,Y_X 型密封圈正在逐步取代 Y 型密封圈。

④ L 型和 J 型密封圈　L 型和 J 型密封圈均采用耐油橡胶制成,其结构分别如图 4-17(a)和图 4-17(b)所示。这两种密封圈一般用于工作平稳、速度较低、压力在 1 MPa 以下的低压缸中。L 型密封圈用于活塞密封,J 型密封圈用于活塞杆密封。

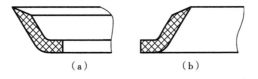

(a)　　　　　　　(b)

图 4-17　L 型和 J 型密封圈

(a) L 型密封圈;(b) J 型密封圈

(4) 防尘圈　防尘圈属于唇形自紧式密封,设置在活塞杆或柱塞密封圈的外端,其唇部与活塞杆(柱塞)为过盈配合。因此,在活塞杆作往复运动时,唇部刃口能将活塞杆上的灰尘、沙粒清除,以便保护液压缸。

防尘圈有无骨架式(见图 4-18)和有骨架式两种。其材料一般为丁腈橡胶或聚

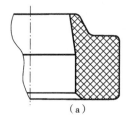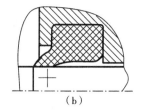

（a）　　　　　　　　　　　（b）

图 4-18　无骨架防尘圈

（a）结构;（b）安装形式

氨酯橡胶。

（5）油封　　油封用于旋转轴上,防止润滑油外漏和外部灰尘进入,因此,同时起

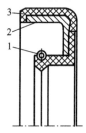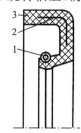

图 4-19　有骨架式油封

1—卡紧弹簧;2—骨架;3—密封圈

到了密封和防污作用。油封一般由耐油橡胶制成。在自由状态下,油封的内径比轴的外径略小,有一定的过盈量(0.5～1 mm)。当油封装在轴上之后,油封的唇边对轴产生一定的径向力,唇边与轴的表面之间形成稳定的油膜,既可以封油又可以润滑。对于油封工作受到磨损之后,导致径向力减小,可采用卡紧弹簧实现补偿。如图 4-19 所示为带骨架的油封。

7. 缓冲装置与排气装置的选择设计

对于大型、高速或要求高的液压缸,为了防止活塞在行程终点时和缸盖相互撞击,引起噪声、冲击,一般都应在液压缸中设置缓冲装置。必要时还需在液压传动系统中设置缓冲回路,以免在行程终端发生过大的机械碰撞,导致液压缸损坏。

缓冲装置的工作原理是利用活塞或缸筒在其走向行程终端时封住活塞和缸盖之间的部分油液,强迫它从小孔或细缝中挤出,以产生很大的阻力,使工作部件受到制动,逐渐减慢运动速度,达到避免活塞和缸盖相互撞击的目的。液压缸中常用的缓冲装置如图 4-20 所示。

（1）圆柱形环隙式　　如图 4-20(a)所示,当缓冲柱塞进入与其相配的缸盖上的内孔时,孔中的液压油只能通过间隙 δ 排出,从而实现缓冲,使活塞速度降低。在缓冲过程中,由于节流面积不变,故缓冲开始时,产生的缓冲制动力很大,但很快就降低了。其缓冲效果较差,但这种装置结构简单,制造成本低,所以在系列化的成品液压缸中多采用这种缓冲装置。

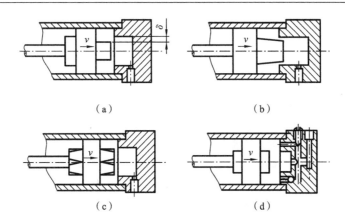

图 4-20 液压缸缓冲装置

(a) 圆柱形环隙式；(b) 圆锥形环隙式；(c) 可变节流槽式；(d) 可调节流孔式

(2) 圆锥形环隙式 如图 4-20(b)所示，由于缓冲柱塞为圆锥形，所以缓冲环形间隙 δ 随位移量的改变而改变，即节流面积随缓冲行程的增大而缩小，使机械能的吸收较均匀，缓冲效果较好。

(3) 可变节流槽式 如图 4-20(c)所示，在缓冲柱塞上开有三角槽，随着柱塞逐渐进入配合孔中，其节流面积越来越小，解决了在行程最后阶段缓冲作用过弱的问题。

(4) 可调节流孔式 如图 4-20(d)所示，在缓冲过程中，缓冲腔油液经小孔节流排出，调节节流孔的大小，可控制缓冲腔内缓冲压力的大小，以适应液压缸不同的负载和速度工况对缓冲的要求，同时，当活塞反向运动时，高压油从单向阀进入液压缸内，活塞也不会因推力不足而产生启动缓慢或困难等现象。

液压传动系统在安装过程中或长时间停放后重新工作时，液压缸和管道系统中往往会混入空气，使系统工作不稳定，产生振动、爬行、前冲、噪声和发热等不正常现象，严重时会使系统不能正常工作。因此，设计液压缸时必须考虑空气的排除。

对于要求不高的液压缸，往往不设计专门的排气装置，而是将油口布置在缸筒端的最高处，这样能使空气随油液排往油箱，而从油箱溢出，如图 4-21(a)所示。对于速度稳定性要求较高的液压缸和大型液压缸，常在液压缸的最高处设置专门的排气装置，如排气塞、排气阀等。图 4-21(b)所示为排气塞，当松开排气塞螺钉后，活塞在低压情况下，往复运动几次，带有气泡的油液就会排出，空气排完后拧紧螺钉，液压系统便可正常工作。

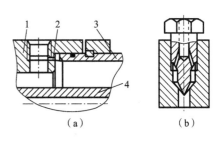

图 4-21 排气装置

(a) 圆柱形环隙式；(b) 圆锥形环隙式

1—缸盖；2—放气小孔；3—缸体；4—活塞杆

复 习 题

4.1 从能量的观点来看,液压泵和液压马达有什么区别和联系?从结构上来看,液压泵和液压马达又有什么区别和联系?

4.2 简述双作用高压叶片马达的工作原理,并推导出其理论排量的计算式。

4.3 液压缸为什么要设置缓冲装置?应怎样设置?

4.4 在供油流量 q 不变的情况下,要使单杆活塞式液压缸的活塞杆伸出速度与回程速度相等,油路应该怎样连接,而且活塞杆的直径 d 与活塞直径 D 之间有什么关系?

4.5 已知单杆液压缸缸筒直径 $D=100$ mm,活塞杆直径 $d=50$ mm,工作压力 $p_1=2$ MPa,流量 $q=10$ L/min,回油背压力 $p_2=0.5$ MPa,试求活塞往复运动时的推力和运动速度。

4.6 已知单杆液压缸缸筒直径 $D=50$ mm,活塞杆直径 $d=35$ mm,泵供油流量 $q=10$ L/min。试求:

(1)液压缸差动连接时的运动速度;

(2)若液压缸在差动阶段所能克服的外负载 $F=1\,000$ N,缸内油液压力有多大(不计管内压力损失)?

4.7 一柱塞缸的柱塞固定,缸筒运动,压力油从空心柱塞中通入,压力为 p,流量为 q,缸筒直径为 D,柱塞外径为 d,内孔直径为 d_0,试求柱塞缸所产生的推力和运动速度。

4.8 一个双叶片式摆动液压缸的内径 $D=200$ mm,叶片宽度 $B=100$ mm,叶片轴的直径 $d=40$ mm,系统供油压力 $p=16$ MPa,流量 $q=63$ L/min,工作时回油直接接油箱,试求液压缸的输出转矩 T 和回转角速度 ω。

4.9 设计一单杆活塞液压缸,要求快进(差动连接)和快退(有杆腔进油)时的速度均为 6 m/min,工进(无杆腔进油)时,可驱动 $F=25\,000$ N 的负载,回油背压为 0.25 MPa,采用额定压力为 6.3 MPa、额定流量为 25 L/min 的液压泵,试问:

(1)缸筒内径和活塞杆直径各是多少?

(2)缸筒壁厚最小值是多少(材料选定为无缝钢管)?

第 5 章　液压传动控制元件

5.1　液压阀的作用与分类

液压控制阀(简称液压阀)是液压传动系统中的控制元件。其作用是控制和调节液压系统中流体流动的方向、压力和流量,达到控制执行元件的运动方向、作用力、运动速度、动作顺序及限制和调节系统的工作压力等目的,从而使之满足各类执行元件不同动作的要求。无论何种液压系统,都是由一些完成一定功能的液压基本回路组成的,而液压基本回路主要是由各种液压阀按一定需要组合而成。因此,熟悉各种液压阀的性能和特点,对于设计和分析液压系统极其重要。

按其作用的不同,液压阀可分为方向控制阀、压力控制阀和流量控制阀三大类。按其控制方式的不同,液压阀可分为普通液压控制阀、电磁比例控制阀和电液数字阀等。根据安装形式的不同,液压阀还可分为管式、板式、叠加式和插装式等若干种。额定压力和额定流量是液压阀的基本工作参数,由于其大小的不同,每种液压阀具有多种规格。

液压阀种类繁多,形状各异,但它们之间也存在一定的共同之处:

(1) 在结构上,所有的阀都由阀体、阀芯和操纵部件组成;

(2) 在工作原理上,所有阀的开口大小,阀进、出口间压差,以及流过阀的流量之间的关系都符合孔口流量公式,只是各种阀控制的参数不相同而已。

液压系统的各类液压控制阀应满足以下基本要求:

(1) 动作灵敏,使用可靠,工作时冲击小、振动小、噪声小,寿命长;

(2) 油液流过阀时所产生的压力损失小;

(3) 具有良好的密封性能,内、外泄漏小;

(4) 结构紧凑,安装、调整、使用、维护方便,通用性强。

5.2　方向控制阀

方向控制阀是用来改变液压系统中各油路之间液流通断关系的阀类,如单向阀、换向阀及压力表开关等。

5.2.1　单向阀

单向阀只允许经过阀的液流沿一个方向流动,这种阀也称为止回阀。单向阀分为普通单向阀和液控单向阀两种:普通单向阀只允许液流单方向流动;液控单向阀除具有普通单向阀功能外,还可通过液压控制实现液流的反向流动。

1. 普通单向阀

图 5-1 所示为单向阀的工作原理和图形符号。当液流由 A 腔流入时,克服弹簧力将阀芯顶开,于是液流由 A 腔流向 B 腔;当液流反向流入时,阀芯在液压力和弹簧力的作用下关闭,将液流截止,液流无法流向 A 腔。单向阀实际上是利用流向所形成的压力差使阀芯开启或关闭。

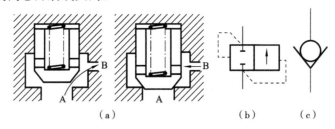

（a）　　　　　　　（b）　　（c）

图 5-1　单向阀的工作原理和图形符号

(a)工作原理;(b)详细符号;(c)简化符号

图 5-2 为管式连接的单向阀结构图。阀芯 2 为锥阀芯,由弹簧 3 直接压紧在阀体 1 的阀座上。当压力油从阀体左端的 A 口流入时,克服弹簧作用在阀芯上的力,使阀芯向右移动,打开阀口,通过阀芯上的径向孔口、轴向孔从阀体右端的 B 口流出。当液压油从阀体右端的 B 口流入时,液压力和弹簧力一起将阀芯压紧在阀体 1 上,关闭 B 至 A 的通道,油液无法通过。除管式连接的单向阀外,还有板式连接的单向阀。按阀芯的结构形式,单向阀又可分为钢球式单向阀和锥阀式单向阀。

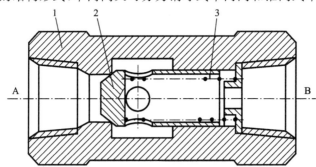

图 5-2　阀芯为锥阀的直通式单向阀(管接式)

1—阀体;2—阀芯;3—弹簧

在液压系统中,单向阀的主要用途有:

(1) 安装在液压泵出口,将系统和泵隔开,防止系统压力突然升高而损坏液压泵,防止系统中的油液在泵停机时倒流回油箱;

(2) 安装在回油路中作为背压阀;

(3) 与其他阀组合成单向控制阀。

2. 液控单向阀

图 5-3 所示为液控单向阀的工作原理和图形符号。当控制油口 K 无压力油通入时,它和普通单向阀一样,压力油只能从 A 腔流向 B 腔,不能反向倒流。若从控制油口 K 通入控制油时,即可推动控制活塞,将阀芯顶开,从而实现液控单向阀的反向开启,此时液流可从 B 腔流向 A 腔。

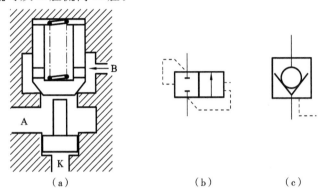

图 5-3 液控单向阀的工作原理和图形符号

(a) 工作原理;(b) 详细符号;(c) 简化符号

图 5-4 为一种带卸荷阀芯的液控单向阀的结构图。与普通单向阀相比,它在阀芯结构上增加了卸荷阀芯 1、带顶杆的控制活塞 3 及控制油口 4。当控制油口无压力油通入时,它和普通单向阀一样。当控制油口流入一定压力 p_c 的压力油时,控制活

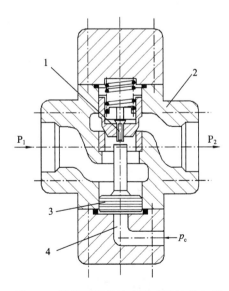

图 5-4 带卸荷阀芯的内泄式液控单向阀

1—卸荷阀芯;2—阀座;3—控制活塞;4—控制油口

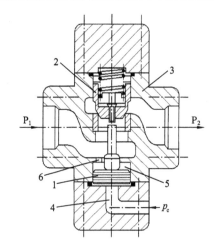

图 5-5 带卸荷阀芯的外泄式液控单向阀
1—控制活塞；2—阀芯；3—阀座；
4—控制油口；5—通外泄油口腔；6—泄油孔

塞 3 向上移动，推动顶杆首先将卸荷阀芯 1 顶开，主阀芯弹簧腔压力下降，推动顶杆再将主阀芯顶开，油口 P_2 与 P_1 相通，油液的流动方向不受限制。图 5-4 所示阀采用的是内泄式，也可采用外泄式。图 5-5 所示为带卸荷阀的外泄式液控单向阀。

在液压系统中，液控单向阀除了具有普通单向阀的功能外，还能用作二通开关阀，也可用作保压阀。

5.2.2 换向阀

换向阀利用阀芯和阀体间相对位置的不同来变换不同管路间的通断关系，实现接通、关断或变换液流的方向，从而使液压执行元件启动、停止或变换运动方向。

1. 换向机能

"通"和"位"是换向阀的重要概念。不同的"通"和"位"构成了不同类型的换向阀。"位"是指阀芯的位置，通常所说的"二位阀"、"三位阀"是指换向阀的阀芯有两个或三个不同的工作位置，"位"在符号图中用方框表示。"通"是指油道接口，所谓"二通阀"、"三通阀"、"四通阀"是指换向阀的阀体上有两个、三个、四个各不相通且可与系统中不同管路相连的油道接口，不同油道之间只能通过阀芯移位时阀口的开关来沟通。

几种不同"通"和"位"的滑阀式换向阀主体部分的结构形式和图形符号如表 5-1 所示。

表 5-1 滑阀式换向阀主体部分的结构形式和图形符号

名　称	结构形式	图形符号
二位二通阀	A　P	A／P
二位三通阀	A　P　B	A　B／P

续表

名　　称	结　构　形　式	图形符号
二位四通阀	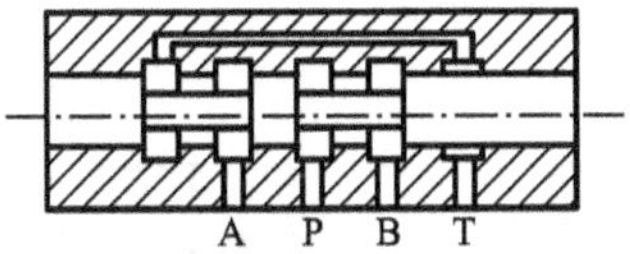 A P B T	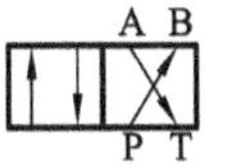 A B P T
三位四通阀	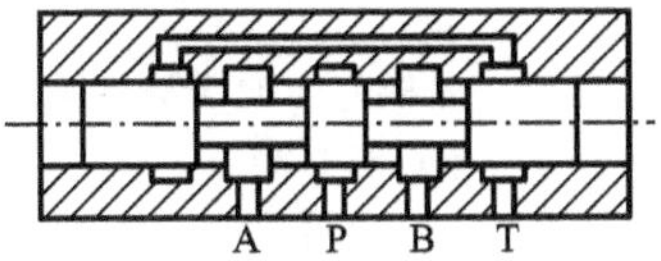 A P B T	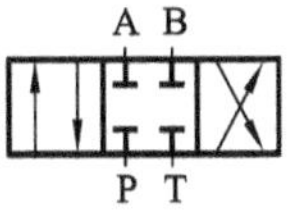 A B P T
二位五通阀	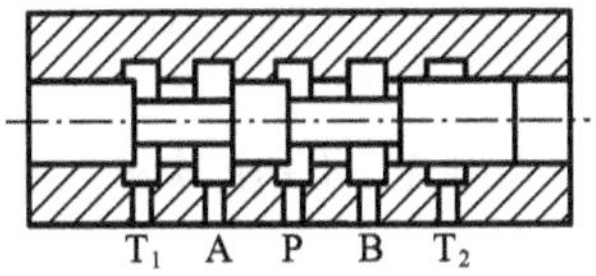 T_1 A P B T_2	 A B T_1 P T_2
三位五通阀	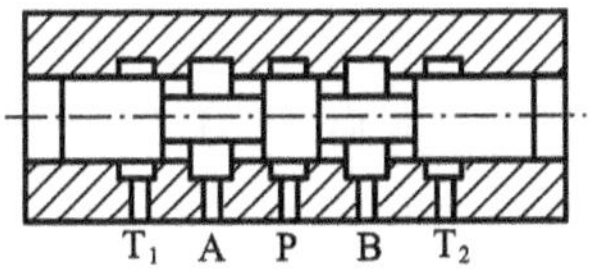 T_1 A P B T_2	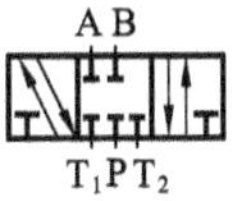 A B T_1 P T_2

表 5-1 中图形符号的含义如下。

(1) 用方框表示阀的工作位置,有几个方框就表示有几"位"。

(2) 方框内的箭头表示油路处于接通状态,但箭头方向不一定表示液流的实际方向。

(3) 方框内的符号"⊥"或"⊤"表示该通路不通。

(4) 方框外部连接的接口数有几个,就表示几"通"。

(5) 一般地,阀与系统供油管路连接的进油口用字母 P 表示,阀与系统回油管路连通的回油口用 T(有时用 O)表示,而阀与执行元件连接的油口用 A、B 等表示。有时在图形符号上用 L 表示泄漏油口。

(6) 换向阀都有两个或两个以上的工作位置,其中一个为常态位,即阀芯未受到操纵力时所处的位置,图形符号中的中位是三位阀的常态位。利用弹簧复位的二位阀则以靠近弹簧的方框内的通路状态为其常态位。绘制系统图时,油路一般应连接在换向阀的常态位上。

2. 滑阀机能

滑阀式换向阀处于中间位置或原始位置时,阀中各油口的连通方式称为换向阀的滑阀机能。滑阀机能直接影响执行元件的工作状态,不同的滑阀机能可满足系统的不同要求。

1）二位二通换向阀

图 5-6 所示为二位二通换向阀表现出来的常闭型（O 型）型和常开型（H 型）的两种滑阀机能。

图 5-6　二位二通换向阀的滑阀机能

(a) O 型；(b) H 型

2）三位四通换向阀

表 5-2 所示为部分三位四通换向阀的滑阀机能。中间一个方框表示其原始位置，左右方框表示两个换向位。

表 5-2　三位四通换向阀的滑阀机能

型　式	符　号	中位油口状况、特点及应用
O 型		P、A、B、T 四口全封闭，液压缸锁闭，可用于多个换向阀并联工作
H 型		P、A、B、T 全通，活塞浮动，在外力作用下可移动，泵卸荷
Y 型		P 封闭，A、B、T 相通，活塞浮动，在外力作用下可移动，泵不卸荷
K 型		P、A、T 口相通，B 口封闭，活塞处于封闭状态，泵卸荷
M 型		P、T 口相通，A、B 口均封闭，活塞闭锁不动，泵卸荷，也可用多个 M 型换向阀并联工作
X 型		P、A、B、T 四口处于半开启状态，泵基本上卸荷，但仍保持一定压力
P 型		P、A、B 口相通，T 封闭，泵与缸两腔相通，可组成差动回路

续表

型　式	符　号	中位油口状况、特点及应用
J 型	A B P T	P、A 封闭，B、T 相通，活塞停止，但在外力作用下可向一边移动，泵不卸荷
C 型	A B P T	P、A 相通，B、T 封闭，活塞处于停止位置
U 型	A B P T	P、T 封闭，A、B 相通，活塞浮动，在外力作用下可移动，泵不卸荷

3. 换向阀的操纵方式

常见换向阀的操纵方式有手动、机动、电磁、液动、电液动和电磁比例控制等。

1）手动换向阀

图 5-7 所示为弹簧自动复位式三位四通手动换向阀。推动手柄向右，阀芯向左移动至左位，此时 P 与 A 相通，B 经阀芯轴向孔与 T 相通；推动手柄向左，阀芯处于右位，液流换向。松开手柄时，阀芯靠弹簧力恢复至中位（原始位置），这时油口 P、A、B、T 全部封闭（图示位置），故阀为 O 型机能。该阀适用于动作频繁、工作持续时间短的场合，操纵比较安全，常用于施工机械中。

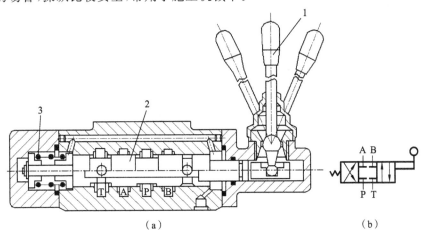

图 5-7　手动换向阀

(a) 结构；(b) 图形符号

1—手柄；2—阀芯；3—弹簧

2）机动换向阀

机动换向阀即行程换向阀，是用机械的挡块或凸轮压住或松开机动换向阀的滚

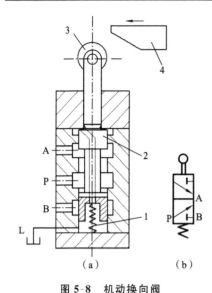

图 5-8　机动换向阀

（a）结构；（b）图形符号

1—弹簧；2—阀芯；3—滚轮；4—挡铁

轮，以改变滑阀的位置。

图 5-8 所示为滚轮式二位三通常闭式机动换向阀。在图示位置，阀芯 2 被弹簧 1 压向上端，油腔 P 和 A 相通，B 口关闭。当挡铁或凸轮压住滚轮 3，使阀芯 2 移动到下端时，就使油腔 P 和 A 断开，P 和 B 接通，A 口关闭。

3）电磁换向阀

电磁换向阀是利用电磁铁的通电吸合与断电释放以实现液流通、断或改变流向的阀类。电磁阀操纵方便、布置灵活、易于实现动作转换的自动化，因此应用最为广泛。电磁换向阀种类多，如按电磁铁所用电源不同可分为交流电磁换向阀和直流电磁换向阀，按电磁铁是否浸在油里又分为湿式电磁换向阀和干式电磁换向阀等。

图 5-9 所示为二位三通交流电磁换向阀，它有一个电磁铁，靠弹簧复位。在图示位置，油口 P 和 A 相通，油口 B 断开。当电磁铁通电吸合时，推杆 1 将阀芯 2 推向右端，这时油口 P 和 A 断开，P 与 B 相通。而当电磁铁断电释放时，弹簧 3 推动阀芯复位。

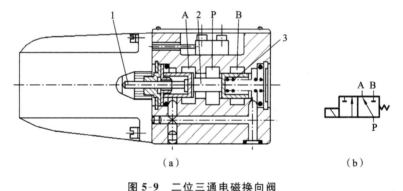

图 5-9　二位三通电磁换向阀

（a）结构；（b）图形符号

1—推杆；2—阀芯；3—弹簧

图 5-10 所示为三位五通电磁换向阀，它有两个电磁铁，靠弹簧对中。在图示位置，两端电磁铁均不通电，所有油口互不相通。当左端电磁铁通电，右端电磁铁断电时，阀芯右移，这时油口 A 和 T_1 相通，B 和 P 相通；当右端电磁铁通电，左端电磁铁断电时，阀芯左移，这时油口 A 和 P 相通，B 和 T_2 相通，T_1 和 T_2 通过阀体上通道连

接。而当两端电磁铁均断电时,弹簧推动阀芯处于中位。

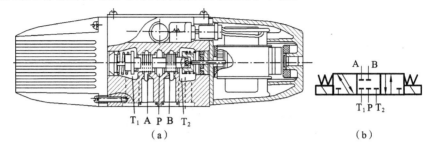

图 5-10　三位五通电磁换向阀

(a) 结构;(b) 图形符号

4)液动换向阀

液动换向阀是利用控制油路的压力油来改变阀芯位置的换向阀。

图 5-11 所示为三位四通液动换向阀。阀芯是由其两端密封腔中油液的压差来移动的,当控制油路的压力油从阀右边的控制油口 K_2 进入滑阀右腔时,K_1 接通回油,阀芯向左移动,使压力油口 P 与 B 相通,A 与 T 相通;当 K_1 接通压力油,K_2 接通回油时,阀芯向右移动,油口 P 与 A 相通,B 与 T 相通;当 K_1、K_2 都接通回油时,阀芯在两端弹簧和定位套作用下回到中间位置。

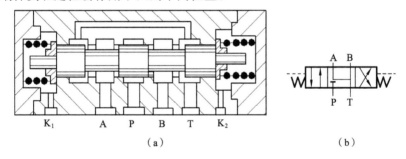

图 5-11　三位四通液动换向阀

(a) 结构;(b) 图形符号

5)电液换向阀

电液换向阀采用小规格的电磁换向阀作为先导控制阀,并与液动换向阀组合安装在一起,实现以小流量的电磁换向阀来控制大流量液动换向阀。其中电磁换向阀是先导阀,液动换向阀是主阀。

图 5-12 所示为弹簧对中型三位四通电液换向阀。当两个电磁铁都不通电时,电磁阀阀芯 4 在其对中弹簧作用下处于中位,液动阀(主阀)阀芯 8 两端都接通油箱,且在两端对中弹簧的推动下也处于中位,此时主阀油口 P、A、B 和 T 均不通。当电磁铁 3 通电时,电磁阀阀芯 4 移向右位,压力油经单向阀 1 接通主阀阀芯 8 的左端,其右端的油则经节流阀 6 和电磁阀而接通油箱,则主阀阀芯 8 右移(其移动速度由节流

阀 6 的开口大小决定），使主阀油口 P 与 A 通，B 与 T 通。同理，当电磁铁 5 通电时，电磁阀阀芯 4 移向左位，主阀阀芯 8 也移向左位（其移动速度大小由节流阀 2 的开口大小决定），使主阀油口 P 与 B 通，A 与 T 通。

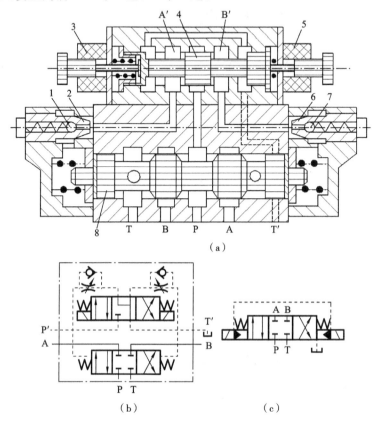

图 5-12　弹簧对中型三位四通电液换向阀

(a) 结构；(b) 图形符号；(c) 简化图形符号

1、7—单向阀；2、6—节流阀；3、5—电磁铁；4—电磁阀阀芯；8——主阀阀芯

　　在电液换向阀中，控制主油路的主阀阀芯不是靠电磁铁的吸力直接推动的，而是靠电磁铁操纵控制油路上的压力油液推动的，因此推力可以很大，操纵也很方便。此外，主阀阀芯向左或向右的移动速度可分别由节流阀 2 或 6 来调节，使系统中的执行元件能够得到平稳无冲击的换向。所以，这种操纵方式的换向性能比较好，适用于高压、大流量场合。

5.3　压力控制阀

　　压力控制阀简称压力阀，用来控制液压系统压力或利用压力变化作为信号来控制其他元件动作。按功能和用途不同，压力阀可分为溢流阀、减压阀、顺序阀和压力继电器等,它们的共同特点是利用油液作用力和弹簧力相平衡的原理进行工作。

5.3.1　溢流阀

溢流阀是通过阀口的溢流,使被控制系统或回路的压力维持恒定,实现稳压、调压或限压,溢流阀按工作原理可分为直动式溢流阀和先导式溢流阀两种。

1. 直动式溢流阀

直动式溢流阀是指作用在阀芯上的主油路液压力与调压弹簧力直接相平衡的溢流阀。图 5-13 所示为锥阀式直动型溢流阀。阀芯 3 在弹簧力的作用下压在阀座 4 上,阀体 5 上有进出油口 P 和 T,油液压力从进油口 P 作用在阀芯上。当液压作用力低于调压弹簧力时,阀口关闭,阀芯在弹簧的作用下压紧在阀座上,溢流口无液体流出;当液压作用力超过弹簧力时,阀芯开启,流体从溢流口 T 流回油箱,弹簧力随着开口量的增大而增大,直至与液压作用力相平衡。调节弹簧的预压力,便可调整溢流压力。

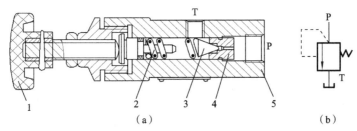

图 5-13　锥阀式直动型溢流阀

(a) 结构;(b) 图形符号

1—手轮;2—调压弹簧;3—阀芯;4—阀座;5—阀体

当溢流阀稳定工作时,阀芯保持在一个与溢流量相应的开口位置上,此时,阀芯 3 进油腔的压力与当前弹簧力相平衡。这样进油腔的压力基本保持在某一数值上。

直动式溢流阀结构简单,响应速度快,但因压力与调压弹簧平衡,不适于在高压、大流量下工作,否则,调压精度会降低,恒压特性不好。

2. 先导型溢流阀

图 5-14 所示为 YF 型三节同心先导型溢流阀,它由先导阀和主阀两部分组成。下端为主阀部分,上端为先导调压阀部分,液压力同时作用于主阀阀芯及先导阀阀芯上。

当进油腔的压力较低时,先导阀阀芯上的液压作用力小于先导调压弹簧 9 的预紧力,先导阀阀芯 2 关闭,阻尼小孔 e 中的油液不流动,作用在主阀阀芯 6 上、下两个方向的液压力平衡,主阀阀芯 6 在弹簧 8 的作用下处于最下端位置,阀口关闭。此时进油腔和回油腔不通。当进油压力增大到使先导阀打开时,液流通过主阀阀芯上的阻尼孔 5、先导阀流回油箱。由于阻尼孔的阻尼作用,使主阀阀芯所受到的上、下两

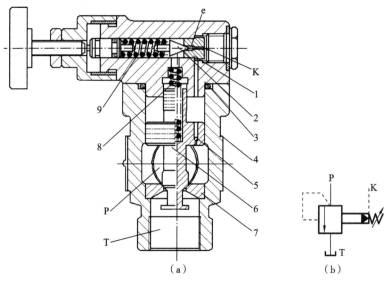

图 5-14　YF 型三节同心先导型溢流阀

(a) 结构；(b) 图形符号

1—锥阀座(先导阀)；2—阀芯(先导阀)；3—阀盖；4—阀体；5—阻尼孔；

6—主阀阀芯；7—主阀座；8—主阀弹簧；9—调压弹簧(先导阀)

个方向的液压力不相等，主阀阀芯在压差的作用下上移，溢流口开启，实现溢流作用。调节先导阀的调压弹簧预紧力，便可调整溢流压力。

　　阀体上有一个远程控制油口 K，当油口 K 通过二位二通阀接通油箱时，主阀阀芯在很小的液压力作用下便可移动，并打开阀口，实现溢流，此时系统卸荷。若油口 K 接另一个远程调压阀，便可对系统压力实现远程控制。

　　溢流阀的主要用途如下。

　　(1) 作调压阀用。溢流阀溢流时，可维持阀进口压力亦即系统压力恒定。

　　(2) 作安全阀用。只有在系统超载时，溢流阀才打开，对系统起过载保护作用，而平时溢流阀是关闭的。此时溢流阀的调定压力比系统压力大 10%～20%。

　　(3) 作背压阀用。溢流阀(一般为直动式)装在系统的回油路上，产生一定的回油阻力，以改善执行元件的运动平稳性。

　　(4) 作远程调压阀用。溢流阀(一般为直动式)通过管路连接先导式溢流阀遥控口实现远程调压。

　　(5) 作卸荷阀用。通过电磁换向阀控制先导式溢流阀遥控口实现卸荷。

5.3.2　减压阀

　　减压阀是使阀的出口压力低于进口压力并保持恒定的压力控制阀。减压阀主要用于降低并稳定系统中某一支路的油液压力，常用于夹紧、控制、润滑等油路中。

常用的减压阀有定值减压阀和定差减压阀,定值减压阀可以保持出口压力恒定,使其不受进口压力影响,定差减压阀能使进口压力和出口压力的差值保持恒定。不同形式的减压阀用于不同的场合。减压阀也是依靠液压力和弹簧力的平衡进行工作的,也有直动式和先导式之分。

图 5-15 所示为先导级由减压出口供油的减压阀,它由先导阀和主阀两部分组成,其先导级由减压阀出口供油,压力油由阀的进油口 P_1 流入,经主阀减压口减压后由出口 P_2 流出。当出口压力低于阀的调定压力时,先导阀关闭,主阀阀芯处于最下端,阀口全开,不起减压作用;当出口压力超过阀的调定压力时,主阀阀芯上移,阀口关小,压力降增大,使出口压力减小到调定压力为止,从而维持出口压力基本恒定。

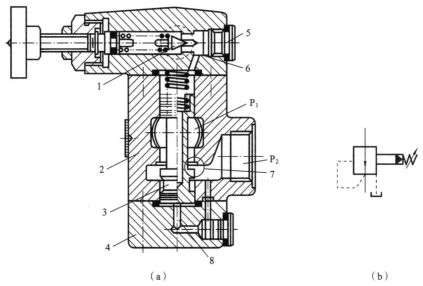

（a）　　　　　　　　　　　　　　　　　　（b）

图 5-15　先导级由减压出口供油的减压阀

（a）结构；（b）图形符号

1—先导阀阀芯；2—阀体；3—主阀阀芯；4—端盖；5—外控阀口；6—泄油口；7—减压口；8—阻尼口

图 5-16 所示为先导级由减压进口供油的减压阀。该阀先导级进口处设有控制油流量恒定器 6,它由一个固定节流口 Ⅰ 和一个可变节流口 Ⅱ 串联而成。可变节流口借助于一个可以轴向移动的小活塞来改变通油孔 Ⅱ 的过流面积,从而改变液阻。小活塞左端的固定节流孔使小活塞两端出现压力差,小活塞在此压力差和右端弹簧的共同作用下而处于某一平衡位置。

当减压阀进口的压力油压力 p_1 达到弹簧 8 的调定值时,先导阀 7 开启,液流经先导阀阀口流向油箱,这时,小活塞前的压力为减压阀进口压力 p_1,其后的压力为先导阀的控制压力(即主阀上腔压力)p_3。p_3 由调压弹簧 8 调定。由于 $p_3 < p_1$,主阀阀芯在上、下腔压力差的作用下克服主阀弹簧 5 的力向上抬起,减小主阀开口,起减压作用,使主阀出口压力降低为 p_2,达到减压和稳压的目的。

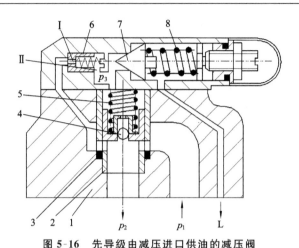

图 5-16　先导级由减压进口供油的减压阀

1—阀体；2—主阀阀芯；3—阀套；4—单向阀；5—主阀弹簧；

6—控制油流量恒定器；7—先导阀；8—调压弹簧

先导型减压阀和先导型溢流阀有以下几点不同之处。

（1）减压阀保持出油口处压力基本不变，而溢流阀保持进油口处压力基本不变。

（2）在不工作时，减压阀进出油口相通，而溢流阀进出油口不通。

（3）为保证减压阀出油口处压力恒定（为调定值），其先导阀弹簧腔需通过泄油口单独外接油箱，而溢流阀的出油口是接通油箱的，所以它的先导阀弹簧腔和泄油腔可通过阀体上的通道和出油口接通，不必单独外接油箱。

减压阀的主要用途如下。

（1）降低液压泵输出油液的压力，供给低压回路使用，如控制回路、润滑系统及夹紧、定位和分度等装置回路。

（2）稳定压力。减压阀输出的二次压力比较稳定，供给执行装置工作时，可以避免一次压力油波动对执行装置的影响。

（3）与单向阀并联，实现单向减压。

（4）远程减压。将减压阀遥控口 K 接远程调压阀可实现远程减压，但远程控制减压后的压力必须在减压阀压力调定值的范围之内。

5.3.3　顺序阀

顺序阀是一种当控制压力达到或超过调定值时就开启阀口使液流通过的阀。其主要作用是控制液压系统中执行元件动作的先后顺序，以实现对系统的自动控制。顺序阀也有直动型和先导型之分。通过改变控制方式、泄油方式及二次油路的连接方式，顺序阀还可用作背压阀、卸荷阀和平衡阀等。

1．直动型顺序阀

如图 5-17 所示为直动型顺序阀，通常为滑阀结构。工作时，压力油从进油口 P_1

进入,经阀体上的孔道 a 和端盖上的阻尼孔 b 流到控制活塞的底部。当进油口压力 p_1 较低时,阀芯在弹簧作用下处下端位置,进油口和出油口不相通。当作用在阀芯下端的油液的液压力大于弹簧的预紧力时,阀芯向上移动,阀口打开,油液便经阀口从出油口流出,从而操纵另一执行元件或其他元件动作。

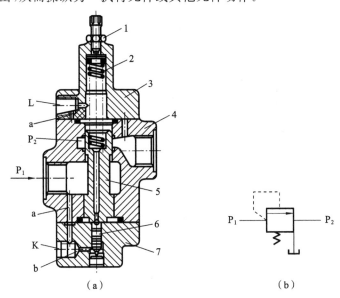

图 5-17　直动型顺序阀

(a) 结构;(b) 图形符号

1—调节螺钉;2—弹簧;3—阀盖;4—阀体;5—阀芯;6—控制活塞;7—端盖

由图 5-17 可看出,顺序阀的结构和工作原理与溢流阀的非常相似,其主要差别在于溢流阀的出油口接油箱,因而其泄油口可和出油口相通,即采用内部泄油方式,而顺序阀的出油口与系统的执行元件相连,因此它的泄油口要单独接回油箱,即采用外部卸油方式。此外,溢流阀的进口压力是限定的,而顺序阀的最高进口压力由负载工况决定,开启后会随出口负载的增加而进一步升高。

2. 先导型顺序阀

图 5-18 所示为 DZ 系列先导型顺序阀。主阀为单向阀式,先导阀为滑阀式。主阀阀芯在原位置将进、出油口切断,进油口的压力通过两条油路:一路经阻尼孔进入主阀上腔并到达先导阀中部环形腔;另一路直接作用在先导阀左端。当进口压力 p_1 低于先导阀弹簧调定压力时,先导滑阀在弹簧力的作用下处于图示位置。当进口压力 p_1 大于先导阀弹簧调定压力时,先导滑阀在左端液压力的作用下右移,将先导阀中部环形腔与连通顺序阀出口的油路沟通,于是顺序阀进口压力 p_1 经阻尼孔、主阀上腔、先导阀流往出口。由于阻尼孔的存在,主阀上腔压力低于下端压力 p_1,主阀阀芯开启,顺序阀进、出油口沟通。

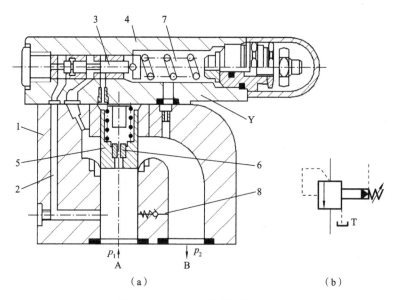

图 5-18　DZ 系列先导型顺序阀

(a) 结构；(b) 图形符号

1—阀体；2—先导级测压孔；3—先导阀阀芯；4—先导阀阀体；

5—主阀阀芯；6—阻尼孔；7—调压弹簧；8—单向阀

顺序阀的主要用途如下：

(1) 控制多个执行元件按预定的顺序动作；

(2) 作背压阀用，接在回油路上，增大背压，使执行元件的运动平稳；

(3) 与单向阀组成平衡阀，以防止垂直运动部件因自重而自行下滑；

(4) 用于压力油卸荷，作双泵供油系统中压力较低泵的卸荷阀。

5.3.4　压力继电器

压力继电器是一种将油液的压力信号转换成电信号的电液控制元件。当油液压力达到压力继电器的调定压力时，即发出电信号，以控制电磁铁、电磁离合器、继电器等元件动作，使油路卸压、换向、执行元件实现顺序动作，或关闭电动机，使系统停止工作，起安全保护作用等。

图 5-19 所示为常用柱塞式压力继电器。当从压力继电器下端进油口通入的油液压力达到调定压力值时，推动柱塞 1 上移，此位移通过杠杆 2 放大后推动开关 4 动作。改变弹簧 3 的压缩量即可以调节压力继电器的动作压力。

压力继电器的主要用途如下：

(1) 在压力达到规定值时使油路自动卸压或反向运动；

(2) 在继电器的规定范围内，若油液大于调定压力，则启动或停止油泵电动机；

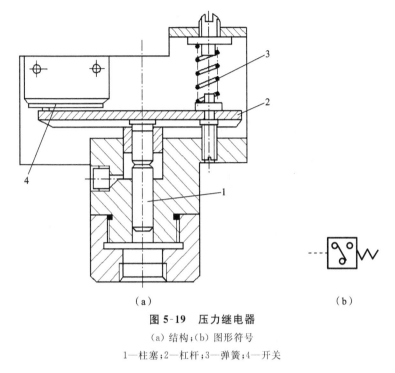

图 5-19　压力继电器

(a) 结构;(b) 图形符号

1—柱塞;2—杠杆;3—弹簧;4—开关

(3) 在规定压力下,使电磁阀起顺序动作,或者在油压机中启动增压泵;

(4) 作为压力的警号、信号、安全装置,以及用于停止机器或启动时间继电器;

(5) 在主油路压力降低时,停止其辅助设备,或者作为两个高低压间的差压控制器。

5.4　流量控制阀

流量控制阀(简称流量阀)是在一定的压力差作用下,依靠改变阀口通流面积的大小或改变通流通道的长短来改变液阻的大小,控制通过阀口的流量,从而调节执行元件(液压缸或液压马达)运动速度的阀类。流量阀包括节流阀、调速阀、溢流节流阀和分流集流阀等。

5.4.1　节流阀

节流阀是借助改变阀口通流面积或通道长度来改变液流的可变液阻。

图 5-20 所示为周向转动式节流阀。它主要由调节手轮 1、阀芯 2、阀套 3、阀体 4 等组成。其工作原理是:油液从进油口 A 经具有某种形状的棱边形节流口(由阀芯 2 上的螺旋曲线开口与阀套 3 上的窗口匹配而形成)后流向出口 B,转动调节手轮 1 时,螺旋曲线相对于阀套窗口升高或降低,即可调节节流口的过流面积,从而实现对流经该阀的流量的控制。

图 5-21 所示为可调单向节流阀。该节流阀阀芯分为上阀芯和下阀芯两部分。当

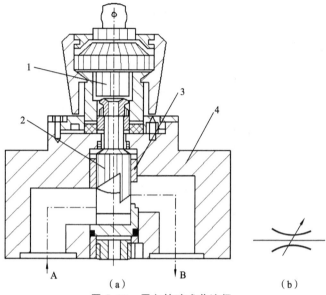

图 5-20　周向转动式节流阀

(a)结构;(b)图形符号

1—调节手轮;2—阀芯;3—阀套;4—阀体

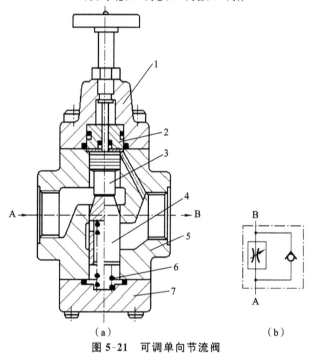

图 5-21　可调单向节流阀

(a)结构;(b)图形符号

1—顶盖;2—导套;3—上阀芯;4—下阀芯;5—阀体;6—复位弹簧;7—底座

流体正向流动时,其节流过程与节流阀是一样的,节流缝隙的大小可通过手柄进行调
节;当流体反向流动时,靠油液的压力把阀芯 4 压下,下阀芯起单向阀作用,可实现流
体反向流动。

节流阀的主要作用如下。

(1) 节流调速作用。应用在定量泵与溢流阀组成的节流调速系统中,可以调节
执行元件的运动速度。

(2) 负载阻尼作用。在流量一定的某些液压系统中,改变节流阀节流口的过流
面积会引起节流阀阀前后压力差的改变,这种对液流的阻碍作用称为液阻。节流阀
中过流面积越小,则阀的液阻越大。节流阀的液阻主要用于液压元件的内部控制。

(3) 压力缓冲作用。在液流压力容易发生变化的部位安装节流阀,可延缓压力
突变的影响,起保护作用。

5.4.2　调速阀

调速阀是具有压力补偿装置的节流阀,根据连接方式不同分为串联式调速阀(简
称调速阀)和并联式调速阀(也称溢流节流阀)。节流阀适用于一般的节流调速系统,
但调速阀适用于执行元件负载变化大而运动速度要求稳定的系统。

1. 串联式调速阀

串联式调速阀是将定差减压阀与节流阀串联成一个组合阀,由定差减压阀保证
节流阀前后压差恒定,从而使流量稳定。

如图 5-22 所示为调速阀工作原理和图形符号。从结构上看,调速阀是在节流阀
3 前面串接一个定差减压阀 1 组合而成的。液压泵的出口(即调速阀的进口)压力 p_1
由溢流阀调定基本不变,而调速阀的出口压力 p_3 则由液压缸负载 F 决定。p_1 自阀
的进口 P₁ 进入,并流经定差减压阀 1 的减压阀口 2,压力由 p_1 降为 p_2,p_2 作用于减
压阀主阀阀芯下端,并且经减压阀作用于主阀阀芯大端的下部环形面积上,再流经节
流阀 3 的节流阀口 4,压力由 p_2 降为 p_3,p_3 输向执行元件,并经反馈作用于主阀阀
芯上部,以进行压力补偿,使节流阀输出流量稳定。

在液压系统中,调速阀的应用和节流阀的相似,它适用于执行元件负载变化大而
运动速度要求稳定的液压系统中,也可用在容积-节流调速回路中。调速阀可连接
在执行元件的进油通路上,也可连接在执行元件回油通路上的旁油通路。

2. 溢流节流阀

溢流节流阀是将定差溢流阀与节流阀并联而成的组合阀,由溢流阀来保证节流
阀进出口压力差的恒定,从而使流量稳定。

如图 5-23 所示为溢流节流阀工作原理和图形符号。液压泵中压力为 p_1 的油
液,进入阀后,一部分经节流阀(压力降为 p_2)进入执行元件(液压缸),另一部分经溢
流阀的溢流口流回油箱。溢流阀上腔 a 和节流阀出口相通,压力为 p_2;溢流阀阀芯

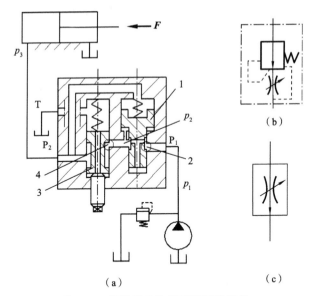

（a）

图 5-22　调速阀工作原理和图形符号

（a）工作原理；（b）符号；（c）简化符号

1—减压阀；2—减压阀口；3—节流阀；4—节流阀口

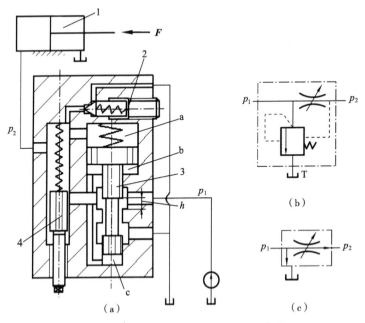

（a）

图 5-23　溢流节流阀工作原理及图形符号

（a）工作原理；（b）符号；（c）简化符号

1—液压缸；2—安全阀；3—溢流阀；4—节流阀

下面的油腔 b、c 和节流阀入口相通,压力为 p_1。节流阀前后的压差 $\Delta p = p_1 - p_2$,也就是定差溢流阀两端的压差,由定差溢流阀来保证压差 Δp 基本维持不变,从而使流经节流阀的流量基本上不随外负载 F 的改变而变化。其稳流过程如下:当负载 F 增大时,出口压力 p_2 增大,因而溢流阀阀芯上腔 a 的压力随之增大,溢流阀阀芯下移,溢流阀口 h 减小,使节流阀入口压力 p_1 增大,从而使节流阀前后压差 Δp 基本保持不变;反之亦然。调节节流阀的开度,就可调节通过节流阀的流量,从而调节液压缸的运动速度。

调速阀与溢流节流阀的共同之处是它们都能使流经自身的流量稳定而不受负载的影响。使用调速阀时,阀前必须安装溢流阀,溢流阀的调定压力必须满足最大负载要求,因而调速阀入口油压始终很高,泵的工作压力始终是溢流阀的调定压力,因而系统功率损失大;对于溢流节流阀,其入口油压 p_1 与由负载决定的油压 p_2 两者之差保持为定值,因而入口压力 p_1 将随负载的变化而变化,并不始终保持为最大值,因此功率损失小。调速阀的优点是通过阀的流量稳定性好,相比之下,溢流节流阀稳定流量的能力稍差一些。

5.4.3　分流集流阀

在液压系统中,往往要求两个或两个以上的执行元件同时运动,并要求它们保持相同的位移或速度(或固定的速比),即位置同步或速度同步。分流集流阀能满足这种要求,因此又称同步阀,它是分流阀、集流阀和分流集流阀的总称。

1. 分流阀

图 5-24 所示为分流阀的工作原理和图形符号,它可以看作是由两个减压式流量控制阀串联而成的。设阀的进口油液流量为 Q_0,压力为 p_0,进入阀后分两路经过两个面积相等的固定节流口 1、2,压力分别降为 p_1 和 p_2,再经过两个可变节流口 5、6 流出,出口流量分别为 Q_1 和 Q_2,压力分别为 p_3 和 p_4。当 Q_1 增大时,$p_1 - p_3$ 减小,阀芯 4 左

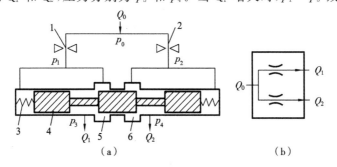

图 5-24　分流阀工作原理和图形符号

(a) 工作原理;(b) 图形符号

1、2—固定节流口;3—弹簧;4—阀芯;5、6—可变节流口

移,可变节流口 5 变小,使 Q_1 减小,Q_1 与 Q_2 便趋于相等;反之亦然。因此,分流阀是将代表两路负载流量 Q_1 和 Q_2 大小的压差值 p_1-p_3 和 p_2-p_4 同时反馈到公共的减压阀阀芯 4 上,相互比较后驱动减压阀阀芯来调节 Q_1 和 Q_2 大小,使之趋于相等。

2. 集流阀

图 5-25 所示为集流阀的工作原理和图形符号,它与分流阀的反馈方式基本相同。在阀的出口处装有两个面积相等的固定节流口 1、2,阀芯 4 与阀体构成两个可变节流口 5、6。当 Q_1 增大时,p_4-p_2 减小,阀芯 4 右移,可变节流口 5 变小,使 Q_1 减小,Q_1 与 Q_2 便趋于相等;反之亦然。因此,集流阀的压力反馈方向正好与分流阀的相反,集流阀只能保证执行元件回油时同步。

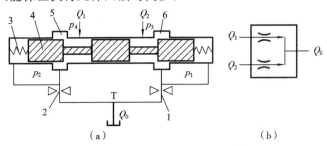

图 5-25　集流阀工作原理和图形符号

(a) 工作原理;(b) 图形符号

1、2—固定节流口;3—弹簧;4—阀芯;5、6—可变节流口

3. 分流集流阀

分流集流阀是节流同步措施中的一种同步元件,同时具有分流阀和集流阀两者的功能,能保证液压执行元件进油、回油时均能同步运动。

图 5-26 所示为挂钩式分流集流阀的结构和图形符号。当流液从 Q_1 和 Q_2 流入,从 Q_0 流出时,由于节流口的减压作用,使 $p_0 < p_1 (p_0 < p_2)$,此时压力差将挂钩阀芯 1、2 合拢,处于集流状态;当油液从 Q_0 流入,从 Q_1 和 Q_2 流出时,由于节流口的减

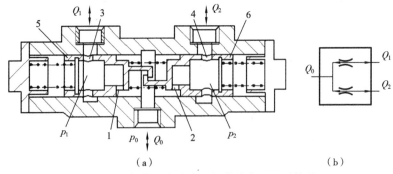

图 5-26　挂钩式分流集流阀的结构和图形符号

(a) 结构;(b) 图形符号

1、2—固定节流口;3、4—可变节流口;5、6—阀芯

压作用,使 $p_0 > p_1(p_0 > p_2)$,此时压力差将挂钩阀芯 1、2 推开,处于分流状态。

5.5　电磁比例控制阀

电磁比例控制阀是一种按输入的电气信号连续地、按比例地对油液的压力、流量或方向进行远距离控制的阀,其构成相当于在普通压力阀、流量阀和方向阀上,安装一个比例电磁铁以代替原有的控制部分。根据用途和工作特点的不同,电磁比例控制阀可以分为电磁比例压力阀(如电磁比例溢流阀、电磁比例减压阀)、电磁比例流量阀(如电磁比例调速阀)和电磁比例方向阀(如电磁比例换向阀)三类。电磁比例换向阀不仅能控制方向,还能控制流量。

5.5.1　比例电磁铁

电磁比例控制阀常用的电-机械转换装置是比例电磁铁。比例电磁铁不同于普通电磁换向阀中所用的通断型直流电磁铁,比例电磁铁要求吸力或位移与给定的电流成比例,并在衔铁的全部工作位置上,磁路中保持一定的气隙。

图 5-27 所示为一种比例电磁铁的结构原理。线圈 2 通电后产生磁场,由于隔磁环 4 的存在,磁力线主要部分通过衔铁 10、气隙和极靴 1,极靴对衔铁产生吸力。线圈电流一定时,吸力大小因极靴对衔铁间距离不同而变化,改变线圈中的电流,即可在衔铁上得到与其成正比的吸力。如果要求比例电磁铁的输出为位移时,则可在衔铁左侧加一弹簧,便可得到与电流成正比的位移。

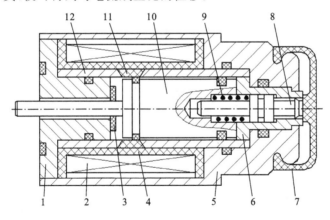

图 5-27　比例电磁铁的结构

1—极靴;2—线圈;3—限位环;4—隔磁环;5—壳体;6—内盖;
7—外盖;8—调节螺栓;9—弹簧;10—衔铁;11—支承环;12—导向管

5.5.2　电磁比例压力阀

图 5-28 所示为直动式电磁比例溢流阀的结构和图形符号。它由直动式溢流阀

和比例电磁阀两部分组成。当比例电磁阀的比例电磁铁中通入电流 I 时,推杆将电磁推力传给锥阀 4,推力的大小与电流 I 成比例。当阀进油口 P 处的压力油作用在锥阀 4 上的压力超过推杆的电磁推力时,锥阀 4 打开,油液通过阀口由出油口 T 排出,该阀的阀口开度是不影响电磁推力的。当通过阀口的流量变化时,由于阀座上小孔处压差的改变及稳态液动力的变化等,被控制的油液压力会有某些改变。

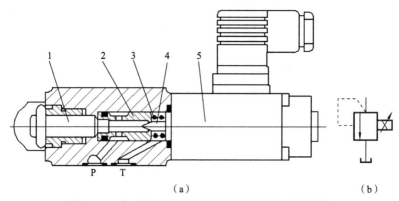

(a)　　　　　　　　　　　　　　　　　(b)

图 5-28　直动式电磁比例溢流阀的结构和图形符号

(a) 结构;(b) 图形符号

1—调节螺母;2—阀座;3—弹簧;4—锥阀;5—比例电磁铁

图 5-29 所示为先导型电磁比例溢流阀的结构和图形符号,它的先导级使用直动

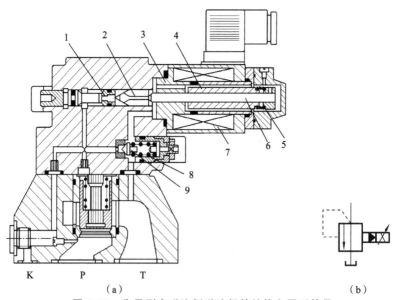

(a)　　　　　　　　　　　　　　　　　(b)

图 5-29　先导型电磁比例溢流阀的结构和图形符号

(a) 结构;(b) 图形符号

1—阀座;2—先导锥阀;3—轭铁;4—衔铁;5—小弹簧;6—推杆;7—线圈;8—大弹簧;9—先导阀

式电磁比例溢流阀,主阀采用普通的先导型溢流阀的主阀。

若将图 5-29 所示先导型电磁比例溢流阀中的主阀换成普通先导型减压阀(或顺序阀)的主阀,即可变成先导型电磁比例减压阀(见图 5-30)或先导型电磁比例顺序阀(见图 5-31)。

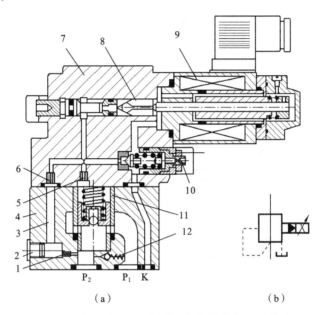

图 5-30 先导型电磁比例减压阀的结构和图形符号

(a) 结构;(b) 图形符号

1、5、6—节流孔;2—压力表接口;3—先导油流道;4—主阀;7—先导阀;
8—先导阀阀芯;9—电磁铁;10—限压阀;11—主阀阀芯组件;12—单向阀

5.5.3 电磁比例换向阀

图 5-32 所示为电磁比例换向阀的结构和图形符号。当电磁铁不工作时,控制阀芯由复位弹簧保持在中位,油口 P、T、A、B 互不相通。当左侧电磁铁通电,则阀芯向右移动,油口 P 与 A,T 与 B 分别连通;当右侧电磁铁通电,则阀芯向左移动,油口 P 与 B,T 与 A 分别连通。来自控制器的控制信号越大,控制阀芯向右的位移也越大,阀芯的行程与电信号成比例。行程越大,则阀口通流面积和流过的流量也越大。

图 5-33 所示为先导型电磁比例换向阀的结构和图形符号。图中的先导阀是由比例电磁铁操纵的压力控制阀(三通减压阀)。比例减压阀在这里作为先导级使用,以其出口压力来控制液动换向阀的正反向和开口量的大小,从而控制液流的方向和流量的大小。先导阀能够与输入电流成比例地改变油口 A 或 B 中的压力,也就是改变主阀阀芯 11 两端的先导腔压力。

当左侧比例电磁铁 3 通电,则先导阀阀芯 6 右移,这时先导油通过从内部油口 P

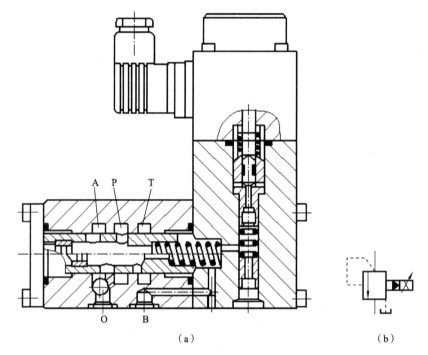

图 5-31　先导型电磁比例顺序阀的结构和图形符号

（a）结构；（b）图形符号

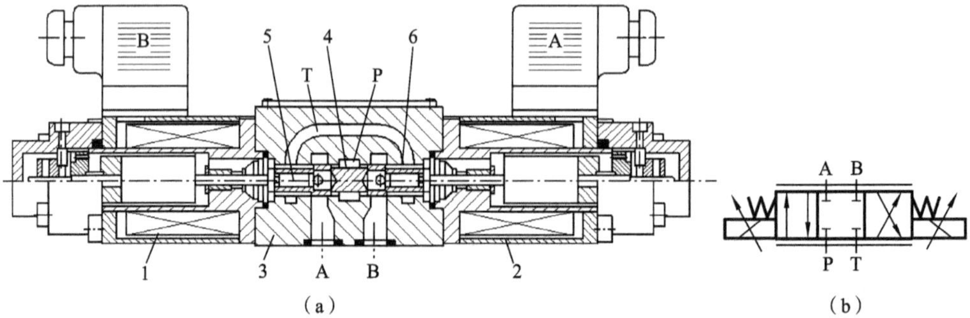

图 5-32　电磁比例换向阀的结构和图形符号

（a）结构；（b）图形符号

1、2—比例电磁铁；3—阀体；4—阀芯；5、6—调压阀阀芯

或从外部经油口 X,经右边阀口减压后,进入孔道反馈到先导阀的右端,与比例电磁铁 3 的电磁力相平衡。因而减压后的压力和输入电流信号大小成比例。减压后的压力油经孔道、阻尼孔 7 作用在液动换向阀的右端,使换向阀主阀阀芯 11 左移,打开油口 P 到 A 的阀口,同时压缩左端弹簧。换向阀主阀阀芯 11 的移动量和控制油压力大小成比例,亦即使流经阀的流量和输入电流成比例。同理,当右侧比例电磁铁通

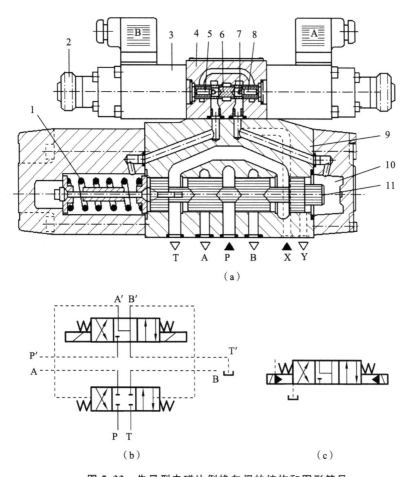

图 5-33　先导型电磁比例换向阀的结构和图形符号

（a）结构；（b）图形符号；（c）简化图形符号

1—弹簧；2—手动应急按钮；3—比例电磁铁；4—先导阀；5、8—调压阀阀芯；
6—先导阀阀芯；7—阻尼孔；9—液动换向阀；10—控制腔；11—主阀阀芯

电,则先导阀阀芯 6 左移,压力油由 P 经 B 输出。液动换向阀的端盖上装有阻尼孔 7,可以根据需要调节换向阀的换向时间。

5.5.4　电磁比例流量阀

图 5-34 所示为电磁比例调速阀,它是在普通调速阀的基础上加装比例电磁铁而形成的比例调速阀。它能用电信号控制油液流量,而与油液压力和温度的变化无关。节流口大小由位置控制比例电磁铁进行控制,节流口压降由定差减压阀进行压力补偿,保持恒定。合理设计节流口并安装温度补偿杆可以减小温度漂移。

图 5-35 所示为两级电磁比例节流阀。比例电磁铁控制先导级减压阀,再控制节

流阀阀芯的移动量,从而调节节流阀开口。

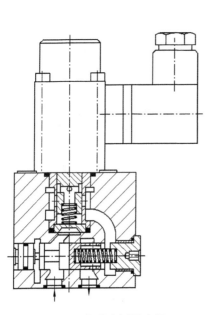

图 5-34　电磁比例调速阀

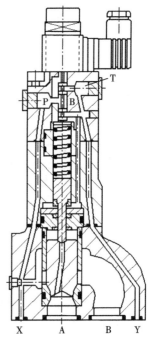

图 5-35　两级电磁比例节流阀

5.6　电液数字阀

电液数字阀主要由步进电动机和阀组成,用数字信息直接控制阀,简称数字阀。数字阀与伺服阀、比例阀相比,具有结构简单、工艺性好、价格低廉、抗污染能力强、重复性好、工作稳定可靠、功耗小等优点。常用的数字阀主要有增量式数字阀和脉宽调制式数字阀两类。

5.6.1　增量式数字阀

增量式数字阀与输入的数字式信号脉冲数成正比,步进电动机的转速随输入脉冲频率的变化而变化,当输入反向脉冲时,步进电动机将反向旋转。步进电动机在脉冲信号的基础上,使每个采样周期的步数较前一采样周期增减若干步,以保证所需的幅值。按用途的不同,增量式数字阀可分为数字流量阀、数字方向流量阀和数字压力阀等。

1. 增量式数字流量阀

图 5-36 所示为直控式数字节流阀。步进电动机按计算机的指令而转动,通过滚珠丝杠 5 变为轴向位移,使节流阀阀芯 6 打开阀口,从而控制流量。该阀有两个面积梯度不同的节流口,阀芯移动时首先打开右节流口 8,由于非全周边通流,故流量较

小；继续移动时打开全周边通流的左节流口 7，流量增大。阀开启时的液动力可抵消一部分向右的液动力。此阀可从节流阀阀芯 6、阀套 1 和连杆 2 的相对热膨胀中获得温度补偿。

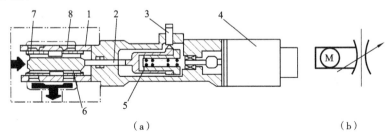

图 5-36　直控式数字节流阀

(a) 结构；(b) 图形符号

1—阀套；2—连杆；3—位移传感器；4—步进电动机；5—滚珠丝杠；6—节流阀阀芯；7—左节流口；8—右节流口

图 5-37 所示为溢流型压力补偿数字调速阀。如图 5-37(a)所示，在直控式数字节流阀前面并联一个溢流阀，并使溢流阀阀芯两端分别受节流阀进出口液压的控制，即可构成溢流型压力补偿的直控式数字调速阀。

图 5-37(b)、(c)所示为溢流型压力补偿的先导式数字调速阀。步进电动机旋转时，通过凸轮或螺纹机构带动挡板 4 作往复运动，从而改变喷嘴 3 与挡板 4 之间的可变液阻，改变了喷嘴前的先导压力即 B 腔压力 p_B，使节流阀阀芯 2 跟随挡板 4 运动，因面积 B(活塞截面积)是面积 A(活塞环形面积)的 2 倍，所以当 $p_B = p_A/2$(p_A 为 A 腔压力)时，节流阀阀芯 2 停止运动，该调速阀的流量与节流阀阀芯 2 的位移成正比。溢流阀阀芯 5 的左、右两端分别受节流阀进、出口油压的控制，所以溢流阀的溢流压力随负载压力的增加(降低)而相应增加(降低)，从而保证节流阀进、出口压差恒定，消除了负载压力对流量的影响。

如图 5-38 所示，分别在直控式和先导式数字节流阀前面串联一个减压阀，并使减压阀阀芯两端分别受节流阀进、出口液压的控制，即可构成减压型压力补偿的直控式(见图 5-38(a))和先导式(见图 5-38(b))数字调速阀。

2. 增量式数字方向流量阀

图 5-39 所示为增量式数字方向流量阀的原理图。压力油由油口 P 进入，油口 A 及 B 接通负载腔，油口 T 回油；油口 X 为先导级控制用的压力供油口，与控制阀阀芯 1 两端容腔 A_1 和 A_2 相通，但与 A_2 腔之间有固定节流孔 2。控制阀阀芯右端是喷嘴 3，左腔 A_1 与右腔 A_2 的面积比为 1：2。当 A_2 腔的压力为 A_1 腔的 1/2 时，控制阀阀芯两端作用力保持平衡，此时喷嘴 3 与挡板 4 间隙一定，通过喷嘴 3 流出的流量也一定。若挡板 4 运动时，喷嘴 3 流出流量变化减小，p_2 随之变化。A_2 腔压力变化，阀芯移动，直到压力恢复为 $p_1 = 2p_2$ 时停止运动。这样，步进电动机使挡板运动的位

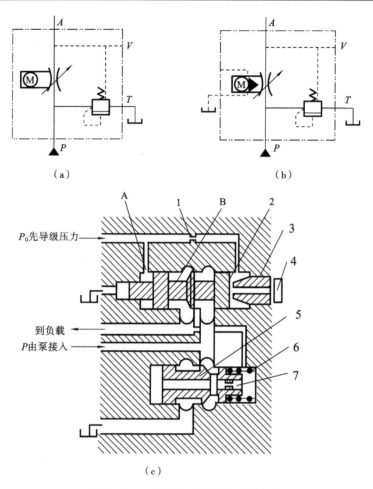

（c）

图 5-37　溢流型压力补偿数字调速阀

（a）直控式简图；（b）先导式简图；（c）先导式结构图

1、7—节流孔；2—节流阀阀芯；3—喷嘴；4—挡板；5—溢流阀阀芯；6—弹簧

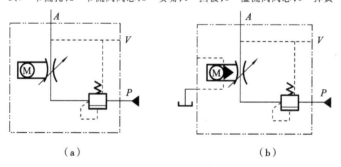

图 5-38　减压型压力补偿数字调速阀

（a）直控式简图；（b）先导式简图

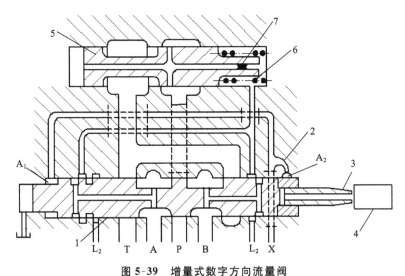

图 5-39　增量式数字方向流量阀
1—控制阀阀芯；2—节流孔；3—喷嘴；4—数控挡板；
5—压力补偿阀阀芯；6—弹簧；7—节流孔

移，便是控制阀阀芯跟随移动的距离，也就是阀的开度。这类阀可达到较高的控制精度。

　　为使控制阀阀芯节流口前后侧的压差保持恒定，阀的内部还可以设置安全型压力补偿装置。图 5-39 中压力补偿阀阀芯 5 的右端设有弹簧 6，通常 P 腔与 T 腔是关闭的。压力油由油口 P 经压力补偿阀阀芯中间的孔流到左端，经固定节流孔 7 与右端弹簧腔相连，此腔与负载腔（A 或 B 腔）压力相关。当负载腔压力下降时，阀芯右移，部分压力油经过补偿阀阀芯的节流口向 T 口排出，供油压力下降。当弹簧力与油口 P 及负载腔的压差相平衡时，补偿阀阀芯停止运动。这样可使控制阀阀芯节流口两侧的压差维持不变，以补偿负载变化时引起的流量变化。

　　将普通压力阀（包括溢流阀、减压阀和顺序阀）的手动机构改用步进电动机控制，即可构成数字压力阀。步进电动机旋转时，由凸轮或螺纹等机构将角位移转换成直线位移，使弹簧压缩，从而控制压力。

5.6.2　脉宽调制式数字阀

　　控制脉宽调制式数字阀的开与关，以及开与关的时间长度（脉宽），即可达到控制液流的方向、流量或压力的目的。由于脉宽调制式数字阀多为锥阀、球阀或喷嘴挡板阀，均可快速切换，而且只有开和关两个位置，故称为快速开关型数字阀，简称为快速开关阀。

1. 锥阀式快速开关型数字阀

　　图 5-40 所示为二位二通电磁锥阀式快速开关型数字阀。当电磁铁 3 不通电时，

衔铁 2 在右端弹簧的作用下使锥阀关闭。当电磁铁 3 通电时,与锥阀阀芯 1 为一体的铁芯被衔铁 2 吸引而使阀开启,油液由油口 P 流入油口 T。为防止阀开启时因稳态液动力而关闭和减小控制电磁力,该阀通过射流对铁芯的作用来补偿液动力。断电时,阀芯由弹簧复位。

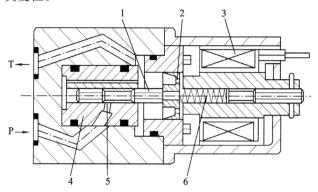

图 5-40　二位二通电磁锥阀式快速开关型数字阀

1—锥阀阀芯;2—衔铁;3—电磁铁;4—阀套;5—阻尼孔;6—弹簧

2. 球阀式快速开关型数字阀

图 5-41 所示为力矩马达-球阀式二位三通高速开关阀。它由一个先导级二位四通球阀和一个主级二位三通球阀组成。脉冲信号使力矩马达通电时,衔铁偏转,使先

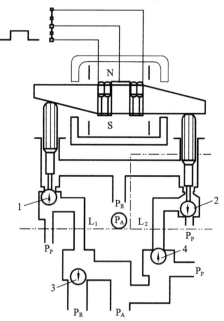

图 5-41　力矩马达-球阀式二位三通高速开关阀

1,2,3,4—球阀

导级球阀2向下运动,关闭压力油口P_P,L_2腔与回油腔P_R接通,球阀4在液压力P_P作用下向上运动,工作腔P_A与P_P相通。与此同时,球阀1在液压力P_P作用下处于上位,L_1腔与P_P相通,球阀3向下关闭,断开P_P腔与P_R腔通路。反之,当力矩马达反转时,情况刚好相反,工作腔P_A腔与P_R腔相通。

3. 喷嘴挡板式快速开关型数字阀

图5-42所示为喷嘴挡板式快速开关型数字阀,它由两个电磁线圈1、4控制挡板(浮盘)向左或向右运动,从而改变喷嘴与挡板之间的距离,使之开或关,压力p_1和p_2便得到控制(当两个电磁线圈都断电时,浮盘处于中间位置,使$p_1 = p_2$),以组成不同的工况进行工作。显然,该阀只能控制对称执行元件。

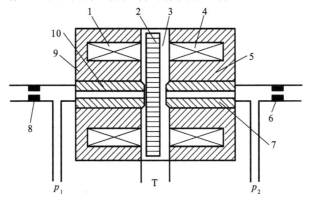

图 5-42 喷嘴挡板式快速开关型数字阀

1、4—电磁线圈;2—挡板(浮盘);3—吸合气隙;5、9—轭铁;6、8—固定阻尼;7、10—喷嘴

数字阀除可直接用于液压缸和液压马达的节流调速外,还可用于液压泵的变量控制,构成数字变量泵。数字阀目前已在注塑机、压铸机、工程机械、机床、汽车等方面得到广泛的应用。由于它与计算机技术结合密切,因而应用前景极为广阔。

5.7 叠加阀及二通插装阀

5.7.1 叠加阀

叠加阀是液压系统集成化的一种方式,是在板式阀集成化的基础上发展起来的新型液压元件。它是安装在板式换向阀和底板之间,由有关的压力、流量和单向控制阀组成的一个集成化控制回路。每个叠加阀除了具有液压阀功能外,还起油路通道的作用。

图5-43所示为叠加式液压锁。叠加式液压锁是由两个液控单向阀并在一起使用的,通常使用在承重液压缸或液压马达油路中,用于防止液压缸或马达在重物作用下自行下滑。当液流从油口A(或B)进入时,单向阀打开,油路接通;当液流从油口

A′(或 B′)进入时,必须向另一路 B(或 A)供油,通过内部控制油路打开单向阀使油路接通,液压缸或液压马达才能动作。

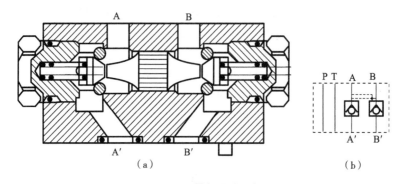

（a）　　　　　　　　　　　　　（b）

图 5-43　叠加式液压锁

(a) 结构;(b) 图形符号

图 5-44 所示为叠加式单向节流阀。当液流从油口 A(或 B)进入时,叠加式单向节流阀通过改变节流口截面大小来调节油路流量,实现流量控制。当液流从油口 A′(或 B′)进入时,油路直接通过单向阀回油,可同时连接工作油腔的两条油路。

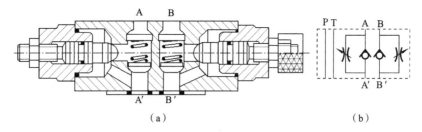

（a）　　　　　　　　　　　　　（b）

图 5-44　叠加式单向节流阀

(a) 结构;(b) 图形符号

图 5-45 所示为叠加式单向调速阀。当液流从油口 B 进入时,单向阀 1 反向关闭,液流通过通道进入定差减压阀。定差减压阀使节流阀口前后的压力差保持恒定,从而保证节流流量的稳定,节流后的液流从油口 B′流出。如果液流从 B′进入时,则单向阀正向打开,液流直接经过单向阀从油口 B 流出,这时调速阀不起作用。

图 5-46 所示为叠加式溢流阀。主阀阀芯 6 属于二级同心式结构,先导阀为锥阀。油口 P、T、A、B、T′是通孔,装配后与其他叠加阀贯通,形成油路。压力油从进油口 P 进入主阀阀芯 e,作用在主阀阀芯 6 右端面,同时通过阻尼孔 d 进入主阀阀芯 6 左腔,再作用在主阀阀芯 6 左端面,这样主阀阀芯 6 左、右端面形成压力差,与主阀弹簧平衡。主阀左腔的压力油通过小孔 a(起稳压作用)作用于先导阀阀芯 3 的锥面,与先导阀调压弹簧 2 平衡。如果油口 P 压力较小,不足以打开先导阀,则主阀左、右

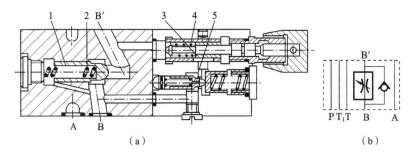

图 5-45　叠加式单向调速阀

(a) 结构；(b) 图形符号

1—单向阀；2、4—弹簧；3—节流阀阀芯；5—定差减压阀

腔的压力差很小，也不能使主阀打开，叠加溢流阀不起溢流作用。如果油口 P 压力较大，足以打开先导阀，则主阀左、右腔的压力差增大，使主阀打开，叠加溢流阀开始溢流。先导阀的回油经通道 c 流回油口 T。

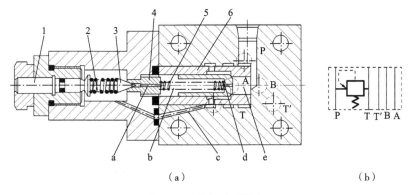

图 5-46　叠加式溢流阀

(a) 结构；(b) 图形符号

1—调节螺栓；2—先导阀调压弹簧；3—先导阀阀芯；4—阀座；5—主阀弹簧；6—主阀阀芯

图 5-47 为叠加阀及其回路示意图。换向阀在最上方，与执行元件连接的底板在最下方，而叠加阀则安装在换向阀与底板之间。一个叠加阀组一般控制一个执行元件。如果液压系统中有几个执行元件需要集中控制，可将几个叠加阀组竖立并排安装在多联底板上。

叠加阀的特点如下：

(1) 液压回路是由叠加阀堆叠而成的，安装空间小。

(2) 组装工作简单，并很容易而迅速地实现回路的增添与更改。

(3) 由配管引起的外部泄漏、振动、噪声小，因而可靠性高。

(4) 元件集中设置，维护、检修容易。

(5) 回路的压力损失较少。

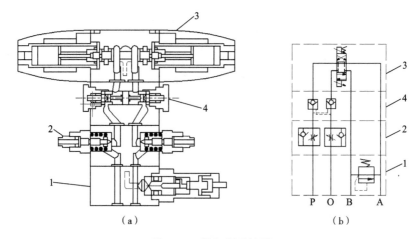

图 5-47　叠加阀系统图

(a) 结构；(b) 示意图

1—溢流阀；2—单向节流阀；3—电磁换向阀；4—液压锁

5.7.2　插装阀

插装阀是一种新型液压控制元件,各种普通阀作为先导控制阀用来控制插装阀的开启和闭合,可实现多种控制机能。

1. 插装阀的典型结构和工作原理

插装阀的典型结构如图 5-48 所示,它由插装块体 1、插装单元(由阀套 2、阀芯 3、弹簧 4 及密封件等组成)、控制盖板 5 和先导控制阀 6 组成。由于这种阀的插装单元在回路中主要起通断作用,故又称二通插装阀。二通插装阀的工作原理相当于液控单向阀。图中油口 A 和 B 为主油路仅有的两个工作油口,K 为控制油口(与先导阀相接)。当油口 K 无液压力作用时,阀芯受到的向上液压力大于弹簧力,阀芯开启,油口 A 和 B 相通,液流的方向视油口 A、B 压力大小而定。反之,当油口 K 有液压力作用,且油口 K 的油液压力大于油口 A 和 B 的油液压力时,可保证油口 A 与 B 之间关闭。

插装阀与各种先导阀组合,便可组成方向控制阀、压力控制阀和流量控制阀等。

2. 方向控制插装阀

插装阀采用不同的换向阀,可以组成不同位数、通数的插装换向阀。

图 5-49 所示为普通单向阀,K 腔与油口 A 或油口 B 连通。在其控制盖板上加装一个二位三通阀,便成为液控单向阀,如图 5-50 所示。

图 5-51 所示为插装式二位二通电磁换向阀,它由一个二位二通电磁先导阀和一个插装阀组合而成。当电磁阀断电时,阀芯开启,油口 A 与 B 接通;当电磁阀通电时,阀芯关闭,油口 A 与 B 不通。

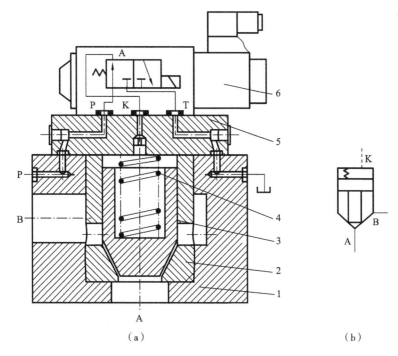

（a）　　　　　　　　　　　　　　　　　　　　　（b）

图 5-48　插装阀

（a）结构；（b）图形符号

1—插装块体；2—阀套；3—阀芯；4—弹簧；5—控制盖板；6—先导控制阀

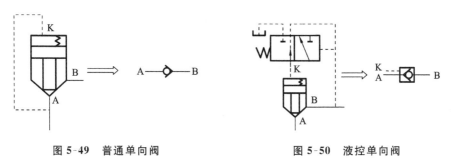

图 5-49　普通单向阀　　　　　　　　　　**图 5-50　液控单向阀**

　　图 5-52 所示为插装式二位三通电磁换向阀,它由一个电磁先导阀和两个插装阀组合而成。当电磁阀断电时,油口 A 与 T 接通;当电磁阀通电时,油口 A 与 P 接通。

　　图 5-53 所示为插装式二位四通电磁换向阀,它由一个二位四通电磁先导阀和四个插装阀组合而成。当电磁阀断电时,油口 A 与 T 接通,油口 B 与 P 接通;当电磁阀通电时,油口 A 与 P 接通,油口 B 与 T 接通。

3. 压力控制插装阀

　　图 5-54 所示为插装式减压阀。B 为一次压力油进口,A 为出口。油口 Y 接油箱,X 为遥控口。因为能得到恒定的二次压力,所以这里的插装阀用作减压阀。

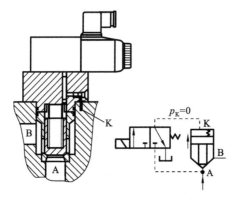

图 5-51　插装式二位二通电磁换向阀

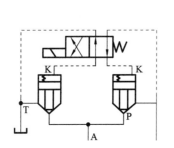

图 5-52　插装式二位三通电磁换向阀

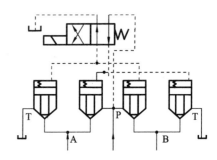

图 5-53　插装式二位四通电磁换向阀

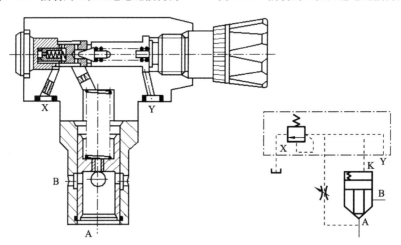

图 5-54　插装式减压阀

　　图 5-55 所示为插装式溢流阀(顺序阀)。油口 A 接压力油。若油口 B 接油箱,为溢流阀,其原理与先导型溢流阀的相同;若油口 B 接负载,则插装阀起顺序阀作用。

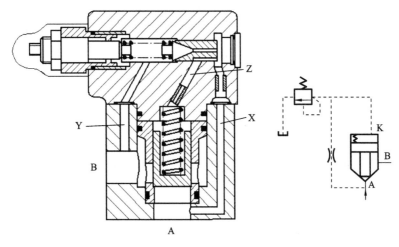

图 5-55　插装式溢流阀

图 5-56 所示为插装式电磁溢流阀,它由插装式溢流阀和一个二位二通电磁阀组合而成。当电磁铁通电时,插装阀便用作卸荷阀。

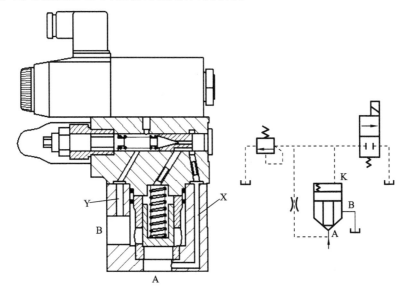

图 5-56　插装式电磁溢流阀

4. 流量控制插装阀

在方向控制插装阀的盖板上安装阀芯行程调节器,调节阀芯的开度后,插装阀就兼有节流阀的作用。各种流量控制阀,包括电液比例流量阀,都可以采用插装阀式结构。

图 5-57(a)和(b)所示为插装式节流阀的结构和图形符号。在插装阀的控制板

盖上有阀芯升高限位装置,通过调节限位装置的位置,调节节流阀口通流截面的大小,便可调节阀芯开度,从而起到流量控制的作用。若在二通插装阀前串联一个定差减压阀,则可组成二通插装调速阀,如图 5-57(c)所示。

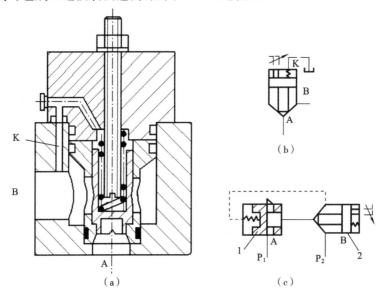

图 5-57　插装阀作流量控制阀

(a) 结构;(b) 图形符号;(c) 插装式调速阀

1—减压阀;2—节流阀

5.8　液压阀的选用原则

对于任何一个液压系统,正确地选择液压阀,是保证系统设计合理、性能优良、安装简便、维修容易和正常工作的重要条件。除按系统的功能需要选择各种类型的液压阀外,还需考虑额定压力、通过流量、安装形式、操纵方式、结构特点及经济性等因素。

1. 液压阀选择的一般原则

首先,根据系统的功能要求,确定液压阀的类型,根据实际安装情况,选择不同的连接方式,如管式或板式连接等。然后,根据系统设计的最高工作压力选择液压阀的额定压力,根据通过液压阀的最大流量选择液压阀的流量规格,如溢流阀应按液压泵的最大流量选取;流量阀应按回路控制的流量范围选取,其最小稳定流量应小于调速范围所要求的最小稳定流量。最后,应尽量选择标准系列的通用产品。

2. 液压阀安装方式的选择

液压阀的安装方式对液压装置的结构形式有决定性的影响,因此要根据具体情况来选择合适的安装方式。一般来说,在选择液压阀安装方式的时候,应根据所选择液压阀的规格大小、系统的复杂程度及布置特点来定。螺纹连接型适合系统较简单，元件数目较少，安装位置比较宽敞的场合。板式连接型适合系统较复杂，元件数目较多，安装位置比较紧凑的场合。

3. 液压阀额定压力的选择

液压阀的额定压力是液压阀的基本性能参数，是指液压阀在额定工作状态下的名义压力，反映液压阀承压能力的大小。应根据液压系统设计的工作压力选择相应压力级的液压阀。一般来说，应使液压阀上标明的额定压力值适当大于系统的工作压力。

4. 液压阀流量规格的选择

液压阀的额定流量是指液压阀在额定工况下通过的名义流量。液压阀的实际工作流量与系统中油路的连接方式有关：串联回路各处流量相等，并联回路的流量则等于各油路流量之和。选择液压阀的流量规格时，使阀的额定流量与系统的工作流量相接近，显然是最经济的；若选择阀的额定流量比工作流量小，则容易引起液压卡紧和产生较大液动力，并可能对阀的工作性能产生不良影响。另外，也不能单纯地根据液压泵的额定输出流量来选择阀的流量，因为，对一个液压系统而言，其每个回路通过的流量不可能都是相同的。因此，在选用时，应考虑液压阀所在回路可能通过的最大流量。若流量通过比较大的回路时，考虑可能产生的液压冲击，可在原流量规格的基础上选用规格大一挡的换向阀。

5. 液压阀控制方式的选择

液压阀的控制方式有多种，一般是根据系统的操纵需要与电气系统的配置能力来进行选择的。对于自动化程度要求较低、小型或不常调节的液压系统，可选用手动控制方式；而对于自动化程度要求较高或控制性能有要求的液压系统，则可选择电动、液动等方式。

6. 经济方面的选择

选择液压阀时，应在满足工作要求的前提下，尽可能选用造价和成本较低的液压阀，以提高系统的经济指标。比如，对于速度稳定性要求不高的系统，应选择节流阀而不选用调速阀。另外，在选择液压阀时，也不要一味选择比较便宜的阀，要考虑其工作的可靠性与使用寿命，即考虑综合成本，同时也要考虑其维护的方便性与快速性，以免影响生产。

复　习　题

5.1　先导型减压阀与先导型溢流阀有何异同？保证减压阀出口压力稳定的条件是什么？

5.2　溢流阀、减压阀和顺序阀各有什么作用？它们在原理上、结构上和图形符号上有何异同？顺序阀能否用作溢流阀？

5.3 直动式溢流阀的弹簧腔如果不和回油腔接通,将出现什么现象?如果将先导型溢流阀的远程控制口当成泄油口接回油箱,液压系统会产生什么现象?如果先导型溢流阀的阻尼孔被堵,将会出现什么现象?如何消除这一故障?

5.4 简述压力继电器的工作原理及作用。

5.5 先导型溢流阀中主阀弹簧起何作用?若装配时漏装了主阀弹簧,使用时会出现什么故障?

5.6 压力阀和节流阀都是靠节流口工作的,节流口的变化对它们的阀口压力损失及通流量有何影响?

5.7 试根据调速阀的工作原理进行分析:调速阀进、出油口能否反接?调速阀进、出油口反接后将会出现怎样的情况?

5.8 如图 5-58 所示,两阀的出口压力取决于哪个减压阀?为什么?设两减压阀调定压力一大一小,并且所在油路有足够的负载。

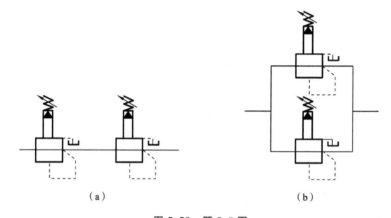

(a)   (b)

图 5-58 题 5.8 图

5.9 如图 5-59 所示,任一电磁阀 T 通电,液压缸都不动,请分析原因,并提出解决方案。

5.10 如图 5-60 所示回路,溢流阀的调整压力为 5 MPa,减压阀的调整压力为 2 MPa,负载压力为 1 MPa,其他损失不计,试求:

(1) 活塞运动期间和碰到固定挡铁后,管路中 A、B 处的压力为多少?

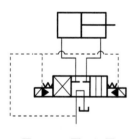

图 5-59 题 5.9 图

(2) 如果减压阀的泄油口在安装时未接油箱,当活塞碰到挡铁后 A、B 处的压力值为多少?

5.11 如图 5-61 所示液压系统,各溢流阀的调整压力分别为 $p_1 = 7$ MPa,$p_2 = 5$ MPa,$p_3 = 3$ MPa,$p_4 = 2$ MPa,当系统的负载趋于无穷大时,电磁铁通电和断电的情况下,油泵出口压力各为多少?

5.12 试用插装式锥阀组成实现图 5-62 所示两种形式的三位换向阀。

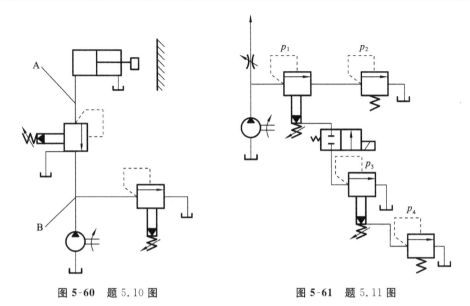

图 5-60　题 5.10 图　　　　　　　　　　　　　图 5-61　题 5.11 图

5.13　图 5-63 所示为由插装式锥阀组成的换向阀。如果阀关闭时油口 A、B 有压差,试判断电磁铁通电和断电时,图(a)和图(b)的压力油能否开启锥阀而流动,并分析各自是作何种换向阀使用的。

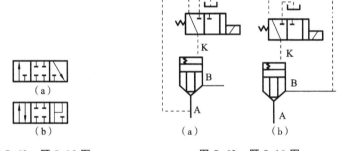

图 5-62　题 5.12 图　　　　　　　　　　　　　图 5-63　题 5.13 图

第6章 液压辅助元件

6.1 蓄能器

6.1.1 蓄能器的功能和类型

1. 蓄能器的功能

液压系统中蓄能器是一种能量(液压能)储存装置,在需要时可将能量重新释放出来,其主要用途如下。

(1) 辅助动力源 对于工作周期较短的间歇运行,或在一个工作循环内速度差别很大的液压系统,当系统需要的供油量小时,蓄能器将液压泵输出的多余压力油储存起来。而当系统需要大量油液时,蓄能器快速释放储存的油液,与液压泵一起向系统供油。这样就可按系统循环周期内的平均流量来选择泵,而不必按最大流量来选择泵。

(2) 系统保压 在液压泵停止向系统提供油液的情况下,蓄能器所储存的压力油液可补偿系统泄漏,在一段时间内维持系统压力。

(3) 紧急动力源 某些液压系统要求液压泵在发生故障、停电或停止工作后,执行元件仍需完成必要的动作或要求供应必要的压力油(如静压轴承),这种场合需要有适当容量的蓄能器作为紧急动力源。

(4) 消除压力脉动,缓和液压冲击 蓄能器能吸收系统压力突变时的冲击,如泵的关闭、开启,液压阀突然开启、换向,执行元件突然停止或紧急制动等。同时也能吸收液压泵工作时流量脉动引起的压力脉动。

2. 蓄能器的分类

蓄能器的结构形式主要有重力式、弹簧式和充气式三种。

1) 重力式蓄能器

重力式蓄能器的结构如图 6-1 所示,它利用重物的势能来储存、释放液压能。当压力油充入蓄能器时,油液推动柱塞 2 上升,在重物 1 的作用下以一定的压力将液压能储存起来。这种蓄能器的特点是结构简单、容量大,在释放压力能的过程中,压力稳定。但其结构尺寸大而笨重,运动惯性大,反应不灵敏,易漏油,有摩擦损失。因此,重力式蓄能器只供蓄能用,常用作大型固定设备的第二油源。

2) 弹簧式蓄能器

弹簧式蓄能器的结构如图 6-2 所示,它利用弹簧的压缩和伸长来储存和释放压力能,弹簧 1 和压力油之间由活塞 2 隔开。其结构简单,反应较灵敏,但容量小,易内泄并有压力损失,不适于高压和高频动作的场合。一般可用于小容量、低压($p <$ 12 MPa)系统,起蓄能和缓冲作用。

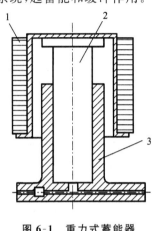

图 6-1　重力式蓄能器

1—重物;2—柱塞;3—缸体

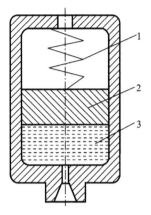

图 6-2　弹簧式蓄能器

1—弹簧;2—活塞;3—油液

3)充气式蓄能器

充气式蓄能器是利用密封气体的压缩膨胀来储存、释放能量的,主要有气瓶式、活塞式和气囊式三种。

(1)气瓶式蓄能器。

如图 6-3(a)所示为气瓶式蓄能器,又称为直接接触式蓄能器。气体 1 和油液 2 在蓄能器中是直接接触的。其特点是容量大,但由于气体会混入油液中,影响系统工作的平稳性,而且耗气量大,需经常补气,因此仅适用于中、低压大流量的液压系统。

(2)活塞式蓄能器。

如图 6-3(b)所示为活塞式蓄能器,气体 1 与油液 2 由一个浮动的活塞 3 隔开。活塞的上部为压缩空气,气体由气阀充入,其下部的油液经油孔通向系统。活塞随下部压力油的储存和释放而在缸筒内来回滑动。为防止活塞上、下两腔互通而使气液混合,在活塞上装有 O 型密封圈。这种蓄能器结构简单,工作可靠、寿命长,它主要用于大流量的系统。但因活塞有一定的惯性,以及 O 型密封圈与缸筒间存在较大摩擦力,所以反应不够灵敏。因此,活塞式蓄能器只适用于储存能量,或在中、高压系统中吸收压力脉动。另外,密封件磨损后,会使气液混合,影响系统的工作稳定性。

(3)气囊式蓄能器。

气囊式蓄能器目前应用得最为广泛,其结构如图 6-3(c)所示。它主要由充气阀 4、壳体 5、皮囊 6 和进油阀 7 组成。气体和油液由皮囊隔开,皮囊用耐油橡胶制成,

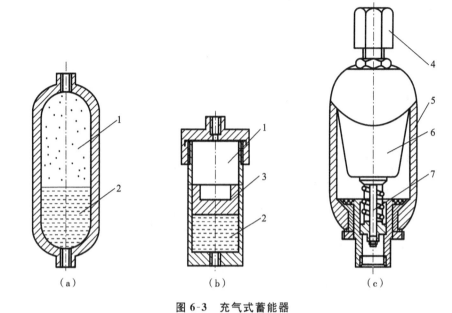

图 6-3　充气式蓄能器

(a) 气瓶式蓄能器；(b) 活塞式蓄能器；(c) 气囊式蓄能器

1—气体；2—油液；3—活塞；4—充气阀；5—壳体；6—皮囊；7—进油阀

固定在耐高压的壳体上部,皮囊内充入惰性气体(一般为氮气)。壳体下端的进油阀是一个用弹簧加载的菌形阀,它能使皮囊在油液进出蓄能器时不被挤出油口。充气阀在蓄能器工作前为皮囊充气,充气完毕将自动关闭。另外,充气阀处可作检查皮囊内气压大小的接表口。这种蓄能器的结构保证了气液的密封可靠,其主要特点是皮囊惯性小,反应灵敏,结构尺寸小,安装容易,克服了活塞式蓄能器的缺点。因此,它的应用广泛,但工艺性较差。

6.1.2　蓄能器容量的计算与选择

1. 蓄能器容量计算

蓄能器容量的大小与其用途有关,也是选用蓄能器的重要依据。下面以皮囊式蓄能器为例进行说明。

1) 用于储存和释放压力能时的容量计算

当蓄能器用于储存和释放压力能时,其压力油容量和皮囊中元件体积的变化量相等,而元件状态的变化遵循波义耳(Boyle)定律,即

$$p_A V_A^n = p_1 V_1^n = p_2 V_2^n = 常数 \tag{6-1}$$

式中　V_1、V_2——气体在最高和最低压力下的体积;

　　　　V_A——蓄能器的容积;

　　　　p_A——充气压力;

p_1——系统最高工作压力；

p_2——系统最低工作压力；

n——指数，当蓄能器用来补偿泄漏、保持压力时，$n=1$；当蓄能器用来提供大量油液时，$n=1.4$。

假设体积差 $\Delta V=V_1-V_2$ 为供给系统油液的有效体积，将之代入式(6-1)，便得蓄能器容量 V_0，即

$$V_0=\frac{\Delta V(1/p_A)^{1/n}}{(1/p_2)^{1/n}-(1/p_1)^{1/n}} \tag{6-2}$$

充气压力 p_A 理论上可与 p_2 相等，但为了保证系统压力为 p_2 时蓄能器还有能力补偿泄漏，宜使 $p_A<p_2$，一般对折合形皮囊取 $p_A=(0.8\sim0.85)p_2$，波纹形皮囊取 $p_A=(0.6\sim0.65)p_2$。此外，如能使皮囊工作时的容腔在其充气容腔 1/3 至 2/3 的区段内变化，就可使它更为经久耐用。

2）用于吸收液压冲击时的容量计算

当蓄能器用于吸收冲击时，其容量计算与管路布置、液体流态、阻尼及泄漏等因素有关，准确计算较困难。在工程实际中，常采用经验公式计算缓冲最大冲击压力时所需要的蓄能器的最大容量 V_0，即

$$V_0=\frac{240q_V P_1(0.0164l-t)}{p_1-p_2} \tag{6-3}$$

式中　q_V——调节装置或阀门关闭前的管路流量；

l——产生冲击波的管段长度；

t——阀口全开到全关的时间；

p_2——调节装置或阀门关闭前的压力，即系统最低工作压力的绝对压力值；

p_1——系统允许的最大冲击压力的绝对压力值，计算时取 $1.5p_2$。

2. 蓄能器的选择

(1)蓄能器作为一种压力容器受有关法规或规程的强制性管理，其使用材料、制造方法、强度、安全措施应符合国家的有关规定。选用蓄能器时应遵循相关规定。

(2)根据用途选用蓄能器的种类。

(3)合理选用蓄能器的最大工作压力(一般蓄能器按其最大工作压力分有几个等级)。

(4)根据计算的蓄能器容量来选择蓄能器的最大容积。

(5)选择蓄能器时必须考虑蓄能器与液压系统工作介质的相容性。当液压系统采用非矿物基液压油时，选用蓄能器应特别加以说明。

(6)应考虑蓄能器的重量、占用空间、价格、质量、使用寿命及安装维修的方便性等。

(7)气囊式蓄能器有两种型式，即钢瓶气囊端有大口和小口之分，气囊端为大口

者有利于气囊更换,选用时应视实际需要而定。

(8) 新型的活塞式蓄能器因活塞采用锻铝、缸壁镀硬铬、活塞与缸筒之间采用橡塑组合密封,其惯性和摩擦阻力大大减小,性能较铸铁活塞、唇型密封结构优越,可优先选用。

6.1.3　蓄能器使用安装与维护

1. 蓄能器的安装

蓄能器安装的基本要求有以下几点。

(1) 蓄能器工作介质的黏度和使用温度均应与液压系统工作介质的要求相同。

(2) 蓄能器应安装在检查、维修方便之处。

(3) 用于吸收冲击、脉动时,蓄能器要紧靠振源,应安装在易发生冲击处。

(4) 安装位置应远离热源,以防止因气体受热膨胀造成系统压力升高。

(5) 固定要牢固,但不允许焊接在主机上,应牢固地安装在托架或壁面上。径长比过大时,还应设置抱箍加固。

(6) 气囊式蓄能器原则上应该油口向下竖直安装,倾斜或水平安装时,皮囊因受浮力作用与壳体单边接触,产生摩擦有妨碍气囊正常伸缩运行、加快皮囊损坏、降低蓄能器机能的危险。因此一般不采用倾斜或水平安装的方法。隔膜式蓄能器无特殊安装要求,可将油口向下竖直安装、倾斜或水平安装。

(7) 在泵和蓄能器之间应安装单向阀,以免在泵停止工作时,蓄能器中的油液倒灌入泵内流回油箱,发生事故。

(8) 在蓄能器与系统之间,应装设截止阀,此阀可在系统充气、调整、检查、维修或长期停机时使用。

(9) 蓄能器安装好后,应充填惰性气体(如氮气),严禁充填氧气、氢气、压缩空气或其他易燃气体。

(10) 装拆和搬运时,必须放出气体。

2. 蓄能器的维护

(1) 蓄能器在使用过程中,需定期对气囊进行气密性检查。对于新投入使用的蓄能器,第一周检查一次,第一个月内还要检查一次,然后每半年检查一次。对于作为应急动力源的蓄能器,为了确保安全,更应经常检查与维护。

(2) 蓄能器充气后,不允许再拆开,只有在无气体状态下方可进行维修拆卸。

(3) 在有高温辐射热源的环境中使用蓄能器时,应在热源与蓄能器间增加隔热板等。

(4) 若长期停止使用,应关闭蓄能器与系统管路间的截止阀,保持蓄能器油压在充气压力以上,使皮囊不靠底。

6.2　滤油器

6.2.1　滤油器的功能和分类

滤油器的功能是过滤混在液压油液中的杂质,降低进入系统中油液的污染度,以防止污染杂质堵塞阀口、卡死阀芯,从而保证系统正常地工作。

滤油器按滤芯材料过滤机制的不同,可分为表面型滤油器、深度型滤油器和吸附型滤油器三种。

(1)表面型滤油器:过滤作用是由一个几何面来实现的。滤下的污染杂质被截留在滤芯元件靠近油液上游的一侧。在这里,滤芯材料具有均匀的标定小孔,可以滤除比小孔尺寸大的杂质。由于污染杂质积聚在滤芯表面上,因此滤芯很容易被阻塞。编网式滤芯、线隙式滤芯均属于这种类型。

(2)深度型滤油器:滤芯材料为多孔可透性材料,内部具有曲折迂回的通道。大于表面孔径的杂质直接被截留在外表面,较小的污染杂质进入滤材内部,撞到通道壁上,由于滤材的吸附作用而得到滤除。滤材内部曲折的通道也有利于污染杂质的沉积。纸芯、毛毡、烧结金属、陶瓷和各种纤维制品等均可作为这种滤芯的材料。

(3)吸附型滤油器:滤芯材料可将油液中的有关杂质吸附在其表面上,如磁芯等。

6.2.2　滤油器的主要性能指标

1. 过滤精度

过滤精度表示滤油器对各种不同尺寸的污染颗粒的滤除能力,一般用绝对过滤精度、过滤比和过滤效率等指标来评定。

(1)绝对过滤精度是指通过滤芯的最大坚硬球状颗粒的尺寸(y),它反映了过滤材料中最大通孔尺寸,以 u_m 表示。一般用试验的方法进行测定。

(2)过滤比(β_x)是指滤油器上游油液单位容积中大于某给定尺寸的颗粒数与下游油液单位容积中大于同一尺寸的颗粒数之比,即对于某一尺寸为 x 的颗粒来说,其过滤比 β_x 的表达式为

$$\beta_x = N_u / N_d \tag{6-4}$$

式中　N_u——上游油液中大于某一尺寸 x 的颗粒浓度;

　　　N_d——下游油液中大于同一尺寸 x 的颗粒浓度。

由式(6-4)可看出,β_x 愈大,过滤精度就愈高。当过滤比达到 75 时,y 即被认为是滤油器的绝对过滤精度。过滤比能确切地反映滤油器对不同尺寸颗粒污染物的过滤能力,它已被国际标准化组织采纳,并作为评定滤油器过滤精度的性能指标。一般要求系统的过滤精度要小于运动副间隙的一半。此外,压力越高,对过滤精度要求

越高。

(3) 过滤效率 E_c 可以通过下式由过滤比 β_x 直接换算出来：

$$E_c = (N_u - N_d)/N_u = 1 - 1/\beta_x \tag{6-5}$$

2. 过滤能力

过滤能力也称为通油能力，是指在一定压差下允许通过过滤器的最大流量。

3. 工作压力

不同结构形式的过滤器允许的工作压力不同，选择过滤器时应考虑其允许的最高工作压力。

4. 压降特性

液压回路中的滤油器对油液流动会产生阻力，因而，油液通过滤芯时必然要出现压力降。一般来说，在滤芯尺寸和流量一定的情况下，滤芯的过滤精度愈高，压力降就愈大；在流量一定的情况下，滤芯的有效过滤面积愈大，压力降愈小；油液的黏度愈高，流经滤芯的压力降也愈大。

滤芯所允许的最大压力降，应以不致使滤芯元件发生结构性破坏为原则，一般通过试验或经验公式来确定。

5. 纳垢容量

纳垢容量是指滤油器在压力降达到其规定限值之前可以滤除并容纳的污染物数量，它通过用多次通过性试验来确定。滤油器的纳垢容量愈大，使用寿命就愈长，所以它是反映滤油器寿命的重要指标。一般来说，滤芯尺寸愈大，即过滤面积愈大，纳垢容量就愈大。增大过滤面积，可以使纳垢容量成比例地增加。

6.2.3　滤油器的选用和安装

1. 滤油器的选用

滤油器按其过滤精度（滤去杂质的颗粒大小）的不同，可分为粗过滤器、普通过滤器、精密过滤器和特精过滤器四种，它们分别能滤去大于 $100~\mu m$、$10\sim100~\mu m$、$5\sim10$ μm 和 $1\sim5~\mu m$ 大小的杂质。选用滤油器时，要考虑如下几点要求：

(1) 过滤精度应满足预定要求；

(2) 能在较长时间内保持足够的通流能力；

(3) 滤芯具有足够的强度，不因液压的作用而损坏；

(4) 滤芯耐腐蚀性能好，能在规定的温度下持久地工作；

(5) 滤芯清洗或更换简便。

2. 滤油器的安装

如图 6-4 所示，滤油器在液压系统中的安装位置通常有以下几种。

(1) 安装在泵的吸油口处　泵的吸油路上一般都安装有表面型滤油器，可选用粗过滤器，目的是滤去较大的杂质微粒以保护液压泵，此外，滤油器的过滤能力应为

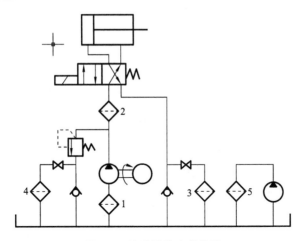

图 6-4　滤油器的安装位置

1—泵吸入口；2—泵出口（压力型）；3—回油管上（低耐压）；4—回油，只通泵油；5—独立过滤系统

泵流量的两倍以上，压力损失不得超过 0.01～0.035 MPa。

（2）安装在泵的出口油路上　此处安装滤油器的目的是用来滤除可能侵入阀类等元件的污染物。其过滤精度应为 10～15 μm，且能承受油路上的工作压力和冲击压力，压力降应小于 0.35 MPa。同时，应安装安全阀以防滤油器堵塞，避免泵过载。

（3）安装在系统的回油路上　这种安装可滤去油液流入油箱前的污染物，因回路压力很低，可选用低压精密过滤器。为防止其堵塞后压力过高，可并联安装一个背压阀。

（4）安装在系统分支油路上　这种安装主要根据分支油路上元件压力、流量等特点来选择滤油器，一般根据油路上安装的阀、表等元件要求选择。

（5）单独过滤系统　大型液压系统可专设一个液压泵和滤油器组成独立过滤回路，滤除油液中杂质，保护主系统不受子系统影响，过滤效果较好。

液压系统中除整个系统所需的滤油器外，还常常在一些重要元件（如伺服阀、精密节流阀等）的前面单独安装一个专用的精滤油器来确保它们的正常工作。

6.3　油箱

6.3.1　油箱的功能与类型

油箱在液压系统中的功能有：储存液压系统所需的工作介质，散发液压系统工作中产生的一部分热量，沉淀混入工作介质中的杂质，分离混入工作介质中的空气或水分。

油箱的形状一般分为矩形油箱、圆形油箱及异形油箱。油箱按其液面是否与大气相通分为开式油箱和压力式油箱，其中开式油箱应用最广，使用时油箱液面直接或通过空气过滤器与大气沟通，油箱液面压力为大气压。这里仅介绍开式油箱，图 6-5

为开式油箱结构示意图。压力式油箱完全封闭,通过向液面充入一定压力气体,使液面压力大于大气压力,以改善液压泵的吸油性能,减少气蚀和噪声。

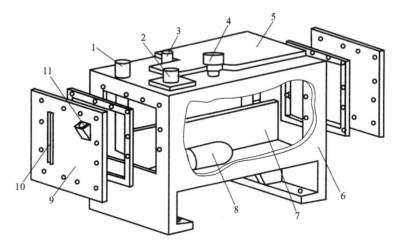

图 6-5　开式油箱的结构

1—回油管;2—泵吸油管;3—泄油管;4—空气滤清器;5—安装板;6—隔板;
7—放油孔;8—粗滤油器;9—清洗窗侧板;10—液位计窗口;11—注油口

6.3.2　开式油箱的特点

1. 容积的确定

油箱必须有足够大的容量,以保证系统工作时油液能保持一定的高度,在最高液面以上要留出等于油液容量 10%~15% 的空气容量。对于管路较长的系统,还应考虑液压系统停止工作时能容纳油液自由流回油箱时的容量。此外,还应考虑沉淀杂质,分离水、气和散热等方面的效果。初始设计时,可根据使用情况,按下列经验公式确定油箱容积,即

$$V=\alpha q \tag{6-6}$$

式中　V——油箱的有效容积;

　　　q——液压泵的流量;

　　　α——经验系数,如表 6-1 所示。

表 6-1　经验系数 α

系统类型	行走机械	低压系统	高压系统	锻压系统	冶金机械
α	1~2	2~4	5~7	6~12	10

2. 油箱的结构特点

1) 基本结构

为了在相同的容量下得到最大的散热面积,油箱外形以立方体或长六面体为宜。

油箱的顶盖上有时要安放泵和电机,或阀的集成装置,油箱最高油面只允许达到油箱高度的 80%。油箱一般用钢板焊接而成,顶盖可以是整体式的,也可以分为几块,油箱底脚高度应在 150 mm 以上,以便散热、搬移和放油。油箱四周要有吊耳,以便起吊装运。

2）吸油管、回油管、泄油管的设置

泵的吸油管与系统回油管之间的距离应尽可能远些,管口都应插于最低液面以下,但与油箱底的距离要大于管径的 2～3 倍,以免吸空和飞溅起泡。吸油管端部所安装的滤油器离箱壁要有 3 倍管径的距离,以便四面进油。回油管口应截成 45°斜角,以增大回流截面,并使斜面对着箱壁,以利散热和沉淀杂质。阀的泄油管口应在液面之上,以免产生背压。液压马达和泵的泄油管则应引入液面之下,以免吸入空气。为防止油箱表面泄油落地,必要时要在油箱下面或顶盖四周设泄油回收盘。

3）隔板的设置

在油箱中设置隔板的目的是将吸、回油隔开,迫使油液循环流动,利于散热和沉淀。一般设置一至两个隔板,高度可接近最大液面的高度。为了获得良好的散热效果,应使液流在油箱中有较长的流程,如果与四壁都接触,效果更佳。

4）空气滤清器与液位计的设置

空气滤清器的作用是使油箱与大气相通,保证泵的自吸能力,滤除空气中的灰尘杂物,有时兼作加油口,它一般布置在顶盖上靠近油箱边缘处。液位计用于监测油面高度,其安装位置应使液位计窗口满足对油箱吸油区最高、最低液位的观察要求。两者皆为标准件,可按需要选用。

5）放油口与清洗窗口的设置

可将油箱底面做成斜面,在最低处设置放油口,平时用螺塞或放油阀堵住,换油时将其打开放走油污。为了便于换油时清洗油箱,大容量的油箱一般均在侧壁设置清洗窗口。

6）密封装置

油箱盖板和窗口连接处,各进、出油管通过的油孔都需装设密封垫,以确保连接处密封。

7）油温控制

油箱正常工作温度应在 15～66 ℃ 之间,必要时应安装温度控制系统,或设置加热器和冷却器。

8）油箱内壁加工

新油箱经酸洗和表面清洗后,四壁可涂一层与工作液相容的耐油清漆。

6.4　热交换器

热交换器包括冷却器和加热器。液压系统的工作温度一般应保持在 30～50 ℃

的范围之内,最高不超过 65 ℃,最低不低于 15 ℃。液压系统如依靠自然冷却仍不能使油温控制在上述范围内时,就须安装冷却器;反之,如环境温度太低无法使液压泵启动或正常运转时,就须安装加热器。

6.4.1　冷却器

冷却器根据冷却介质不同分为水冷却器和风冷却器两种。

1. 水冷却器

水冷却器主要分为多管式、板式和翅片式。

多管式水冷却器的典型结构如图 6-6 所示。工作时,冷却水从管内通过,高温油液从壳体内管间流过实现换热。隔板将铜管束分成两部分,冷却水经一部分铜管流到另一端后,再进入另一部分铜管流出,这样可增大冷却水的流速,提高水的传热效果。冷却器内还安装有挡板,挡板与铜管垂直放置。因采用强制对流(油液与冷却水同时反向流动)方式,此冷却器传热效率较高、冷却效果较好。

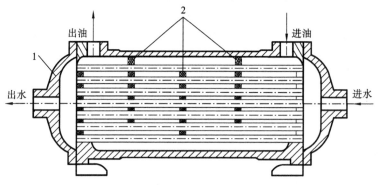

图 6-6　多管式水冷却器

1—端盖;2—隔板

图 6-7 所示为板式水冷却器,每两块波纹板构成一个单元油通道体,若干个单元油通道组合成冷却器。工作时,高温油液从单元油通道体内部通过,冷却水从两个单元油通道体之间通过。板式水冷却器由于波纹板之间流道狭窄、弯曲,因此液流的速度和方向不断地发生变化,引起流体的剧烈湍动。这种湍动比增大流速引起紊流对边界层的破坏更有力,因此传热效果好。

翅片式水冷却器的结构如图 6-8 所示,为增加油液的传热效果和散热面积,油箱外面加装有横向或纵向的散热翅片(厚度为 0.2~0.3 mm 的铝片或铜片)。由于翅片的散热面积可达光管的 8~10 倍,因此,翅片式水冷却器不仅冷却效果好,而且体积小、重量轻。

2. 风冷却器

风冷却器多采用自然通风或强制通风冷却,常用的有翅管式和翅片式两种。

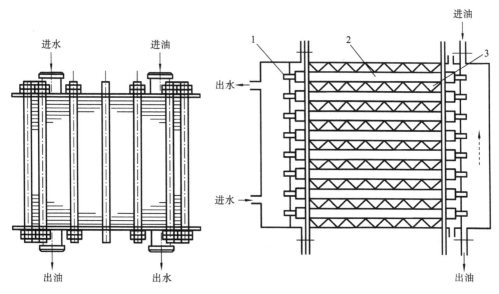

图 6-7　板式水冷却器　　　　　　图 6-8　翅片式水冷却器

1—水管；2—油管；3—翅片

翅管式风冷却器的油管外壁绕焊有铝或铜的翅片，其传热系数与光管的相比提高 2 倍以上。

翅片式风冷却器与翅片式水冷却器（见图 6-8）的结构和原理相似，若采用强制通风冷却，则冷却效果更好。

6.4.2　冷却器的基本参数

冷却器的基本参数主要是散热面积、公称压力和冷却水（风）流量。各类冷却器的散热面积和公称压力可通过产品样本查得。

根据换热量可计算确定冷却器所需要的散热面积和冷却水量。

1. 计算需要的散热面积 A

因为冷却器的散热功率 P_2 应等于系统的发热功率 P 与油箱散热功率 P_1 之差，因此冷却器必需的散热面积为

$$A=\frac{P-P_1}{K\Delta t_\mathrm{m}}=\frac{P_2}{K\Delta t_\mathrm{m}} \tag{6-7}$$

$$\Delta t_\mathrm{m}=\frac{t_1+t_2}{2}-\frac{t_1'+t_2'}{2} \tag{6-8}$$

式中　Δt_m——工作介质与冷却介质之间的平均温差；

　　　t_1——工作介质的进口温度，根据系统的发热情况确定；

　　　t_2——工作介质的出口温度，根据系统对温度的控制要求确定；

t'_1——冷却介质的进口温度,一般为环境温度;

t'_2——冷却介质的出口温度,与冷却水(风)量有关;

K——冷却器的传热系数,与冷却器的种类、型号有关,具体计算时可查产品

样本或手册。

2. 确定需要的冷却水量 q'_v

为了平衡油温,冷却器冷却水的吸热量应等于工作介质释放的热量,即

$$c'q'_v\rho'(t'_2-t'_1)=P_2=cq_v\rho(t_2-t_1) \tag{6-9}$$

因此需要的冷却水流量为

$$q'_v=\frac{c\rho(t_2-t_1)}{c'\rho'(t'_2-t'_1)}q_v \tag{6-10}$$

式中　q'_v、q_v——工作介质及冷却水的流量;

c、c'——工作介质及冷却水的比热容[J/(kg·℃)],工作介质为液压油时 c 为

1675～2093 J/(kg·℃),水的比热容 c' 为 4186.8 J/(kg·℃);

ρ、ρ'——工作介质及冷却水的密度,液压油为 900 kg/m³,水为 1 000 kg/m³。

对于按式(6-10)计算出的冷却水流量,应保证水在冷却器内的流速不超过 1.2 m/s,否则需要增大冷却器的过流截面面积。

6.4.3　冷却器的安装

根据系统的工作情况,冷却器在液压系统中的安装位置可以有以下几种。

(1) 回油路冷却　冷却器安装在液压系统的回油路中,除对已经发热的主系统回油进行冷却外,当系统为定压溢流时,还需将溢流阀溢出的油液并联在冷却油路上。当油液较脏时,冷却器之前应安装过滤器。

(2) 独立式冷却　有些液压系统,为了避免回油总管中油液的压力脉动对冷却器(特别是板式冷却器)造成损坏,或为了提高功率利用率、改善冷却效果,常采用独立式冷却回路,即单设一台液压泵抽吸系统回到油箱的热油,经过滤器、冷却器后直接回到油箱。独立式冷却回路常用于大型液压系统,若加上温度传感器和水控电磁阀,还可构成自动调节油温的冷却回路。

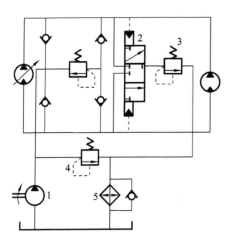

图 6-9　闭式系统补油冷却回路

1—补油泵;2—液控三位三通滑阀;

3—回油溢流阀;4—低压溢流阀;5—冷却器

(3) 闭式系统补油冷却回路　如图 6-9 所示,闭式系统中液压马达的回油直接进入

液压泵的吸油口,油液循环使用,发热严重。这时补油泵 1 除用于补偿系统的泄漏外,还将冷油输入主系统,对系统起强制冷却作用。为达到补油冷却效果,使补油泵出口的低压溢流阀 4 的调定压力高 0.1～0.2 MPa,这样补油泵输出的冷油(约为主系统液压泵流量的 30%)全部进入系统,而主系统的部分热油经液控三位三通滑阀 2、回油溢流阀 3 和冷却器 5 回油箱。

　　使用冷却器时应注意排除空气,以提高冷却效率,尽量避免回路中的锈蚀现象。试车时应先加入冷却水,后接通热介质。

6.4.4　加热器

　　油箱的油温过低(<10 ℃)时,因油液黏度较高、不利于液压泵的吸油和启动,因此,需要加热油液,将油温提高到 15 ℃ 以上。液压系统油液预加热的方法如下。

　　1)利用流体阻力损失加热

　　一般先启动一台泵,让全部油液在高压下经溢流阀流回油箱,泵的驱动功率完全转化为热能,使油液升温。

　　2)采用蛇形管蒸汽加热

　　设置一个独立的循环回路,油液流经蛇形管经蒸汽加热。此时应注意的是:高温介质的温度不得超过 120 ℃,被加热油液应有足够的流速,以免油液被氧化。

　　3)利用电加热器加热

　　电加热器有定型产品可供选用,一般水平安装在油箱内(见图 6-10),其加热部分必须全部浸入油中,严防因油液蒸发导致油面降低,而使加热部分露出油面。

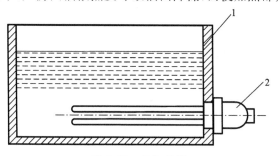

图 6-10　电加热器

1—油箱;2—电加热器

　　加热器所需的功率 P 与油箱油液的体积 V、油液的密度 ρ、油液的比热容 c、温升 Δt 及加热时间 t 有关,可按下式计算:

$$P = \frac{c\rho V \Delta t}{t\eta} \tag{6-11}$$

式中　η——加热器的效率,$\eta = 0.6 \sim 0.8$。

　　采用电加热器加热时,可根据计算的所需功率选用电加热器的型号。

6.5　油管和管接头

6.5.1　油管

液压系统中使用的油管种类很多,有钢管、铜管、尼龙管、塑料管、橡胶管等,需按照安装位置、工作环境和工作压力来正确选用。油管的特点及其适用范围如表 6-2 所示。

表 6-2　液压系统中使用的油管

种　类		特点和适用范围
硬管	钢管	能承受高压,价格低廉,耐油,耐腐蚀,刚度大,但装配时不能任意弯曲。常在装拆方便处用作压力管,中、高压用无缝管,低压用焊接管
	紫铜管	易弯曲成各种形状,但承压能力一般不超过 6.5～10 MPa,减振能力较弱,又易使油液氧化。通常用在液压装置内配接不便之处
软管	尼龙管	乳白色半透明,加热后可以随意弯曲成形或扩口,冷却后又能定形,承压能力因材质而异,一般为 2.5～8 MPa 不等
	塑料管	质轻耐油,价格便宜,装配方便,但承压能力低,长期使用会变质老化,只宜用作压力低于 0.5 MPa 的回油管、泄油管等
	橡胶管	高压管由耐油橡胶夹几层钢丝编织网制成,钢丝网层数越多,耐受的压力越高,价格越昂贵,用作中、高压系统中两个相对运动件之间的压力管道。低压管由耐油橡胶夹帆布制成,可用作回油管道

油管的规格尺寸(管道内径和壁厚)可由式(6-12)、式(6-13)算出 d、δ 后,查阅有关标准选定。

$$d = 2\sqrt{\frac{q}{\pi v}} \tag{6-12}$$

$$\delta = \frac{pdn}{2\delta_b} \tag{6-13}$$

式中　d——油管内径;

　　　q——管内流量;

　　　v——管中油液的流速,吸油管取 0.5～1.5 m/s,高压管取 2.5～5 m/s(压力高的取大值,低的取小值,例如,压力在 6 MPa 以上的取 5 m/s,在 3～6 MPa 之间的取 4 m/s,在 3 MPa 以下的取 2.5～3 m/s;管道较长的取小值,较短的取大值;油液黏度大时取小值),回油管取 1.5～2.5 m/s,短管及局部收缩处取 5～7 m/s;

　　　δ——油管壁厚;

p——管内工作压力；

n——安全系数,对钢管来说,$p<7$ MPa 时取 $n=8$,$p=7\sim17.5$ MPa 时取 $n=6$,$p>17.5$ MPa 时取 $n=4$；

δ_b——管道材料的抗拉强度。

油管的管径不宜选得过大,以免使液压装置的结构庞大；但也不能选得过小,以免使管内液体流速过大,系统压力损失增加或产生振动和噪声,影响系统正常工作。

在保证强度的情况下,管壁可尽量选得薄些。薄壁管易于弯曲,规格较多,装接较易,应用时可减少管系接头数目,有助于解决系统泄漏问题。

6.5.2　管 接 头

管接头是油管与油管、油管与液压件之间的可拆式连接件,它必须具有装拆方便、连接牢固、密封可靠、外形尺寸小、通流能力大、压降小、工艺性好等特点。

管接头的种类很多,其产品规格品种可查阅有关手册。液压系统中油管与管接头的常见连接方式如表 6-3 所示。管路旋入端用的连接螺纹采用国家标准米制锥螺纹(ZM)和普通细牙螺纹(M)。

表 6-3　液压系统中常用的管接头

名称	结 构 简 图	特点和说明
焊接式管接头	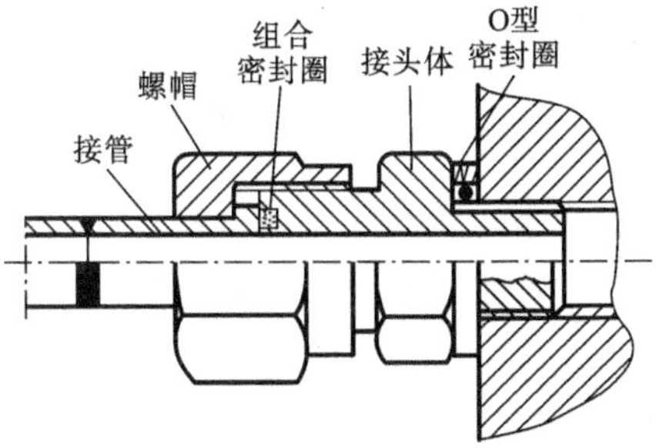	(1) 连接牢固,利用球面进行密封,简单可靠； (2) 焊接工艺必须保证质量,必须采用厚壁钢管,装卸不便
卡套式管接头	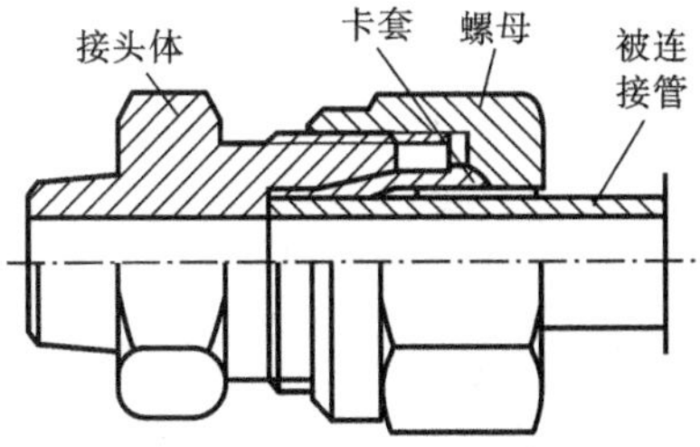	(1) 用卡套卡住油管进行密封,轴向尺寸要求不严,装拆简便； (2) 对油管径向尺寸精度要求较高,为此要采用冷拔无缝钢管

续表

名称	结 构 简 图	特点和说明
扩口式管接头		（1）用油管管端的扩口在管套的压紧下进行密封,结构简单; （2）适用于钢管、薄壁钢管、尼龙管和塑料管等低压管道的连接
扣压式管接头		（1）用来连接高压软管; （2）在中低压系统中应用
快速管接头		（1）不需要使用任何工具,能实现迅速装上或卸下的管接头; （2）适用于需要经常装拆的液压管路

锥螺纹依靠自身的锥体旋紧和采用聚四氟乙烯等进行密封,广泛用于中、低压液压系统;细牙螺纹密封性好,常用于高压系统,但要采用组合垫圈或 O 型垫圈进行端面密封,有时也可用紫铜垫圈。

液压系统中的泄漏问题大部分都出现在管系接头上,为此对管材的选用、接头形式的确定(包括接头设计、垫圈、密封、箍套、防漏涂料的选用等)、管系的设计(包括弯管设计、管道支承点和支承形式的选取等)及管道的安装(包括正确的运输、储存、清洗、组装等)都要审慎从事,以免影响整个液压系统的使用质量。

复 习 题

6.1 简述蓄能器的主要功用,举例说明其应用情况。

6.2 蓄能器的种类有哪些?何种蓄能器应用比较广泛?

6.3 蓄能器的安装原则有哪些?

6.4 滤油器有哪些种类?安装时要注意什么?

6.5　根据哪些原则选用滤油器?

6.6　热交换器的种类及选用原则有哪些?

6.7　在何种情况下要设置或使用冷却器?

6.8　在何种情况下要设置或使用加热器?

6.9　油箱的主要作用是什么? 设计或选择油箱时应考虑哪些问题?

6.10　管道和管接头主要有哪几种? 它们的使用范围有何不同?

6.11　在液压缸活塞上安装 O 型密封圈时,为什么在其侧面安放挡圈? 怎样确定用一个或两个挡圈?

6.12　蓄能器的充气压力 p 和总容积 V_0 应如何确定?

6.13　蓄能器容积 $V_0 = 5$ L,充气压力 $p = 2.5$ MPa,当工作压力从 $p_2 = 7$ MPa 变化到 $p_1 = 4$ MPa时,蓄能器排出的液体体积为多少? 假定充液及排液均为等温过程。

6.14　蓄能器容积 $V_0 = 100$ L,充气压力 $p = 3$ MPa,最高工作压力 $p_2 = 7$ MPa,最低工作压力 $p_1 = 4$ MPa,设充液及排液均为绝热过程,试确定有效排液量 ΔV。

第 7 章　液压传动基本回路

　　一个液压系统,无论它所要完成的动作多么复杂,总是由一些基本回路组成的。所谓基本回路,就是由相关液压元件组成的、用来完成特定功能的典型油路,它是液压传动系统的基本组成单元。

　　液压传动基本回路一般按其功能的不同来进行分类,用来控制执行元件运动方向的回路称为方向控制回路;用来控制执行元件运动速度的回路称为速度控制回路;用来控制系统和某支路压力的回路称为压力控制回路;用来控制多缸运动的回路称为多缸运动回路等。

7.1　方向控制回路

　　方向控制回路是利用方向阀控制油路中液流的接通、切断或改变流向,以使执行元件启动、停止或变换运动方向,主要包括换向回路和锁紧回路。

7.1.1　换向回路

　　换向回路应具有较高的换向精度、换向灵敏度和换向平稳性。运动部件的换向多采用换向阀来实现。在容积调速的闭式回路中,利用双向变量泵控制液流方向来实现执行元件的换向。

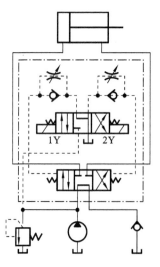

图 7-1　电液换向阀的换向回路

1. 换向阀的换向回路

　　换向阀的换向回路是指在泵与执行元件之间采用各类换向阀进行换向的回路。图 7-1 所示为由电磁换向阀组成的换向回路。电磁换向阀的电磁铁 1Y 通电时,三位四通电磁换向阀左位工作,控制油路的压力油推动液动阀阀芯右移,液动阀处于左位工作状态,泵输出流量经液动阀输入到液压缸左腔,推动活塞右移。当电磁铁 1Y 断电、2Y 通电时,三位四通电磁换向阀换向,使液动阀也换向,液压缸右腔进油,推动活塞左移。该回路适合于流量较大、换向平稳性要求较高的液压系统。

2. 双向变量泵的换向回路

　　在闭式回路中,可用双向变量泵变更供油方

向直接对执行元件进行换向。如图 7-2 所示,执行元件是单杆双作用液压缸 9。当活塞向右运动时,其进油流量大于排油流量,双向变量泵 2 吸油侧流量不足,可用辅助泵 1 通过单向阀 3 来补充。改变双向变量泵 2 的供油方向,活塞向左运动时,排油流量大于进油流量,双向变量泵 2 吸油侧多余的油液通过由液压缸 9 进油侧压力控制的二位二通换向阀 8 和溢流阀 10 排回油箱。溢流阀 10 和 11 既可使泵吸油侧在活塞向左或向右运动时有一定的吸入压力,又可使活塞运动平稳。溢流阀 6 是防止系统过载的安全阀。这种回路适用于压力较高、流量较大的场合。

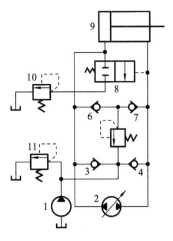

图 7-2　双向变量泵的换向回路

7.1.2　锁紧回路

锁紧回路的功能是使液压执行元件能在任意位置停留,而且不会因外力作用而移动。

1. 采用换向阀中位机能锁紧

如采用三位换向阀 O 型或 M 型中位机能锁紧的回路。其特点是结构简单,不需增加其他装置,但由于滑阀环形间隙泄漏较大,故其锁紧效果不太理想,一般只用于要求不太高或只需短暂锁紧的场合。

2. 采用液控单向阀锁紧

如图 7-3 所示,当换向阀处于左位工作时,压力油经左边液控单向阀进入液压缸左腔,同时通过控制口打开右边液控单向阀,使液压缸右腔的回油可经右边的液控单向阀及换向阀流回油箱,活塞向右运动;反之,活塞向左运动。当活塞运动到需要停留的位置时,只需使换向阀处于中位,因阀的中位为 H 型机能,所以两个液控单向阀均关闭,液压缸双向锁紧。

由于液控单向阀的密封性能好(线密封),其锁紧可靠,即使在外力作用下,也能使执行元件长期锁紧。其锁紧能力主要取决于液压缸的泄漏。这种回路被广泛应用于工程机械、起重运输机械等有较高锁紧要求的场合。

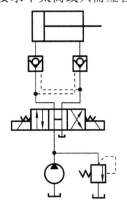

图 7-3　锁紧回路

7.2　速度控制回路

速度控制回路主要包括调速回路、快速运动回路及速度换接回路等。

7.2.1　调速回路

在液压系统中,往往要调节执行元件的运动速度,其工作速度或转速与其输入的流量及相应的几何参数有关。由第 4 章可知,在不考虑管路变形、油液压缩性和回路中各种泄漏因素的情况下,液压缸的速度为

$$v = \frac{q}{A} \tag{7-1}$$

液压马达的转速为

$$n = \frac{q}{V_m} \tag{7-2}$$

式中　q——输入液压缸或液压马达的流量;

　　　A——液压缸的有效作用面积;

　　　V_m——液压马达的排量。

由式(7-1)和式(7-2)可知,要调节液压缸或液压马达的工作速度,可以通过改变进入执行元件的流量来实现,也可以通过改变执行元件的几何参数来实现。那么对于几何尺寸已经确定的液压缸和定量马达来说,只能用改变进入液压缸或定量马达流量的办法来对其进行调速。对于变量液压马达,既可采用改变进入流量的办法来调速,也可采用改变马达排量的办法来调速。目前常用的调速回路有节流调速、容积调速和容积节流调速(又称联合调速)三种。下面对前两种调速回路进行详细介绍。

1. 节流调速回路

采用定量泵供油,通过改变回路中流量控制元件的通流截面面积的大小,以调节其执行元件的速度。节流调速回路根据流量控制元件在回路中安放的位置不同,分为进油路节流调速、回油路节流调速和旁油路节流调速三种基本形式。回路中的流量控制元件可以采用节流阀或调速阀,因此调速回路有多种形式。

1) 进油路节流调速回路

将节流阀串联在液压泵和液压缸之间,用它来控制进入液压缸的流量,达到调速目的的回路,称为进油路节流调速回路,如图 7-4(a)所示。定量泵输出的多余油液通过溢流阀流回油箱。由于溢流阀处在溢流状态,定量泵出口的压力 p_B 为溢流阀的调定压力,且基本保持定值,与液压缸负载的变化无关,这是进油路节流调速回路能正常工作的条件。调节节流阀通流截面面积,即可改变通过节流阀的流量,从而调节液压缸的速度。

(1) 速度负载特性　当不考虑回路中各处的泄漏和油液的压缩时,活塞运动速度为

$$v = \frac{q_1}{A_1} \tag{7-3}$$

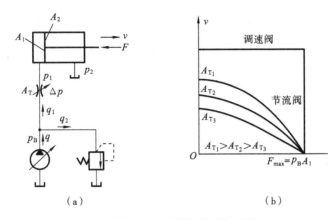

图 7-4   进油路节流调速回路

(a) 回路图;(b) 速度-负载特性曲线

活塞受力方程为

$$p_1 A_1 = p_2 A_2 + F \tag{7-4}$$

式中 F——外负载力;

p_1、p_2——液压缸进、回油腔压力,当回油腔接油箱时,$p_2 \approx 0$。

由式(7-3)和式(7-4)可得

$$p_1 = \frac{F}{A_1} \tag{7-5}$$

进油路上通过节流阀的流量方程为

$$q_1 = KA_T(\Delta p_T)^m = KA_T(p_B - p_1)^m = KA_T\left(p_B - \frac{F}{A_1}\right)^m \tag{7-6}$$

因此

$$v = \frac{q_1}{A_1} = \frac{KA_T}{A_1}\left(p_B - \frac{F}{A_1}\right)^m \tag{7-7}$$

式中 K——节流系数;

Δp_T——节流阀前后的压力差,$\Delta p_T = p_B - p_1$;

A_T——节流阀的开口面积;

m——节流阀的孔口形状系数,对于薄壁孔,$m=0.5$,对于细长孔,$m=1$。

按式(7-7)选用不同的 A_T 值,可作出一组速度-负载特性曲线,如图 7-4(b)所示。它反映了进油路节流调整回路的速度随负载变化的规律。曲线越陡,表明负载变化对速度的影响越大,即速度刚度越小。由图 7-4(b)可以看出:① 当节流阀通流截面面积 A_T 一定时,负载越大,速度刚度越小;② 在相同负载下工作时,节流阀通流截面面积大的比通流面积小的速度刚度小,即速度高时速度刚度差;③ 多条特性曲线汇交于横坐标轴上的一点,该点对应的 F 值即为最大负载,这说明最大承载能力 F_{max} 与速度调节无关。

可见,进油路节流调速回路仅适用于轻载、低速、负载变化不大和对速度稳定性要求不高的小功率场合。

（2）功率特性 调速回路的功率特性是以其自身的功率损失（不包括液压缸、液压泵和管路中的功率损失）、功率损失分配情况和效率来表达的。在图 7-4(a)中,液压泵的输出功率,即该回路的输入功率为

$$P_{\mathrm{p}} = p_{\mathrm{B}} q \tag{7-8}$$

液压缸输出的有效功率为

$$P_1 = Fv = F\frac{q_1}{A_1} = p_1 q_1 \tag{7-9}$$

回路的功率损失为

$$\Delta P = P_{\mathrm{p}} - P_1 = p_{\mathrm{B}} q - p_1 q_1 = p_{\mathrm{B}}(q_1 + \Delta q) - (p_{\mathrm{B}} - \Delta p_{\mathrm{T}}) q_1$$
$$= p_{\mathrm{B}} \Delta q + \Delta p_{\mathrm{T}} q_1 \tag{7-10}$$

式中 Δq——溢流阀的溢流量,$\Delta q = q - q_1$。

由式(7-10)可知,进油路节流调速的功率损失由两部分组成:溢流功率损失 $\Delta P_1 = p_{\mathrm{B}} \Delta q$ 和节流功率损失 $\Delta P_2 = \Delta p_{\mathrm{T}} q_1$。

回路的效率是指回路的输出功率与回路的输入功率之比。进油路节流调速回路的回路效率为

$$\eta = \frac{P_{\mathrm{p}} - \Delta P}{P_{\mathrm{p}}} = \frac{p_1 q_1}{p_{\mathrm{B}} q} \tag{7-11}$$

2）回油路节流调速回路

用溢流阀和串联在液压缸回油路上的节流阀来控制液压缸的排油量,达到调速

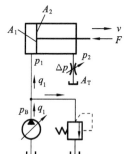

目的液压回路,称为回油路节流调速回路,如图 7-5 所示。

采用相同分析方法,可得到与进油路节流调速回路相似的速度负载特性,即

$$v = \frac{K A_{\mathrm{T}}}{A_2} \left(p_{\mathrm{B}} - \frac{F}{A_2} \right)^m \tag{7-12}$$

其功率特性与进油路节流调速回路的相同。

比较式(7-7)和式(7-12)可以发现,回油路节流调

图 7-5 回油路节流调速回路 速回路与进油路节流调速回路的速度-负载特性及速度刚度基本相同。若液压缸两腔有效工作面积相同,则两种节流调速回路的速度-负载特性和速度刚度就完全一样。因此,前面对进油路节流调速回路的分析和结论都适用于本回路,但也有如下不同之处。

（1）承受负值负载的能力 回油路节流调速回路的节流阀使液压缸的回油腔形成一定的背压($p_2 \neq 0$),因而能承受负值负载,并提高了液压缸的速度平稳性。而对于进油路节流调速回路,要使其能承受负值负载就必须在回油路上加装背压阀,这会

增加功率损耗和油液发热量。

（2）压力控制　进油路节流调速回路容易实现压力控制。当工作部件在行程终点碰到固定挡铁后，液压缸的进油腔油压会上升到与泵压相等。利用这个压力变化，可使并联于此处的压力继电器发出信号，对系统的下一步动作实现控制。而在回油路节流调速时，进油腔压力没有变化，不易实现压力控制。

（3）低速稳定性　若回路使用单出杆缸，无杆腔进油流量大于有杆腔回油流量，故在缸径、缸速相同的情况下，进油路节流调速回路的流量阀开口较大，低速时不易堵塞，能获得更低的稳定速度。

（4）启动性能　停止运行的时间较长后缸内油液会流回油箱，当泵重新向液压缸供油时，在回油路节流调速回路中，由于进油路上没有流量阀控制流量，背压不能立即建立，会使活塞前冲；而在进油路节流调速回路中，相比较而言，活塞前冲量很小。

（5）油液发热及泄漏　进油路节流调速回路中，通过节流阀所产生的热量，一部分由元件散失，另一部分使油液温度升高，直接进入液压缸，从而会增加液压缸的泄漏，速度稳定性不好；而回油路节流调速回路中，经升温后的油液直接回油箱，因而对油路影响较小。

3）旁油路节流调速回路

将节流阀安装在与液压缸并联的支路上，利用节流阀将液压泵供油的一部分油液排回油箱实现执行元件运动速度调节的回路，称为旁油路节流调速回路。如图7-6所示，在这种回路中，由于溢流功能由节流阀来完成，故正常工作时，溢流阀处于关闭状态，溢流阀作安全阀来使用，其调定压力为最大负载压力的 1.1～1.2 倍。液压泵的供油压力 p_B 取决于负载。

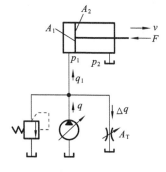

图 7-6　旁油路节流调速回路

（1）速度负载特性　考虑到泵的工作压力随负载的变化而变化，泵的输出流量 q 应考虑因压力变化而造成的泄漏量 Δq，与前面的分析方法类似，可得速度表达式为

$$v=\frac{q_1}{A_1}=\frac{q-\Delta q_t-\Delta q_t}{A_1}=\frac{q-KA_T(F/A_1)^m-k_1(F/A_1)}{A_1} \tag{7-13}$$

式中　q——泵的实际流量；

　　　k_1——泵的泄漏系数。

（2）功率特性。

回路的输入功率为

$$P_p=p_1q \tag{7-14}$$

回路的输出功率为

$$P_1 = Fv = p_1 A_1 v = p_1 q_1 \qquad (7\text{-}15)$$

回路的功率损失为

$$\Delta P = P_p - P_1 = p_1(q - q_1) = p_1 \Delta q \qquad (7\text{-}16)$$

回路的效率为

$$\eta = \frac{P_1}{P_p} = \frac{p_1 q_1}{p_1 q} = \frac{q_1}{q} \qquad (7\text{-}17)$$

由式(7-16)和式(7-17)可以看出,旁油路节流调速回路只有节流损失,而无溢流损失,因而功率损失比前两种调速回路的小,效率高。这种调速回路一般用于功率较大且对速度稳定性要求不高的场合。

使用节流阀的节流调速回路,速度受负载变化的影响比较大,亦即速度负载特性比较软,变载荷下的运动平稳性比较差。为了克服这个缺点,回路中的节流阀可用调速阀来代替。由于调速阀本身能在负载变化的条件下保证节流阀进出油口间的压力差基本不变,因而使用调速阀后,节流调速回路的速度负载特性将得到改善。但所有性能上的改进都是以加大流量控制阀的工作压力差,亦即增加泵的供油压力为代价的。调速阀的工作压力差一般最小需 0.5 MPa,高压调速阀需 1.0 MPa 左右。

2. 容积调速回路

容积调速回路是通过改变变量液压泵的输出流量,或应用变量马达调节其排量来实现调速的回路,也可以采用变量泵和变量马达联合调速,从而使液压泵的全部流量直接进入执行元件来调节执行元件的运动速度。由于容积调速回路中没有流量控制元件,回路工作时液压泵与执行元件(液压马达或液压缸)的流量完全匹配,因此这种回路没有溢流损失和节流损失,回路的效率高、发热少,适用于大功率液压系统。

容积调速回路按变量元件不同可分为变量泵-缸(定量马达)容积调速回路、定量泵-变量马达容积调速回路、变量泵-变量马达容积调速回路。

1) 变量泵-缸(定量马达)容积调速回路

图 7-7(a)所示为变量泵-缸容积调速回路,改变变量泵 9 的排量可实现对缸的无级调速,单向阀 4 用来防止停机时油液倒流入油箱和防止空气进入系统。图 7-7(b)所示为变量泵-定量马达容积调速回路,此回路为闭式回路,安全阀 8 用以防止回路过载,低压管路上的小流量辅助油泵 1,用以补偿泵 9 和马达 7 的泄漏,其供油压力由溢流阀 2 调定。辅助泵与溢流阀使低压管路始终保持一定压力,不仅改善了主泵的吸油条件,而且可置换部分发热油液,降低系统温度。

(1) 执行元件的速度-负载特性   考虑泵的转速 n_p 和活塞面积 A_1(马达排量 V_M)为常数,不计泵以外的元件和管道的泄漏。

缸的运动速度为

$$v = \frac{q_p}{A_1} = \frac{q_t - kF/A_1}{A_1} \qquad (7\text{-}18)$$

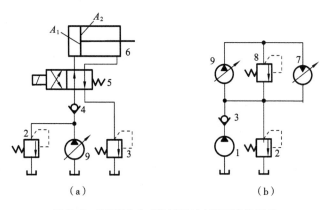

图 7-7　变量泵-缸(定量马达)容积调速回路

(a) 变量泵-缸；(b) 变量泵-定量马达

马达的转速为

$$n_{\mathrm{m}} = \frac{q_{\mathrm{p}}}{2\pi V_{\mathrm{m}}} = \frac{q_{\mathrm{t}} - k T_{\mathrm{m}}/V_{\mathrm{m}}}{2\pi V_{\mathrm{m}}} \tag{7-19}$$

式中　q_{p}——泵的输出流量；

　　　q_{t}——泵的理论流量；

　　　k——泵的泄漏系数；

　　　F、T_{m}——负载。

将式(7-19)按不同的 q_{t} 值可作出一组平行直线，即速度-负载特性曲线，如图 7-8(a)所示。由图可见，由于变量泵有泄漏，执行元件的运动速度 $v(n_{\mathrm{m}})$ 会随负载 $F(T_{\mathrm{m}})$ 的增加而减小，即速度刚性受负载变化的影响，负载增大到某值时，执行元件停止运动，表明这种回路在低速下的承载能力很差。所以，在确定该回路的最低速度时，应将这一速度排除在调速范围之外。

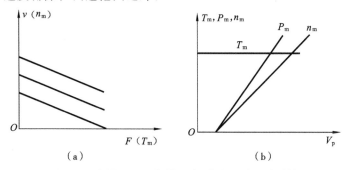

图 7-8　变量泵-缸(定量马达)容积调速回路特性

(a) 速度-负载特性曲线；(b) 输出力(转矩)-功率特性曲线

(2) 执行元件的输出力 F(或转矩 T_{m})和功率 $P(P_{\mathrm{m}})$　其特性如图 7-8(b)所示，改变泵排量 V_{p} 可使执行元件速度 v(或 n_{m})和功率 $P(P_{\mathrm{m}})$成比例地变化。执行

元件输出力 F（或 T_m）及回路的工作压力 p 都由负载决定，不因调速而发生变化，故称这种回路为等推力（或等转矩）调速回路。由于泵和执行元件有泄漏，所以当 V_p 还未调到零值时，实际的 v（或 n_m）、F（或 T_m）和 P（或 P_m）也都为零值。这种回路若采用高质量的轴向柱塞变量泵，其调速范围（即最高转速和最低转速之比）可达 40，当采用变量叶片泵时，其调速范围仅为 5～10。

2）定量泵-变量马达容积调速回路

图 7-9(a) 所示为定量泵和变量马达组成的容积调速回路，定量泵 4 的排量 V_p 不变，变量马达 6 的排量 V_m 的大小可以调节，1 为补油泵，2 为补油泵的低压溢流阀，3 为单向阀，5 为安全阀。改变马达排量 V_m 时，马达输出转矩 T_m 与马达排量 V_m 成正比变化，输出速度 n_m 与马达排量 V_m 成反比（按双曲线规律）变化。当马达排量 V_m 减小到一定程度，T_m 不足以克服负载时，马达便停止转动。这说明在马达运转过程中，不能用改变马达排量 V_m 的办法使马达通过 $V_m=0$ 点来实现反向，而且其调速范围也很小，即使采用了高效率的轴向柱塞马达，调速范围也只有 4 左右，因此这种调速方法往往不能单独使用。在不考虑泵和马达效率变化的情况下，由于定量泵的最大输出功率不变，故马达的输出功率 P_m 也不变，故称这种回路为恒功率调速回路，其特性曲线如图 7-9(b) 所示。这种回路能最大限度发挥原动机的作用。要保证输出功率为常数，马达的调节系统应是一个自动的恒功率装置，其原理就是保证马达的进、出口压差为常数。

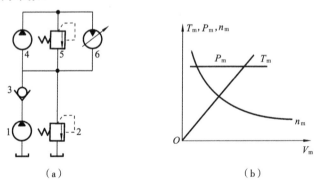

图 7-9　定量泵-变量马达容积调速回路及其特性

(a) 回路图；(b) 特性曲线

3）变量泵-变量马达容积调速回路

图 7-10(a) 所示为双向变量泵和双向变量马达组成的容积调速回路。回路中各元件对称布置，改变泵的供油方向，就可实现马达的正反向旋转，单向阀 4 和 5 用于辅助泵 2 双向补油，单向阀 6 和 7 使溢流阀 3 在两个方向上都能对回路起过载保护作用。

一般机械要求低速时输出较大转矩，高速时输出较大功率，这种回路恰好可以满足这一要求。在低速段，先将马达排量调到最大，用变量泵调速，当泵的排量由小调

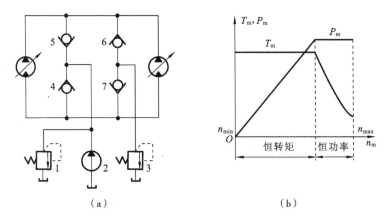

图 7-10　变量泵-变量马达容积调速回路及其特性

(a) 回路图；(b) 特性曲线

到最大,马达转速随之升高,输出功率随之线性增加,此时因马达排量最大,马达能获得最大输出转矩,且处于恒转矩状态;高速段,泵为最大排量,用变量马达调速,将马达排量由大调小,马达转速继续升高,输出转矩随之降低,此时因泵处于最大输出功率状态,故马达处于恒功率状态。回路特性曲线如图 7-10(b)所示,该回路调速范围可达 100。

7.2.2　快速运动回路

快速运动回路可使执行元件获得尽可能大的工作速度,以提高工作机构的空载行程速度,提高劳动生产率并使功率得到合理的利用。快速回路的特点是负载小(压力小),流量大。实现快速运动的方法很多,除前述液压缸差动连接外,常用的快速回路如下。

1. 采用蓄能器的快速运动回路

如图 7-11 所示,采用蓄能器的快速运动回路适用于短期需要大流量的场合。当系统停止工作时,换向阀 6 处于中位,这时液压泵通过单向阀 4 向蓄能器 5 充油。蓄能器压力达到设定值时,液控顺序阀 3 打开,液压泵卸荷。当换向阀 6 处于左位或右位工作时,液压泵和蓄能器同时向液压缸供油,实现快速运动。由于液压泵和蓄能器同时向系统供油,因此可以采用较小流量的液压泵来获得快速运动。

2. 双泵供油的快速运动回路

如图 7-12 所示,该回路中的低压大流量液压泵 1 和高压小流量液压泵 3 并联。图示位置时它们同时向系统供油,实现液压缸的快速运动,当电磁阀 7 通电时,液压缸经过节流阀 6 回油,使系统压力升高,单向阀 4 关闭,液控顺序阀(卸荷阀)5 打开使低压大流量液压泵卸荷,仅由高压小流量液压泵向系统供油,油缸的运动变为慢速运动。泵 3 的最高压力由溢流阀 2 调定。这种回路常用在执行元件快进和工作速度相差较大的场合。

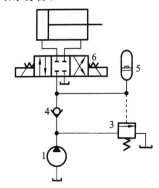

图 7-11　采用蓄能器的快速运动回路

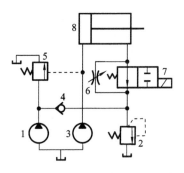

图 7-12　双泵供油快速运动回路

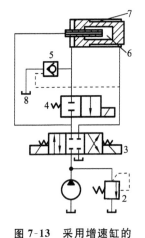

图 7-13　采用增速缸的
快速运动回路

3. 采用增速缸的快速运动回路

如图 7-13 所示,在活塞缸 7 中装有柱塞式增速缸 6,增速缸的外壳与活塞部件做成一体。当换向阀 3 和 4 都以左位接入回路时,压力油进入增速缸 6,推动活塞快速向右移动,活塞缸 7 右腔的油经换向阀 3 流回油箱,活塞缸左腔经液控单向阀 5 从副油箱 8 吸油;这时如换向阀 4 右位工作,则单向阀 5 关闭,压力油同时进入活塞缸左腔和增速缸,活塞慢速向右运动。当换向阀 3 右位工作时,压力油进入活塞缸右腔,增速缸接通油箱,液控单向阀打开,活塞缸左腔的油液除通过液控单向阀流入副油箱外,还可经换向阀 4 的右位接通油箱,此时活塞快速向左返回。这种回路可以在不增加液压泵流量的情况下获得较快的速度,使功率利用比较合理,缺点是结构比较复杂,液压缸需要特制。

7.2.3　速度换接回路

1. 行程阀控制的快、慢速换接回路

如图 7-14 所示,在图示位置液压缸 5 有杆腔的回油经行程阀 4 和换向阀 1 流回油箱,使活塞快速向右运动。当快速运动到所需位置时,活塞上挡块压下行程阀 4,将其通路关闭,这时液压缸 5 有杆腔的回油经过节流阀 3 流回油箱,活塞的运动转换为工作进给运动(简称工进)。当电磁换向阀 1 接电后,压力油可经换向阀 1 和单向阀 2 进入液压缸 5 的右腔,使活塞快速向左退回。

在行程阀控制的速度换接回路中,因为行程阀的通油路是随着液压缸活塞的行程控制阀阀芯的移动而逐渐关闭的,所以换接时的位置精度高,冲出量小,运动速度

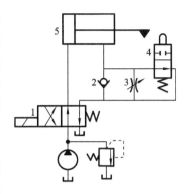

的变换也比较平稳。这种回路在机床液压系统中应用较多,其缺点是行程阀的安装位置受一定限制(要由挡铁压下),所以有时管路连接稍复杂。行程阀也可以用电磁换向阀来代替,这时电磁阀的安装位置不受限制(挡铁只需要压下行程开关),但其换接精度及速度变换的平稳性较差。

图 7-14　行程阀控制的快、
慢速换接回路

1—二位四通电磁换向阀;2—单向阀;
3—节流阀;4—行程阀;5—液压缸

2. 调速阀控制的换接回路

图 7-15 所示为采用两个调速阀控制的速度换接回路。图 7-15(a)中的两个调速阀 2 和 3 并联,由二位三通电磁换向阀 4 实现速度换接。在图示位置,输入液压缸 5 的流量由调速阀 2 调节。当换向阀 4 切换至右位时,输入液压缸 5 的流量由调速阀 3 调节。它们各自独立调节流量,互不影响,其中一个工作时,另一个没有油液通过。在换接过程中,由于原来没有工作的调速阀的阀口处于最大开口位置,速度换接时大量油液通过该阀,将使执行元件突然前冲。因此,该回路不宜用在工作过程中进行速度换接,一般用于速度预选的换接场合。

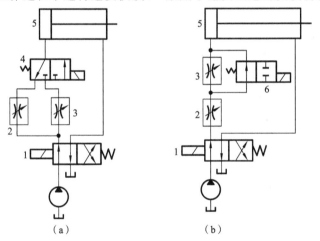

（a）　　　　　　　　　　　　（b）

图 7-15　用调速阀的二次工进速度的换接回路

（a）调速阀并联;（b）调速阀串联

1—二位四通电磁换向阀;2、3—调速阀;4—二位三通电磁换向阀;5—液压缸;6—二位二通电磁换向阀

图 7-15(b)中的两个调速阀 2 和 3 串联,调速阀 3 的流量比调速阀 2 的小,在图示位置时,因调速阀 3 被二位二通电磁换向阀 6 短路,输入液压缸 5 的流量由调速阀 2 控制;当阀 6 切换至右位时,输入液压缸 5 的流量由调速阀 3 控制。由于这种回路中调速阀 2 一直处于工作状态,它在速度换接时限制了进入调速阀 3 的流量,因此其速度换接平稳性较好,但由于油液经过两个调速阀,所以能量损失较图 7-15(a)所示

回路的大。

7.3 压力控制回路

压力控制回路在液压系统中不可缺少,它是利用压力控制阀来控制或调节整个液压系统或液压系统局部油路上的工作压力,以满足液压系统不同执行元件对工作压力的不同要求。压力控制回路主要有调压回路、减压回路、增压回路、卸荷回路、保压回路、平衡回路等基本回路。

7.3.1 调压回路

调压回路用来调定或限制液压系统的最高工作压力,或者使执行元件在工作过程的不同阶段能够实现多种不同的压力变换。

1. 单级调压回路

如图 7-16(a)所示定量泵系统中,节流阀 3 可以调节进入液压缸 5 的流量,定量泵 1 输出的流量大于进入液压缸 5 所需的流量时,多余油液便从溢流阀 2 流回油箱。通过调节溢流阀 2 便可调节泵的出口压力。图中二位四通换向阀 4 可改变液压缸 5 的运动方向。

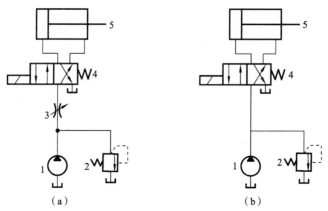

图 7-16 单级调压回路

(a) 回路中有节流阀;(b) 回路中无节流阀

1—定量泵;2—溢流阀;3—节流阀;4—换向阀;5—液压缸

若图 7-16(a)所示回路中没有节流阀,如图 7-16(b)所示,则泵出口压力将直接随液压缸负载压力的变化而变化,溢流阀 2 作安全阀使用,即:当回路工作压力低于溢流阀 2 的调定压力时,溢流阀处于关闭状态,此时系统压力由负载压力决定;当负载压力达到或超过溢流阀 2 的调定压力时,溢流阀 2 处于开启溢流状态,使系统压力不再继续升高,溢流阀将限定系统最高压力,对系统起安全保护作用。

2. 多级调压回路

图 7-17(a)所示为二级调压回路。图示状态下,泵出口压力由液控溢流阀 2 调

定为较高压力,当阀 3 通电换位后,泵出口压力由调压阀 4 调为较低压力。

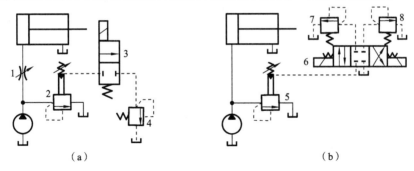

图 7-17　多级调压回路

(a)二级调压回路;(b)三级调压回路

1—节流阀;2、5—液控溢流阀;4、7、8—调压阀;3、6—换向阀

图 7-17(b)所示为三级调压回路。液控溢流阀 5 的远程控制口通过三位四通换向阀 6 分别接远程调压阀 7 和 8,使系统有三种压力调定值。当换向阀 6 在左位时,系统压力由阀 7 调定;当换向阀 6 在右位时,系统压力由阀 8 调定;当换向阀在中位时,系统压力由主阀 5 调定。此回路中,远程调压阀的调整压力必须低于主溢流阀的调整压力,只有这样远程调压阀才能起作用。

7.3.2　减压回路

液压系统的压力是根据系统主要执行元件的工作压力来设计的,当系统有较多的执行元件,且它们的工作压力又不完全相同时,在系统中就需要设计减压回路或增压回路来满足系统各部分不同的压力要求。

最常见的减压回路是在所需低压的分支路上串接一个定值输出减压阀,如图 7-18(a)所示,单向阀 3 用于当主油路压力低于减压阀 2 的调定值时,防止液压缸 4

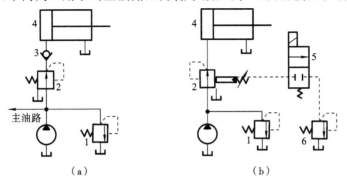

图 7-18　减压回路

(a)常见减压回路;(b)二级减压回路

1—溢流阀;2—减压阀;3—单向阀;4—液压缸;5—换向阀;6—远程调压阀

的压力不受干扰而突然降低,达到对液压缸 4 的短时保压作用。

图 7-18(b)所示为二级减压回路。在图示状态,压力由先导型减压阀 2 调定,当换向阀 5 通电后,阀 2 的出口压力由远程调压阀 6 来调定。

7.3.3 增压回路

增压回路可使系统中的某局部压力高于液压泵的输出压力。增压回路中实现油液压力增大的主要元件是增压器。

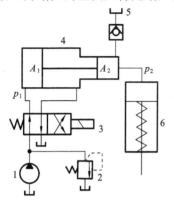

图 7-19 所示为使用单作用增压器的增压回路,适用于单向作用力大、行程小、作业时间短的工作条件。图示位置时,压力为 p_1 的油液进入增压缸 4 的大活塞腔,这时在小活塞腔可得到压力为 p_2 的高压油液,增大的倍数是大小活塞的工作面积之比。当电磁阀 3 接通时,工作缸 6 靠弹簧回程,高位油箱 5 中的油液在大气压力作用下向增压器补油。这种回路不能获得连续稳定的高压油源。

7.3.4 卸荷回路

图 7-19 增压回路

许多液压系统在使用时,其执行装置并不是始终连续工作的,当执行装置处在工作的间歇状态时,应让液压系统输出的功率接近于零,使动力源在空载状况下工作,以减少动力源和液压系统的功率损失、节省能源、降低液压系统发热,实现这种功能的压力控制回路称为卸荷回路。

液压系统卸荷的方式有两种:一种是将液压泵出口的流量通过液压阀的控制直接接回油箱,使液压泵在接近零压的状况下输出流量,这种卸荷方式称为压力卸荷;另一种是使液压泵在输出流量接近零的状态下工作,此时尽管液压泵工作的压力很高,但其输出流量接近于零,液压功率也接近零,这种卸荷方式称为流量卸荷。

1. 采用主换向阀中位机能的卸荷回路

中位机能为 M、K、H 型的换向阀都具有将液压泵的出口直接与油箱相连的功能,实现泵的压力卸荷。图 7-20 所示为采用换向阀 4 的中位机能的结构特点来实现液压泵 1 卸荷的回路。当换向阀 4 处于中位时,液压泵 1 出口直通油箱,泵卸荷。因回路需保持一定的控制压力以操纵执行元件,故需安装单向阀 3,使回路在卸荷状态下能够保持一定的压力。

2. 采用二位二通电磁阀的卸荷回路

如图 7-21 所示,换向阀 4 的中位机能为 O 型,利用与液压泵和溢流阀同时并联的二位二通电磁换向阀 3 的通与断,实现系统的卸荷与保压功能。但要求二位二通电磁换向阀 3 的压力和流量参数完全与对应的液压泵 1 相匹配。

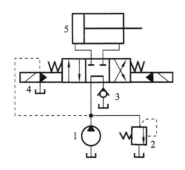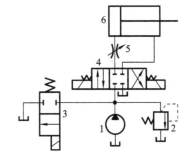

图 7-20　采用主换向阀中位机能的卸荷回路　　　图 7-21　采用二位二通电磁阀的卸荷回路

3. 采用先导型溢流阀和电磁阀组成的卸荷回路

图 7-22 所示为采用二位二通电磁阀控制先导型溢流阀的卸荷回路。当先导型溢流阀 2 的远控口通过二位二通电磁阀 4 接通油箱时,此时阀 2 的溢流压力为其卸荷压力,使液压泵 1 输出的油液以很低的压力经溢流阀 2 回油箱,实现泵的卸荷。为防止系统卸荷或升压时产生压力冲击,一般在溢流阀 2 的远控口与电磁阀 4 之间可设置阻尼孔 3。这种卸荷回路可以实现远程控制,同时二位二通电磁阀 4 可选用小流量规格,其卸荷时的压力冲击较采用二位二通电磁换向阀卸荷的冲击小一些。

4. 采用限压式变量泵的流量卸荷回路

如图 7-23 所示,当系统压力升高到变量泵压力调节螺钉调定压力时,压力补偿装置动作,液压泵 1 输出流量随供油压力升高而减小,当达到维持系统压力所必需的最小流量时,液压泵输出"零"或极小流量,回路实现保压卸荷。系统中的溢流阀 2 作为安全阀使用,以防止泵的过载。这种回路在卸荷状态下具有很高的控制压力,使液压系统在卸荷状态下实现保压,极大地降低了系统的功率损失和发热。

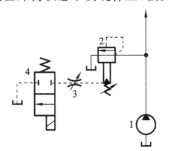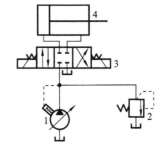

图 7-22　采用先导型溢流阀和电磁阀组成　　　图 7-23　采用限压式变量泵的流量卸荷回路
　　　　　的卸荷回路

7.3.5　保压回路

执行元件在工作循环的某一阶段内,需要保持一定压力时,则应采用保压回路。

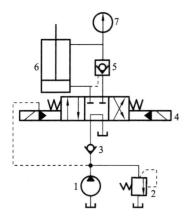

图 7-24　采用液控单向阀的保压回路

1. 采用液控单向阀的保压回路

图 7-24 所示为采用密封性能较好的液控单向阀和电接点压力表的保压回路。当电液换向阀 4 左位工作时,油缸 6 下腔进油,油缸上腔的油液经液控单向阀、电磁换向阀回油箱,使油缸向上运动;当换向阀 4 右位工作时,油缸 6 的上腔压力升至电接点压力表 7 上限调定的压力值时发信号,电磁铁右位失电,换向阀 4 处于中位,液压泵卸荷,油缸内液控单向阀保压。当油缸压力下降到压力表下限值时,电磁铁右位通电,换向阀 4 再次右位工作,液压泵 1 给系统补油,压力上升。如此工作过程自动地保持油缸的压力在调定值范围内。该回路适用于保压时间较长、对保压稳定性要求不高的场合。

2. 采用液压蓄能器的保压回路

如图 7-25 所示为采用液压蓄能器的保压回路。当换向阀 7 的左位工作时,油缸 8 的活塞杆向右移动,当压力升至调定值时,压力继电器 6 发出信号使二位二通电磁换向阀 3 通电,液压泵卸荷,油缸则由液压蓄能器 5 进行保压。

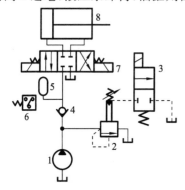

图 7-25　采用液压蓄能器的保压回路

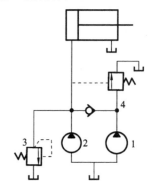

图 7-26　采用液压泵的保压回路

1—低压大流量液压泵;2—高压小流量液压泵;

3—溢流阀;4—卸荷阀

3. 采用液压泵的保压回路

如图 7-26 所示,当系统压力较低时,低压大流量液压泵 1 和高压小流量液压泵 2 同时向系统供油。当系统压力升高到卸荷阀 4 的调定压力时,低压液压泵卸荷,此时高压液压泵起保压作用,溢流阀 3 调定系统压力。

7.3.6　平衡回路

许多液压执行机构是沿垂直方向运动的,为了防止立式液压缸与竖直运动的工作部件由于自重而自行下落造成冲击或事故,可以在立式液压缸下行时的回路上设置适当的阻力,以阻止其下降或使其平稳地下降,这种回路称为平衡回路。

1. 采用单向顺序阀的平衡回路

图 7-27 所示为采用单向顺序阀的平衡回路,调整单向顺序阀 4,使其开启压力与液压缸下腔作用面积的乘积稍大于竖直运动部件的重力。当活塞下行时,由于回油路上存在一定的背压来支承重力负载,只有在活塞的上部具有一定压力时活塞才会平稳下落;当换向阀 3 处于中位时,活塞停止运动,不再继续下行。此处的单向顺序阀又称为平衡阀。在这种平衡回路中,单向顺序阀压力调定后,若工作负载变小,则泵的压力需要增加,将使系统的功率损失增大。由于滑阀结构的顺序阀和换向阀存在内泄漏,活塞很难长时间稳定停在任意位置,该回路适用于工作负载固定且液压缸活塞锁定要求不高的场合。

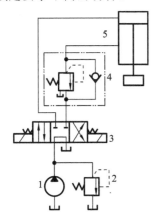 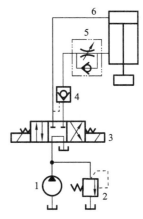

图 7-27　采用单向顺序阀的平衡回路　　图 7-28　采用液控单向阀的平衡回路

2. 采用液控单向阀的平衡回路

如图 7-28 所示,活塞下行时液控单向阀 4 被进油路上的控制油打开,油缸有杆腔油经单向节流阀 5、液控单向阀 4 和换向阀 3 回油箱。当电磁换向阀处于中位时,由于液控单向阀 4 为锥面密封结构,其闭锁性能好,能够保证活塞较长时间处在停止位置不动。在回油路上串联单向节流阀 5,用于保证活塞下行运动的平稳性。

3. 采用液控单向顺序阀的平衡回路

图 7-29 所示为采用液控单向顺序阀的平衡回路。当电磁换向阀 3 右位得电时,压力油经单向阀进入液压缸下腔,上腔回油直接通油箱,活塞上升;

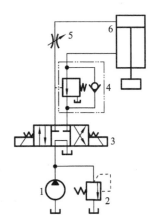

图 7-29　采用液控单向顺序阀
的平衡回路

当电磁换向阀 3 左位得电时,压力油进入液压缸上腔,随着压力增加,并打开液控顺序阀 4,使液压缸下腔回油,活塞下行。若由于重力作用,运动部件下降速度过快,必然会使液压缸上腔压力降低,于是液控单向顺序阀 4 阀口关小,阻力增大,从而阻止活塞迅速下降。当换向阀 3 切换至中位时,液压缸上腔卸压,液控单向顺序阀 4 关闭,活塞停止下降并被锁紧。

这种回路适用于所平衡的重量有所变化的场合,比较安全、可靠,但活塞下行时,由于重力作用会使液控单向顺序阀的开口量处于不稳定状态,因此系统平衡性较差。

7.4　多缸工作控制回路

在液压系统中,如果由一个油源向多个液压缸供给压力油时,这些液压缸会因压力、流量的影响而在动作上相互牵制。因此,必须使用一些特殊的回路才能实现预定的动作要求,这类回路称为多缸工作控制回路,常见的有顺序动作、同步动作、多缸泄荷、互不干涉等回路。

7.4.1　顺序动作回路

在多缸液压系统中,顺序动作回路使执行元件严格按照一定的顺序动作。常见的控制方式有压力控制、行程控制和时间控制,前两类应用较广泛。

1. 压力控制的顺序动作回路

压力控制的顺序动作回路是利用液压系统工作过程中运动状态变化引起的压力变化来实现执行元件按顺序先后动作。

图 7-30 所示为利用手动换向阀实现顺序动作的回路,假设其动作顺序为:①、②、③、④。回路工作前,油缸 1 和油缸 2 均处于左端起点位置,其回路控制的工作过程如表 7-1 所示。

表 7-1　顺序阀控制的顺序动作回路动作表

动　　作	手动换向阀 5	顺序阀 3	顺序阀 4
①	左位	当①结束时,压力升高、阀口开启	—
②		阀口常开	—
③	右位	—	当②结束时,压力升高、阀口开启
④		—	阀口常开

图 7-31 所示为利用压力继电器实现顺序动作的回路,其动作顺序如表 7-2 所示。由表可知,其动作顺序构成了一个完整的循环。

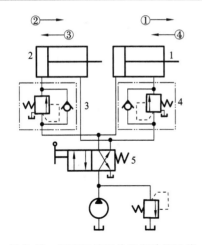

图 7-30　顺序阀控制的顺序动作回路
1、2—油缸；3、4—顺序阀；5—手动换向阀

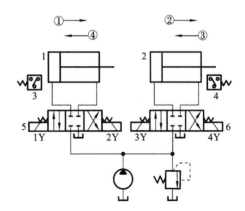

图 7-31　压力继电器控制的顺序动作回路
1、2—油缸；3、4—压力继电器；5、6-电磁换向阀

表 7-2　压力继电器控制的顺序动作回路动作表

动　作	压力继电器		1Y	2Y	3Y	4Y
	③	④				
①	左位	—	+	—	—	—
②	右位	—	—	—	+	—
③	—	左位	—	—	—	+
④	—	右位	—	+	—	—
①	左位	—	+	—	—	—

在压力继电器控制的顺序动作回路中,为了防止压力继电器在前一行程液压缸到达行程端点之前发生误动作,压力继电器的调定值应比前一行程液压缸的最大工作压力高 0.3~0.5 MPa,同时,为了能使压力继电器可靠地发出信号,其压力调定值又应比溢流阀的调定压力低 0.3~0.5 MPa。

2. 行程控制的顺序动作回路

行程控制是利用执行元件运动到一定位置(或行程)时,发出控制信号,使下一执行元件开始运动。

图 7-32 所示为用行程换向阀(又称机动换向阀)控制的顺序动作回路。电磁换向阀和行程换向阀处于图示状态时,左液压缸和右液压缸的活塞都处于左端(即原位)。行程阀上、下位的切换是依靠挡块压下、松开行程开关来实现的。其动作顺序如表 7-3 所示。

图 7-33 所示为用行程开关和电磁换向阀控制的顺序动作回路。图示状态,活塞均处于左端原位。该回路动作顺序如表 7-4 所示。

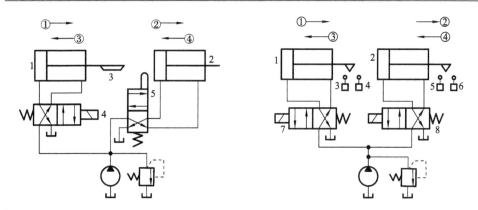

图 7-32　行程换向阀控制的顺序动作回路　　图 7-33　行程开关和电磁阀控制的顺序动作回路
1、2—油缸;3—挡块;4—电磁换向阀;5—行程阀　　1、2—油缸;3、4、5、6—电器行程开关;7、8—电磁换向阀

表 7-3　行程换向阀控制的顺序动作回路动作表

动　作	电磁换向阀	行　程　阀
①	右位	下位
②		上位
③	左位	上位
④		下位

表 7-4　行程开关和电磁阀控的顺序动作回路动作表

动　作	电磁换向阀		行　程　开　关			
	7	8	3	4	5	6
①	左位	右位	—	+	—	—
②	左位	左位	—	—	—	+
③	右位	左位	+	—	—	—
④	右位	右位	—	—	+	—

7.4.2　同步动作回路

使两个或两个以上的液压缸在运动中保持相同位移或相同速度的回路称为同步回路。在一泵多缸的系统中,尽管液压缸的有效工作面积相等,但是由于运动中所受负载的不均衡、摩擦阻力不相等、泄漏量的不同及制造上的误差等,使液压缸不能同步动作。为此需设置同步回路。

1.机械强制式同步回路

将需同时动作的两缸活塞杆用机械方法连接,使其成为刚性连接的整体,从而强制实现两缸同步运动,如图 7-34 所示。

2. 采用等排量液压马达的同步回路

如图 7-35 所示为采用等排量液压马达的同步回路。该回路采用相同结构、相同排量的两个液压马达 1 作为等流量分流装置。两个马达的轴刚性连接，将等量的油分别输入两个尺寸相同的液压缸中，使两液压缸实现同步。节流阀 2 是用于消除行程端点两缸的位置误差。影响这种回路同步精度的主要因素有：两个马达由于制造上的误差而引起的排量上的差别；作用于液压缸活塞上的负载不同引起的漏油；摩擦阻力的不同等。

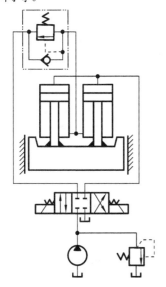

图 7-34　机械强制式同步回路

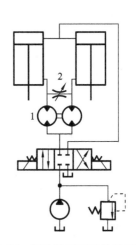

图 7-35　等排量液压马达同步回路

3. 采用调速阀控制的同步回路

如图 7-36 所示为采用调速阀控制的同步回路。在两个并联的液压缸的进油或回油路上串联一个单向调速阀，调整两个调速阀开口的大小，就可以控制液压缸的速度，使其同步。这种回路结构简单，但是调整麻烦、同步精度不高，不适用于偏载或负载变化频繁的场合。

4. 采用串联液压缸控制的同步回路

如图 7-37 所示，液压缸 7 和 8 串联，当活塞同时下行时，若液压缸 7 先到达行程端点，则压下行程开关 4，电磁阀 1Y 接通，换向阀 3 左位工作，压力油经换向阀 3 和液控单向阀 6 进入液压缸 8 上腔，使液压缸 8 继续下行，直至终点，从而消除误差。若液压缸 8 先到达行程终点，

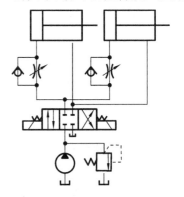

图 7-36　采用调速阀控制的同步回路

则压下行程开关 5,电磁阀 2Y 接通,换向阀 3 右位工作,压力油打开液控单向阀 6,油液经液控单向阀 6 和换向阀 3 流回油箱,液压缸 7 继续下行,直至终点,从而消除误差。

采用串联液压缸控制的同步回路允许有较大的偏载,偏载造成的压差不影响流量的改变,因此同步回路精度较高、效率高,但偏载会导致油液微量的压缩和泄漏。泵的工作压力至少是两缸工作压力之和。由于制造误差、内泄漏及空气的影响,长时间运行后,两缸将会有显著的位置差别,因此需要有相应的补偿装置。

5. 采用电液比例调速阀的同步回路

图 7-38 所示为采用电液比例调速阀的同步回路。这种回路的同步位置精度可达 0.5 mm,能满足大多数工作部件的精度要求。由于在油缸进油路上安装了调速阀并采用单向阀组成的桥式整流回路,因而在两个方向上均可实现速度同步。

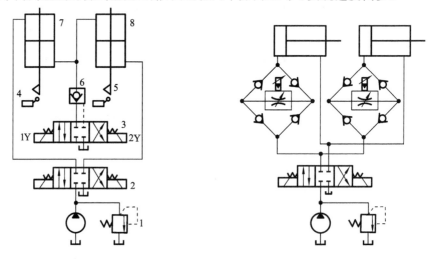

图 7-37　带补偿装置的串联液压缸控制的同步回路　　图 7-38　采用电液比例调速阀的同步回路

7.4.3　多缸卸荷回路

如图 7-39 所示,当各缸都停止工作时,各换向阀都处于中位,这时溢流阀的远控口经各换向阀中位的一个通路与油箱连接,泵卸荷。只要某一换向阀不在中位工作时,溢流阀的远控口就不会与油箱接通,这时泵就结束卸荷状态向系统供给压力油。

7.4.4　互不干涉回路

互不干涉回路的功用是使系统中多个执行元件在完成各自工作循环时彼此互不影响。

图 7-40 所示为通过双泵供油来实现的多缸快、慢速互不干扰的回路。液压泵 1 的供油压力由溢流阀 3 调定,液压泵 2 的供油压力由溢流阀 4 调定。当换向阀 9、10

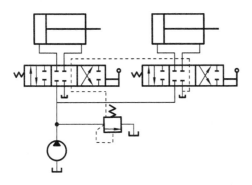

图 7-39 多缸卸荷回路

左位接入时,液压缸11和12快速向右运动。此时液控节流阀7、8由于控制压力较低而关闭,因而液压泵2的压力油经溢流阀4流回油箱。当其中一个液压缸(如缸11)先完成动作,则其无杆腔的压力将升高,液控节流阀7的阀口被打开,液压泵2的压力油经液控节流阀7的节流口进入液压缸11的无杆腔,同时高压油使单向阀5的阀口关闭,液压缸11的运动速度由液控节流阀7中的开度所决定。此时,液压缸12仍由液压泵1供油,两缸动作互不干扰。之后,当液压缸11先完成工进动作,换向阀9的右位接入回路,液压泵1的压力油使液压缸11快速退回。换向阀9、10均断电时,液压缸停止运动。该回路中,顺序节流阀的开启取决于液压缸工作腔的压力。

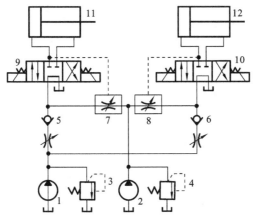

图 7-40 互不干涉回路

1—低压大流量液压泵;2—高压小流量液压泵;3、4—溢流阀;5、6—单向阀;
7、8—液控节流阀;9、10—电磁换向阀;11、12—液压缸

复 习 题

7.1 液压系统基本回路有哪几种?各有何作用?

7.2 节流阀调速回路有哪几种？各有何特点？

7.3 如图 7-41 所示,液压缸结构参数完全相同,负载 $F_1 > F_2$;已知节流阀能调节液压缸速度并不计压力损失。试判断在图 7-41(a)和图 7-41(b)的两个液压回路中,哪个液压缸先动作？哪个液压缸速度快？试说明其理由。

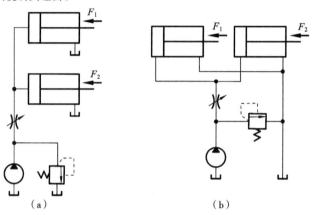

$$(a)$$ $$(b)$$

图 7-41 题 7.3 图

7.4 图 7-42 所示回路中的活塞在其往返运动中受到的阻力 F 大小相等,方向与运动方向相反,试比较活塞向左和向右运动的速度哪个大。

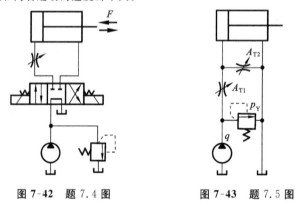

图 7-42 题 7.4 图 　　　　图 7-43 题 7.5 图

7.5 图 7-43 所示回路中,液压泵的输出流量 $q = 10$ L/min,溢流阀调整压力 $p_y = 2$ MPa,两个薄壁孔口节流阀的流量系数均为 $C_q = 0.67$,两个节流阀的开口面积分别为 $A_{T1} = 2 \times 10^{-6}$ m²,$A_{T2} = 1 \times 10^{-6}$ m²,液压油密度 $\rho = 900$ kg/m³,试求当不考虑溢流阀的调节偏差时:

(1) 液压缸大腔的最高工作压力;

(2) 溢流阀的最大溢流量。

7.6 试说明图 7-44 所示容积调速回路中单向阀 A 和 B 的作用。在液压缸正反向移动时,为了向系统提供过载保护,安全阀如何连接,试作图表示。

7.7 图 7-45 所示回路中,两液压缸的活塞面积相同,$A = 0.02$ m²,负载分别为 $F_1 = 8 \times 10^3$ N,$F_2 = 4 \times 10^3$ N。设溢流阀的调整压力为 4.5 MPa,试分析减压阀调整压力值分别为 1 MPa、

2 MPa、4 MPa 时,两液压缸的动作情况。

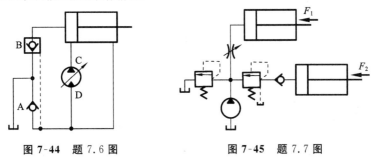

图 7-44　题 7.6 图　　　　　　图 7-45　题 7.7 图

7.8　试分析图 7-46 所示平衡回路的工作原理。

7.9　如图 7-47 所示的液压回路,能否实现液压缸 1 先动作、液压缸 2 后动作的要求(要求液压缸 1 的速度能调节)? 为什么? 应该如何调整?

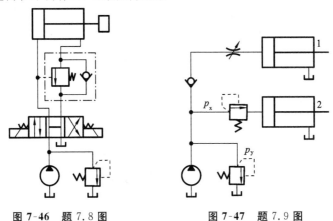

图 7-46　题 7.8 图　　　　　　图 7-47　题 7.9 图

第8章 典型液压传动系统的分析与设计

8.1 典型液压系统分析

8.1.1 W20-100 型挖掘机液压系统分析

1. 挖掘机的工作原理

单斗液压挖掘机由工作装置、回转机构及行走机构三部分组成。工作装置包括动臂、斗杆及铲斗,若更换工作装置,还可进行正铲、抓斗及装载作业。图 8-1 为履带式单斗液压挖掘机(反铲)机构简图,其每一工作循环主要包括以下步骤。

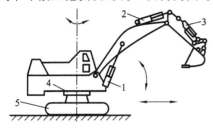

图 8-1 履带式单斗液压挖掘机机构

1—动臂缸;2—斗杆缸;3—铲斗缸;

4—回转平台;5—行走履

（1）挖掘 在坚硬土壤中挖掘时,一般以斗杆缸 2 动作为主,用铲斗缸 3 调整切削角度,配合挖掘;在松散土壤中挖掘时,则以铲斗缸 3 动作为主,必要时(如铲平基坑底面或修整斜坡等有特殊要求的挖掘动作),铲斗、斗杆、动臂三个液压缸须根据作业要求复合动作,以保证铲斗按特定轨迹运动。

（2）满斗提升及回转 挖掘结束时,铲斗缸 3 推出,动臂缸 1 顶起,满斗提升。同时,回转液压马达驱动回转平台 4 向卸载方向旋转。

（3）卸载 当转台回转到卸载位置处时,回转停止。通过动臂缸 1 和铲斗缸 3 配合动作,使铲斗对准卸载位置。然后,铲斗缸 3 内缩,铲斗翻转卸载。

（4）返回 卸载结束后,转台反转,配以动臂缸 1、斗杆缸 2 及铲斗缸 3 的复合动作,将空斗返回到新的挖掘位置,开始第二个工作循环。为了调整挖掘点,还要借助行走机构驱动整机行走。

2. 液压系统的工作原理

以 1 m³(即反铲斗容量)履带式单斗液压挖掘机为例,其液压系统工作原理如图 8-2 所示,该系统为高压定量双泵双回路开式系统,液压泵 1、2 输出的压力油分别进入两组由三个手动换向阀组成的多路换向阀 A、B。进入多路换向阀 A 的压力油,驱动回转马达 3、铲斗缸 14,同时经中心回转接头 9 驱动左履带行走马达 5。进入多路换向阀 B 的压力油,驱动动臂缸 16、斗杆缸 15,并经中央回转接头 9 驱动右履带行走马达 5。从多路换向阀 A、B 流出的压力油要经过限速阀 10,进入总回油管,再经背

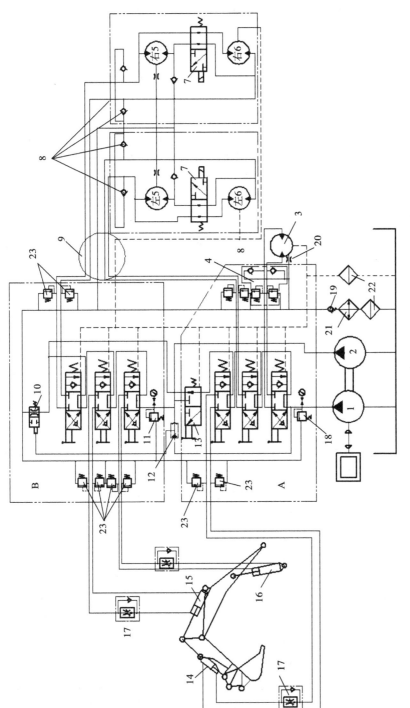

图 8-2　1 m³ 单斗液压挖掘机液压系统图

1,2—液压泵;3—回转马达;4—缓冲补油阀组;5,6—左、右履带行走马达;7—行走马达中的双速阀;
8—补油单向阀;9—中心回转接头;10—限速阀;11,18—安全阀;12—梭阀;13—合流阀;14—铲斗缸;
15—斗杆缸;16—动臂缸;17—单向节流阀;19—背压阀;20—节流阀;21—冷却器;22—滤油器;23—缓冲阀

压阀 19、冷却器 21、滤油器 22 流回油箱。当各换向阀均处于中间位置时,系统卸荷。

液压泵 1、2 均为阀配流式径向柱塞泵,其排量为 $2 \times 1.04 \times 10^{-5}$ m³/r,额定工作压力为 32 MPa。两泵做在同一壳体内,每边三个柱塞自成一泵,由同一根曲轴驱动。

回转液压马达及行走液压马达均为内曲线多作用径向柱塞马达,前者排量为 3.18×10^{-4} m³/r,后者排量为 $2 \times 6.36 \times 10^{-4}$ m³/r。

1) 一般操作回路

液压系统单一动作供油时,操作某一换向阀,即可控制相应执行机构工作;串联供油时,只需同时操作几个换向阀,切断卸载回路,泵的流量进入第一个执行机构,循环后又进入第二个执行机构,以此类推。由于系统是串联回路,在轻载下可实现多机构的同时动作。各执行机构要短时锁紧或制动,可操作相应换向阀使其处于中位来实现。

2) 合流回路

手控合流阀 13 在右位时起分流作用。当多路换向阀 A 控制的执行机构不工作时,操作此阀(使阀处于左位),则泵 1 输出的压力油经多路换向阀 A 进入多路换向阀 B,使两泵合流,从而提高多路换向阀 B 控制的执行机构的工作速度。一般地,动臂、斗杆机构常需快速动作,以提高工作效率。

3) 限速回路

多路换向阀 A、B 的回油都要经限速阀 10 流至回油总管。限速阀的作用是自动控制挖掘机下坡时的行走速度,防止超速溜坡。行走马达中的双速阀 7 可使马达中的两排柱塞实现串、并联转换。当双速阀 7 处于图示位置时,高压油并联进入每个马达的两排油腔,行走马达处于低速大转矩工况,此工况常用于道路阻力大或上坡行驶工况。当双速阀 7 处于另一位时,可使每个马达的两排油腔处于串联工作状态,行走马达输出转矩小,但转速高,行走马达处于高速小转矩工况。因而,该挖掘机具有两种行驶速度,即 3.4 km/h 和 1.7 km/h。此外,为限制动臂和斗杆机构的下降速度和防止它们在自重下超速下降,在它们的支路上设置了单向节流阀 17。

4) 调压、安全回路

各执行机构进油路与回油总管之间都设有安全阀 11、18,以分别控制两回路的工作压力,其调定压力均为 32 MPa。

5) 背压补油回路

进入液压马达内部(柱塞腔、配流轴内腔)和马达壳体内(渗漏低压油)的液压油温度不同,使马达各零件膨胀不一致,会造成密封滑动面卡死。为防止这种现象发生,通常在马达壳体内(渗漏腔)引出两个油口,一个油口通过节流阀 20 与有背压的回油路相通,另一个油口直接与油箱相通(无背压)。这样,背压回路中的低压热油(0.8~1.2 MPa)经节流阀 20 减压后进入液压马达壳体,使马达壳体内保持一定的循环油,从而使马达各零件内、外温度和液压油油温保持一致。壳体内油液的循环流动还可冲掉壳体内的磨损物。此外,在行走马达超速时,可通过补油单向阀 8 向马达补油,防止液压马达吸空。

在上述液压系统回路中设置了风冷式冷却器 21,使系统在连续工作条件下油温保持在 50～70 ℃范围内,最高不超过 80 ℃。

3. 液压系统的特点

(1)液压系统具有较高的生产率,并能充分利用发动机功率。由于 W20-100 液压挖掘机采用了双泵双回路系统,液压泵 1、2 分别向多路阀 A、B 控制的执行机构供油,因而,分属这两回路中的任意两机构,无论是在轻载还是在重载下,都可实现无干扰的复合动作,例如,铲斗和动臂、铲斗和斗杆的复合动作,多路阀 A、B 所控制的执行机构在轻载时也可实现多机构的同时动作。因此,系统具有较高的生产率,能充分利用发动机的功率。

(2)系统能保证在负载变化大及急剧冲击、振动的工作条件下,有足够的可靠性。单斗挖掘机各主要机构启动、制动频繁,工作负荷变化大、振动冲击大。由于系统具有较完善的安全装置(如防止动臂、斗杆因自重快速下降装置,防止整机超速溜坡的装置等),因而保证了系统在工作负载变化大且有急剧冲击和振动的作业条件下,仍具有可靠的工作性能。

(3)系统液压元件的布置均采用集成化,安装及维修保养方便。如所用的压力调节均集中在多路换向阀阀体内,所有滤清元件集中在油箱上,双速阀同双速马达组成一体。这样,在几个单元总成之间,只需通过管路连接即可,便于安装及维修保养。

(4)由于系统采用了轻便、减振的油液冷却装置和排油回路,可保证系统在工作环境恶劣、温度变化大、连续作业条件下,油温不超过 80 ℃,从而保证了系统工作性能的稳定。

8.1.2　TY320 型推土机液压系统分析

1. 推土机对液压系统的要求

推土机是一种自行式铲土运输机械,可进行铲挖、运、填、平、松土等作业,其工作装置——铲刀和松土器的运动较为简单,要求液压系统能实现铲刀升降和松土器升降作业。

2. 推土机液压系统的工作原理

TY320 型推土机液压系统工作原理如图 8-3 所示,该系统包括铲刀升降液压缸工作回路、铲刀垂直倾斜液压缸工作回路和松土器液压缸工作回路,三者构成串联回路,保证几个液压缸可同时动作。系统由一个 CBG2160 型齿轮泵提供压力油,泵 2 输出的压力油直接进入四位五通手动换向阀 12、三位五通换向阀 13 和 14,其中阀 12 控制铲刀液压缸升降,阀 14 控制铲刀垂直液压缸倾斜,阀 13 控制松土器液压缸升降。采用手动换向阀是工程机械中最普遍的控制方式,它能人工控制换向卸载及调速和微动,阀 12、13、14 中位串联,能保证其控制的机构单独和同时工作。系统的压力为 14 MPa,由溢流阀 3 调定。

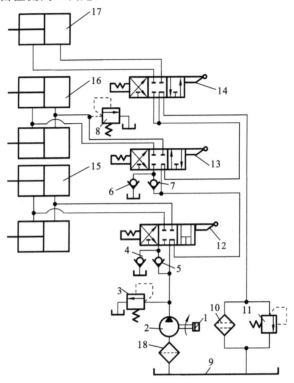

图 8-3　TY320 型推土机工作装置液压系统图

1—柴油机;2—液压泵;3—溢流阀;4、6—补油单向阀;5、7—止回阀;8—过载阀;9—油箱;10—精滤油器;
11—滤油器安全阀;12—铲刀升降操纵阀;13—松土器升降操纵阀;14—铲刀垂直倾斜操纵阀;
15—铲刀升降液压缸;16—松土器升降液压缸;17—铲刀垂直倾斜液压缸;18—粗滤油器

过载阀 8 用于防止当松土齿固定位置作业时突然过载,其调定压力为 16 MPa。安全阀 11 与精滤油器 10 并联,当回油中杂质堵塞滤油器时,回油压力增高,阀 11 被打开,油液直接通过阀 11 流回油箱。

止回阀 5 和 7 用以保证任何工况下压力油不倒流,避免作业装置意外反向动作。

补油单向阀 4 和 6 用以防止当铲刀和松土齿下降时,由于自重作用下降速度过快可能引起供油不足而形成的液压缸进油腔局部真空。在压力差作用下阀 4 及 6 打开,从油箱补油至液压缸进油腔,避免真空,使液压缸动作平稳。

液压系统工作时,完成下述循环:铲刀下降,铲刀浮动(或固定)推土,铲刀提升,铲刀固定。

(1) 铲刀下降　铲刀升降操纵阀 12 处于左位,压力油进入铲刀升降液压缸 15 的无杆腔,推动活塞杆上的铲刀下降。有杆腔油液经换向阀 12 左位、换向阀 13 中位和阀 14 中位,经过精滤油器 10 回油箱。

（2）铲刀浮动（或固定）推土　当铲刀升降操纵阀 12 处于右位,这时铲刀液压缸大小腔油口通过换向阀 12 右位,换向阀 13 和阀 14 的中位与泵 2 及油箱 9 互通。铲刀液压缸活塞处于浮动状态,铲刀自由支地,随地形高低浮动推土作业,这对于仿形推土及推土机倒行平整地面作业是非常必要的。

（3）铲刀提升与固定　铲刀升降操纵阀 12 处于中右位,压力油经换向阀 12 中右位进入铲刀升降液压缸 15 小腔,同时,大腔油经阀 12 中右位到换向阀 13 和阀 14 中位回到油箱。这时铲刀液压升降缸 15 的活塞杆缩回,铲刀提升。

铲刀固定时铲刀升降操纵阀 12 处于中位。这时铲刀液压缸进、出油口被封闭,铲刀依靠换向阀的锁紧作用停留固定在某一位置。

8.1.3　ZL50 型装载机液压系统分析

1. 装载机液压系统的工作原理

按行走系统结构的不同,装载机分为轮式装载机和履带装载机。下面以 ZL50 型轮式装载机为例分析其液压系统,其液压系统如图 8-4 所示。

ZL50 型装载机液压系统包括工作装置系统和转向系统。工作装置系统又包括动臂升降液压缸工作回路和转斗液压缸工作回路,两者构成串并联回路（互锁回路）。转斗液压缸换向阀 5 离开中位后即切断动臂液压缸换向阀 6 的油路。欲使动臂液压缸 6 动作必须使转斗液压缸换向阀 5 回复中位。因此,动臂与铲斗不能进行复合动作,所以各液压缸推力较大。这是装载机广泛采用的液压系统形式。

根据装载机作业要求,液压系统应完成下述工作循环:铲斗翻转收起（铲装）,动臂提升锁紧（转运）,铲斗前倾（卸载）,动臂下降。

1）铲斗收起与前倾

铲斗的收起与前倾由转斗液压缸工作回路实现。当操纵换向阀 5 处于右位,泵 2、3 输出的压力油经换向阀 5 右位进入转斗液压缸大腔,其小腔油液经换向阀 5 右位回油箱 17。此时,转斗液压缸活塞杆伸出,通过摇臂斗杆带动铲斗翻转收起铲斗。

当操纵换向阀 5 处于左位,泵 2、3 来油经换向阀 5 左位进入转斗液压缸小腔,活塞杆缩回,通过摇臂斗杆推动铲斗前倾卸载。

当操纵换向阀 5 处于中位,转斗液压缸进、出油口被封闭,依靠换向阀的锁紧作用铲斗停留固定在某一位置。

2）动臂升降

动臂的升降由动臂液压缸工作回路实现。当操纵换向阀 6 处于右位,泵 2、3 提供压力油经换向阀 5 中位到换向阀 6 右位进入动臂液压缸大腔,其小腔油液经换向阀 5、6 回油箱。此时动臂液压缸的活塞伸出,推动动臂上升。当动臂提升到转运位置时,操纵换向阀 6 处于中位,动臂液压缸的进、出油口被封闭,依靠换向阀的锁紧作用使动臂固定以便转运。

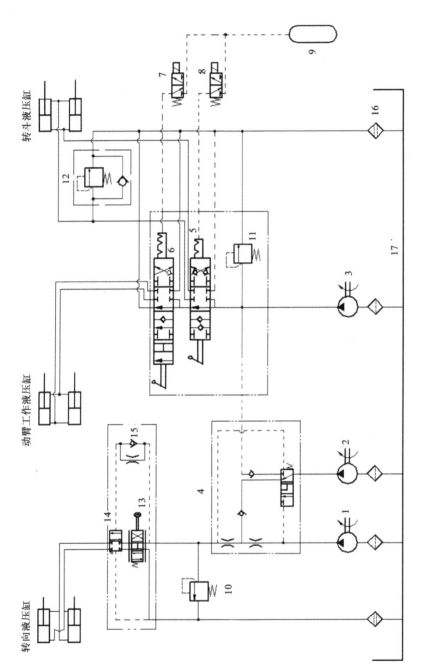

图 8-4　ZL50 型装载机液压系统图

1—转向泵;2—辅助泵;3—主泵;4—流量转换阀;5、6—换向阀;7、8—电磁阀;9—储气筒;10、11—安全阀;
12—双作用安全阀;13—随动阀;14—锁紧阀;15—单向节流阀;16—精滤油器;17—油箱

　　铲斗前倾卸载后,操纵换向阀 6 处于中左位,压力油进入动臂液压缸小腔,其大腔油液回油箱,此时动臂液压缸的活塞杆缩回,带动动臂下降。

　　当操纵换向阀 6 处于左位,动臂液压缸处于浮动状态,以便在坚硬地面上铲取物料或进行铲推作业。此时动臂能随地面状态自由浮动,以提高作业效能。此外,还能实现空斗迅速下降,并且在发动机熄火的情况下亦能降下铲斗。

　　装载机动臂要求具有较快的升降速度和良好的低速微调性能。液压缸的进油由主泵 3 和辅助泵 2 并联供油。流量总和最大可达 320 L/min。动臂处于升和降状态时,可通过控制换向阀 6 阀口开度的大小对其进行节流调速,并通过加速踏板的配合,达到低速微调。

3）装载机铰接车架折腰转向

　　装载机铰接车架折腰转向由转向液压缸工作回路实现。转向液压缸的油液主要来自转向泵 1,在发动机额定转速(1 600 r/min)下流量为 77 L/min。当发动机受到其他负荷的影响转速下降时,就会影响转向速度的稳定性,这时需要从辅助泵 2 通过流量转换阀 4 补入转向泵 1 所减少的流量,以保证转向油路的流量稳定。当流量转换阀 4 在相应位置时,也可将辅助泵剩余的压力油供给工作装置油路,以加快动臂液压缸和转斗液压缸的动作速度,缩短作业循环时间和提高生产率。

2. 装载机液压系统的特点

　　(1) 在液压系统中,动力元件 2、3 为两个并联的 CB-G 型齿轮泵,1 为 CB-46 型齿轮泵(三泵以 6135Q 型柴油机驱动)。齿轮泵 3 是工作主泵,2 是辅助泵,1 是转向泵。

　　(2) 流量转换阀 4 可通过辅助泵补充转向油路中转向泵所减少的流量,起到保证转向油路流量稳定的作用。

　　(3) 双作用安全阀 12 具有控制工作装置系统的工作压力、防止过载和缓冲补油等作用。

　　(4) 为了提高生产率和避免液压缸活塞杆伸缩到极限位置造成安全阀频繁启闭,在工作装置和换向阀上装有自动回位装置,以实现工作中铲斗自动放平。在动臂后铰点和转斗液压缸处装有自动限位行程开关。当动臂举升到最高位置或铲斗随动臂下降到与停车面正好水平的位置时,行程开关碰到触点,电磁阀 7 或 8 通电动作,气压系统接通气路,储气筒内的压缩空气进入换向阀 6 或 5 的端部,松开弹跳定位钢球,阀杆便在弹簧作用下回至中位,液压缸停止工作。当行程开关脱开触点时,电磁阀断电而回位关闭进气通道,阀体内的压缩空气从放气孔排出。

8.1.4　QY-8 型汽车起重机液压系统分析

　　在汽车底盘上装设起重设备以完成吊装任务的汽车称为汽车起重机。

1. 汽车起重机液压系统工作原理分析

　　图 8-5 所示为 QY-8 型汽车起重机液压系统。系统中,液压泵 1 为 ZBD-40 型

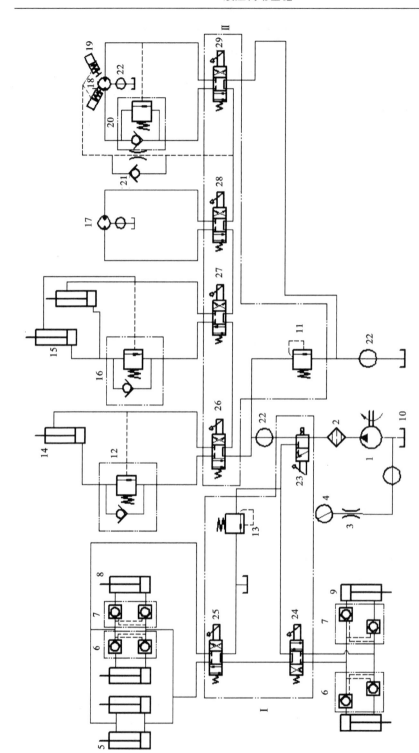

图 8-5 QY-8 型汽车起重机液压系统图

1—液压泵;2—滤油器;3—阻尼器;4—压力表;5—稳定器液压缸;6,7—液压锁;8,9—前后支腿液压缸;10—油箱;
11,13—安全阀;12,16,20—平衡阀;14—吊臂液压缸;15—变幅液压缸;17—回转液压马达;18—起升液压马达;
19—制动器液压缸;21—单向节流阀;22—中心回转接头;23,24,25—Ⅰ组多路阀;26,27,28,29—Ⅱ组多路阀轴向柱塞泵。其液压系统的油路分为两部分：伸缩变幅机构、回转机构和起升机构的工作回路组成一个串联系统，由四联多路阀组Ⅱ控制；前后支腿和稳定器机构的工作回路组成一个串并联系统，由三联多路阀组Ⅰ控制。两部分油路不同时工作。整个液压系统除液压泵 1、滤油器 2、前后支腿、稳定机构及油箱外，其他工作机构都在平台上部，因而也称为上车油路和下车油路。上部和下部的油路通过中心回转接头连接。液压系统完成如下工作循环。

1）车身支承、调平和稳定

车身液压支承、调平和稳定由支腿和稳定器工作回路实现。

操纵Ⅰ组多路阀中的换向阀 23 处于左位，换向阀 24、25 处于左位，压力油经换向阀 23、24 进入液压锁 6 和 7，再进入前（后）支腿液压缸 9(8) 大腔和稳定器液压缸 5 的大腔，其小腔油液直接经换向阀回油箱。

此时，前、后支腿液压缸活塞杆伸出，支腿支承车身。同时稳定器液压缸活塞伸出，推动挡块将车体与后桥刚性连接，稳定车身。

场地不平整时分别单独操纵换向阀 24、25，使前后支腿分别单独动作，可将车身调平。

2）吊臂变幅、伸缩

吊臂变幅、伸缩是由变幅和伸缩工作回路实现。操纵Ⅰ组多路阀中的换向阀 23 处于右位时，泵的油液供给吊臂变幅、伸缩、回转和起升机构的油路。操作换向阀 27 处于左位，液压油经阀 23 右位、中心回转接头 22、阀 26 中位、阀 27、平衡阀 16 进入变幅液压缸 15 大腔，其小腔油液经换向阀 27 左位、28、29 中位和中心回转接头 22 回油箱。此时，变幅液压缸活塞伸出，使吊臂的倾角增大。当换向阀 27 处于右位时活塞缩回，吊臂的倾角减小。操纵换向阀 26 处于左位，液压泵 1 的来油进入吊臂液压缸 14 的大腔，使吊臂伸出；换向阀 26 处于右位，则使吊臂缩回。从而实现吊臂的伸缩。

为防止吊臂在重力载荷作用下自由下降，在吊臂变幅和伸缩回路中分别设置了平衡阀 16、12，以保持吊臂倾角平稳减小和吊臂平稳缩回。同时，平衡阀又能起到锁紧作用，单向锁紧液压缸，将吊臂可靠地支承住。

当这些机构均不工作，即当Ⅱ组多路阀中所有换向阀都在中位时，泵输出的油液经Ⅱ组多路阀后又流回油箱，使液压泵卸荷。Ⅱ组多路阀中的四联换向阀组成串联油路，变幅、伸缩、回转和起升各工作机构可任意组合、同时动作，从而可提高工作效率。

3）吊重的升降

吊重的升降由起升工作回路实现。在起升机构中设有常闭式制动器液压缸 19，构成液压松开制动的常闭式制动回路。

当起升吊重时，操纵换向阀 29 处于左位，压力油经单向节流阀 21 进入制动器液压缸 19，使制动器松开；同时，压力油经换向阀 29 左位、平衡阀 20 进入起升液压马达 18。而回油经换向阀 29 左位和中心回转接头 22 流回油箱。于是起升液压马达带动卷筒回转使吊重上升。

当下降吊重时,操纵换向阀 29 处于右位。压力油使起升马达反向转动,回油经平衡阀 20 和换向阀 29 右位和中心回转接头 22 流回油箱。此时制动器液压缸 19 仍通入压力油,制动器松开,于是吊重下降。由于平衡阀 20 的作用,吊重下落时不会出现失速状况。

4)吊重回转

吊重的回转由回转工作回路实现。操纵多路阀组 Ⅱ 中的换向阀 28 处于左位或右位时,液压马达即可带动回转工作台作左右转动,实现吊重回转。QY-8 型汽车起重机回转速度很低,一般转动惯性力矩不大,所以,在回转液压马达的进、回油路中没有设置过载阀和补油阀。

滤油器 2 安装在液压泵的排油路上,这种安装方式可以保护除泵以外的全部液压元件。

为了防止滤油器因堵塞而使滤芯击穿,在滤油器进口处前安装一个压力表 4,当液压泵在卸荷状态下运转时,压力表的读数不越过 1 MPa,若大于此值必须清洗滤芯。

8.1.5　闸门双吊点液压启闭机液压同步系统分析

1. 液压启闭机液压同步系统原理分析

在大型水利水电工程中,大中型跨度闸门的启闭现一般采用双吊点液压启闭机来实现,其启闭机液压同步系统如图 8-6 所示。

在液压启闭机开启闸门的过程中,液压泵站的高压油通过三位四通换向阀 20 进入两块桥式整流板,然后分别经过调速阀 22 和电液比例调速阀 23 进入左缸和右缸的下腔,左缸和右缸上腔的液压油通过回油路回到油箱中,实现闸门的开启动作。在闸门开启过程中,闸门开度检测仪 25 以左缸的位移为基准,在线监测右缸相对于左缸的同步误差,然后将双缸的同步误差进行运算放大,以电信号的方式反馈至电液比例调速阀的电液比例机构上,在电液比例调速阀给定开度的基础上调度,以调节进入右缸的油流量,使右缸跟踪左缸的位移,实现闸门开启过程中的双缸同步运行。在液压启闭机关闭闸门的过程中,液压泵站的高压油通过三位四通换向阀 20 直接进入到左缸和右缸的上腔,左缸和右缸下腔的液压油分别通过其支路上的桥式整流板,经过调速阀 22 和电液比例调速阀 23 流回至油箱,实现闸门的关闭。在闸门关闭过程中,闸门开度仪以左缸的位移为基准,在线监测右缸相对于左缸的同步误差,然后将双缸的同步误差进行运算放大,以电信号的方式反馈至电液比例调速阀的电液比例机构上,在电液比例调速阀给定开度的基础上调节电液比例调速阀的开度,以调节流出右缸的油液流量,使右缸跟踪左缸的位移,实现闸门关闭过程中的双缸同步运行。

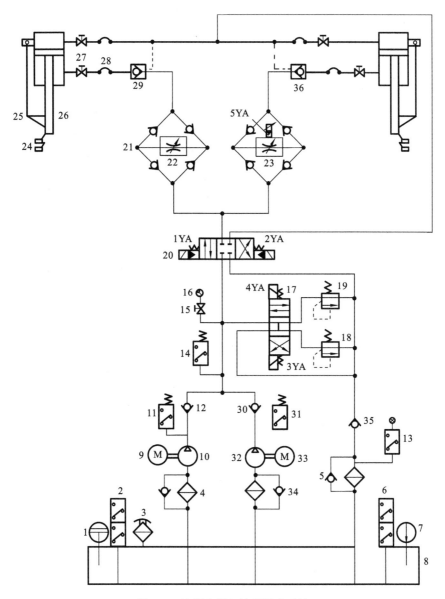

图 8-6　液压启闭机液压同步系统

1—液面计;2—液面控制器;3—空气滤清器;4、34—进油滤油器;5—回油滤油器;6—液温控制器;7—液温计;
8—油箱;9、33—电动机;10、32—液压泵;11、31—压力继电器;12、30、35—单向阀;13、14—压力继电器;
15—压力表开关;16—压力表;17—三位四通换向阀;18、19—溢流阀;20—三位四通换向阀;21—桥式整流板;
22—调速阀;23—电液比例调速阀;24—行程开关;25—开度检测仪;
26—液压缸;27—高压球阀;28—高压软管;29、36—液控单向阀闸门双吊点液压启闭机液压系统电磁铁动作表如表 8-1 所示。

表 8-1　闸门双吊点液压启闭机液压系统电磁铁动作表

	1YA	2YA	3YA	4YA	5YA
开启	+	−	+	−	+
关闭	−	+	−	+	+
卸荷	−	−	−	−	−

本系统动力元件 10 为 CBG-3200 型齿轮泵,采用双泵并联供油。液控单向阀 29、36 主要起背压作用,防止液压冲击。单向阀 12、30 起隔离作用,保护液压泵。系统为三级调压,分别由三位四通 H 型电磁换向阀 17 的左、中、右位确定,其中当阀 17 处于中位时,系统压力为零,液压泵卸荷。

8.2　液压系统设计实例——反弧门钢止水密封面同步仿形修复液压系统设计计算

反弧门钢止水修复装置主要由机械行走装置、液压伸缩装置、液压回转装置、检测装置等组成。液压驱动系统是修复装置的重要组成部分,液压驱动部分主要完成两砂轮沿反弧门钢止水密封面法线方向的进给及为磨削砂轮旋转提供动力,通过检测系统得到的输入信号,经过工业计算机的处理将作为控制信息控制伺服阀的动作来实现液压缸的进给,从而实现两磨削砂轮对反弧门上钢止水带与底坎钢止水带的同步仿形修磨功能。该液压系统主要由液压缸、液压马达、伺服阀等组成。图 8-7 为反弧门钢止水修复装置简图。

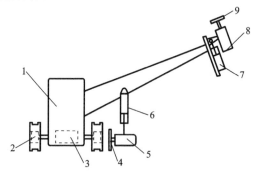

图 8-7　反弧门钢止水修复装置简图

1—减速箱;2—驱动轮;3、5、8—液压马达;4、9—上、下仿形砂轮;6、7—液压缸

8.2.1　液压系统设计要求及有关设计参数

1. 对液压系统的要求

(1)液压缸油缸动作迅速、准确。

（2）在同一高度,执行机构要保持锁紧。

（3）修复精度高。

（4）液压系统要达到同步要求。

（5）为保证液压马达速度稳定,系统应设有调速装置。

2. 液压系统设计参数

反弧门钢止水密封面同步仿形修复液压系统设计参数假设如下:

（1）液压系统结构总尺寸要求为长×宽×高≤1 500 mm×225 mm×1 500 mm;

（2）液压缸机械效率 $\eta_m=0.9$,工进速度 $v=120$ mm/min;

（3）修复误差 $\Delta \leqslant 0.3$ mm;

（4）砂轮基本转速 $n=1$ 400 r/min,驱动功率为 1.5 kW。

8.2.2　液压系统方案设计

根据上述设计要求,设计反弧门钢止水密封面同步仿形修复液压系统如图 8-8 所示,其动作循环表如表 8-2 所示。该系统工作原理如下。

表 8-2　电磁铁动作表

动　作	1DT	2DT
缸 16 活塞杆伸出	－	＋
缸 16 活塞杆缩回	＋	－
缸 17 活塞杆伸出	＋	－
缸 17 活塞杆缩回	－	＋

（1）修复装置运行速度为 0.2 m/min（由行走机构控制）,先分别进行止水带变形基准线测量、止水带堆焊层表面轮廓线检测、磨削后止水带表面粗糙度检测,将检测到的信息传递到工业计算机中进行处理。

（2）将止水带变形基准曲线 S_1、堆焊后止水带表面轮廓线 S_2 输入至工业计算机 9 中储存,以便对刀、控制进刀量及调整砂轮转速。工业计算机通过检测得到的信息对伺服阀进行控制,保证刀具沿着曲线 S_1 移动,当 S_1 曲线上升时,伺服阀 6 上位接通,油路分为两路:一路通过桥式回路 10、液控单向阀 13,进入液压缸 16 的无杆腔,推动碗形砂轮 21 及液压马达 14 向反弧门底止水板止水密封面进刀并进行磨削,通过液压缸 16 的有杆腔进行回油;另一路通过桥式回路 11、液控单向阀 12,进入液压缸 17 的有杆腔,推动平砂轮 22 及液压马达 15 向上进刀,通过液压缸 17 的无杆腔进行回油。当 S_1 曲线下降时,表明止水带堆焊层下凹,伺服阀 6 下位接通,油液分为两路:一路进入液压缸 16 的有杆腔,推动碗形砂轮 21 及液压马达 14 下移,远离反弧门底止水板止水密封面,低压油通过液压缸 16 的无杆腔、液控单向阀 13、桥式回路 10 回油箱;另一路进入液压缸 17 的无杆腔,推动平砂轮 22 及液压马达 15 向下进刀,经

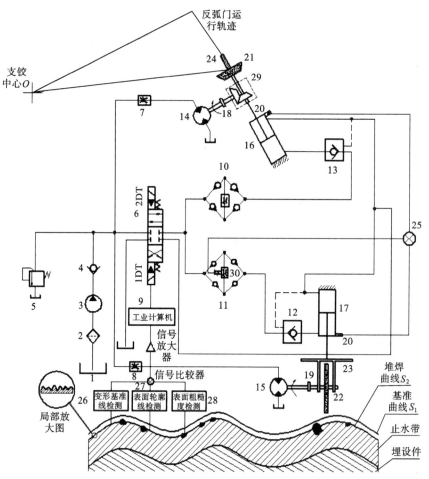

图 8-8　反弧门钢止水密封面同步仿形修复液压系统原理图

1—油箱；2—滤油器；3—液压泵；4—单向阀；5—溢流阀；6—伺服阀；7、8—调速阀；9—工业计算机；
10、11—桥式回路；12、13—液控单向阀；14、15—液压马达；16、17—液压缸；18、19—联轴器；20—开度检测仪；
21—碗形砂轮；22—平砂轮；23—砂轮架；24—底止水板；25—液压缸同步信号比较器；
26—变形基准线检测；27—表面轮廓线检测；28—表面粗糙度检测；29—换向齿轮箱；30—电液比例调速阀

过液控单向阀 12、桥式回路 11 回油箱。通过液控单向阀 12、13，桥式回路 10、11 可保持液压缸在不进给时的任意位置锁紧。从液压泵出来的油液，分别通过调速阀 7 和 8 进入液压马达 14 和 15，驱动砂轮 21、22 旋转。

（3）由于本系统有粗磨和精磨要求，因此要求砂轮有不同的转速，在粗磨时砂轮为低转速 n_1，精磨时砂轮为高转速 n_2，这要求马达能够进行调速，系统分别通过调速阀 7、8 来实现。检测得到的堆焊层表面粗糙度用以判断是否需要精磨及重复磨削。对于液压缸 16、17，考虑其工进速度为匀速 v_0，不要求调速，两液压缸的同步可通过将同步信号比较器 25 的同步信号输入到电液比例调速阀 30 中进行调节。

8.2.3　液压执行元件载荷力和载荷转矩计算

液压系统运行过程中,液压马达 14 驱动碗形砂轮 21 旋转,液压马达 15 驱动平砂轮 22 旋转,液压缸 16 驱动液压马达 14 与碗形砂轮 21 一起进给,液压缸 17 驱动液压马达 15 与平砂轮 22 一起进给。液压缸工作过程中,载荷是变化的,负载主要是液压马达及砂轮的重力、砂轮的磨削力;液压马达在工作过程中,载荷也是变化的,液压马达恒转矩输出,其最大工作载荷可由砂轮的最大进刀量来确定,负载主要是砂轮的转矩。

1. 液压缸的载荷计算

由相关机械设计手册选择碗形砂轮型号为 GB/T 2485—2008 BW100,平砂轮的型号为 1-350×50×75-WA45J5V-25,确定砂轮基本转速 $n=1\,400$ r/min,驱动功率为 2.5 kW。砂轮所受重力为 50 N,液压马达所受重力为 300 N,砂轮架等所受重力为 650 N,移动部件所受总重力为:$G_0=(50+300+650)\text{N}=1$ kN。

由文献[18]查得磨削力计算式为

$$F_t=\frac{P_E\eta_E}{\pi n_s d_s}\times 10^6 \tag{8-1}$$

式中　F_t——切向磨削力(N);

　　　P_E——输入功率(kW);

　　　η_E——传动效率;

　　　n_s——砂轮转速(r/s);

　　　d_s——砂轮直径(mm)。

取液压马达的效率为 0.8,$F_{t16}=\dfrac{1.5\times 0.8}{\pi\times 125\times 1\,400/60}\times 10^6\ \text{N}=130.96$ N。则由文献[18]中表 33-1 取 $F_n=2F_t$,得 $F_{n16}=2\times F_{t16}=130.96\times 2\ \text{N}=261.92$ N。液压缸 16 的最大工作载荷 $F_{\max 16}=G_0+F_{n16}=(1\,000+261.92)\text{N}=1261.92\ \text{N}=1.26$ kN。而液压缸 17 的最大工作载荷为移动部件的重力,即 $F_{\max 17}=G_0=1$ kN。

2. 液压马达的转矩计算

液压马达 14 的转矩为

$$T_{w14}=\frac{P_c}{2\pi n}=\frac{1.5\times 10^3}{2\times 3.14\times 1\,400/60}\ \text{N}\cdot\text{m}=10.24\ \text{N}\cdot\text{m}$$

两液压马达的转矩相同,故液压马达 15 的转矩 $T_{w15}=10.24$ N·m。取液压马达的机械效率为 0.8,则其载荷转矩 $T=\dfrac{T_w}{\eta_m}=\dfrac{10.24}{0.8}\ \text{N}\cdot\text{m}=12.8\ \text{N}\cdot\text{m}$。

8.2.4　液压系统主要参数计算

1. 初选系统工作压力

根据文献[11]中的表 23.4-3 初步确定系统的工作压力为 2 MPa,按文献[19]中的表 23.4-4 取背压 $p_2 = 0.2$ MPa。

2. 计算液压缸的主要结构尺寸

1) 液压缸 16 的主要结构尺寸

液压缸 16 动作时,最大载荷 $F_{\max 16} = 1.26$ kN,按文献[19]中的式(23.4-18)计算活塞直径为

$$D = \sqrt{\frac{4F}{\pi[p_1 - p_2(1 - \phi^2)]}} \tag{8-2}$$

式中 F——外载荷(N);

　　　p_1——液压缸的进油压力(MPa);

　　　p_2——液压缸的排油压力(MPa);

　　　ϕ——杆径比。

暂不考虑压力损失,则 $p_1 = 2$ MPa,$p_2 = 0.2$ MPa,杆径比 ϕ 按文献[19]中的表 23.4-5 取 0.5,求得液压缸的活塞直径为

$$D_{16} = \sqrt{\frac{4 \times 1.26 \times 10^3}{3.14 \times [2 - 0.2 \times (1 - 0.5^2)] \times 10^6}} \text{ m} = 0.030 \text{ m}$$

按文献[19]中的表 23.4-7 取 $D_{16} = 40$ mm,由于 $\phi = d/D$,则 $d_{16} = \phi D_{16} = 0.5 \times 40$ mm $= 20$ mm,参考文献[18]中的表 23.4-8 取 $d_{16} = 22$ mm。

2) 液压缸 17 的主要结构尺寸

液压缸 17 动作时,最大载荷 $F_{\max 17} = 1$ kN,活塞杆受拉,则

$$D_{17} = \sqrt{\frac{4 \times 1 \times 10^3}{3.14 \times [2 - 0.2 \times (1 - 0.5^2)] \times 10^6}} \text{ m} = 0.029 \text{ m}$$

按文献[19]中的表 23.4-7 取 $D_{17} = 40$ mm,杆径比 ϕ 按文献[19]中的表 23.4-5 取 0.5,由于 $\phi = d/D$,则 $d_{17} = \phi D_{17} = 0.5 \times 29 = 14.5$ mm,根据文献[19]中的表 23.4-8 取 $d_{17} = 22$ mm。

3. 液压马达的排量计算

液压马达是单向旋转的,其回油直接回油箱,机械效率为 0.8,由文献[11]中的式(2.1a)可得

$$V_{14} = \frac{2\pi T_{w14}}{p_1 \eta_m} = \frac{2 \times 3.14 \times 10.24}{2 \times 10^6 \times 0.8} \text{ m}^3/\text{r} = 4.0 \times 10^{-5} \text{ m}^3/\text{r}$$

同理可得,$V_{15} = 4.0 \times 10^{-5}$ m^3/r。

4. 执行元件的实际工作压力计算

1) 液压缸 16 的工作压力

由文献[11]中的式(23.4-17)计算,液压缸 16 工作阶段的压力为

$$p_{16} = \frac{F_{\max 16} + p_2 A_2}{A_1} \tag{8-3}$$

式中　A_1——无杆腔活塞的有效面积(m^2)；

　　　A_2——有杆腔活塞的有效面积(m^2)。

$$A_1 = \frac{\pi}{4}D_{16}{}^2 = \frac{1}{4} \times 3.14 \times 0.04^2 \ \text{m}^2 = 1.256 \times 10^{-3} \ \text{m}^2$$

$$A_2 = \frac{\pi}{4}(D_{16}{}^2 - d_{16}{}^2) = \frac{1}{4} \times 3.14 \times (0.04^2 - 0.022^2) \ \text{m}^2 = 8.76 \times 10^{-4} \ \text{m}^2$$

则　　　　　$$p_{16} = \frac{1.26 \times 10^3 + 0.2 \times 10^6 \times 8.76 \times 10^{-4}}{1.256 \times 10^{-3}} \ \text{Pa} = 1.14 \ \text{MPa}$$

2）液压缸 17 的工作压力

液压缸 17 的 $A'_1 = 1.256 \times 10^{-3} \ \text{m}^2$、$A'_2 = 8.76 \times 10^{-4} \ \text{m}^2$，则

$$p_{17} = \frac{F_{\max 17} + p_2 A'_2}{A'_1} = \frac{1 \times 10^3 + 0.2 \times 10^6 \times 8.76 \times 10^{-4}}{1.256 \times 10^{-3}} \ \text{Pa} = 0.94 \ \text{MPa}$$

3）液压马达的工作压力

液压马达的工作压力按文献[20]中的式(2.1c)计算，即

$$p_1 = \frac{2\pi T_1}{V_1} \tag{8-4}$$

式中　p_1——液压马达的工作压力(MPa)；

　　　T_1——液压马达的实际转矩($\text{N} \cdot \text{m}$)；

　　　V_1——液压马达的排量(m^3/r)。

前面的计算已得到 $T_1 = T = 12.8 \ \text{N} \cdot \text{m}$，$V_1 = V_{14} = 4.0 \times 10^{-5} \ \text{m}^3/\text{r}$，则

$$p_1 = \frac{2 \times 3.14 \times 12.8}{4.0 \times 10^{-5}} \ \text{Pa} \approx 2 \ \text{MPa}$$

根据实际情况，取其工作压力为 $p_1 = 2.2 \ \text{MPa}$。

5．执行元件实际所需流量的计算

进给阶段各油缸运动速度较慢，假设 $v_1 = 120 \ \text{mm/min} = 0.002 \ \text{m/s}$，则上移阶段液压缸的输入流量为

$$q_1 = A_1 v_1 = 0.002 \times 1.256 \times 10^{-3} \ \text{m}^3/\text{s} = 0.00251 \times 10^{-3} \ \text{m}^3/\text{s} = 0.151 \ \text{L/min}$$

下移阶段液压缸的输入流量为

$$q_2 = A_2 v_1 = 0.002 \times 8.76 \times 10^{-4} \ \text{m}^3/\text{s} = 0.0018 \times 10^{-3} \ \text{m}^3/\text{s} = 0.108 \ \text{L/min}$$

液压马达 14、15 的输入流量为

$$q = nV = 1\ 400 \times 4 \times 10^{-5} \ \text{m}^3/\text{min} = 56 \ \text{L/min}$$

8.2.5　液压元件的选择

1．液压泵的选择

1）液压泵工作压力的确定

$$p_\text{p} \geqslant p_1 + \sum \Delta p \tag{8-5}$$

式中　　p_1——液压执行元件的最高工作压力,对于本仿形系统,最高压力为 2.2 MPa;

　　　　$\sum \Delta p$——泵到执行元件间总的管路损失,取 $\sum \Delta p = 0.3$ MPa。

则液压泵的工作压力为

$$p_P \geqslant (2.2 + 0.3) \text{ MPa} = 2.5 \text{ MPa}$$

因此,液压泵的额定压力可以取为$(2.5 + 2.5 \times 25\%)$ MPa $= 3.125$ MPa。

2)液压泵流量的确定

$$q_{VP} \geqslant K \left(\sum Q_{max} \right) \tag{8-6}$$

由前面计算可知,$\sum Q_{max} = (56 \times 2 + 0.108 + 0.151)$ L/min $= 112.3$ L/min,取泄漏系数 K 为 1.1,求得液压泵流量为

$$q_{VP} \geqslant 112.3 \times 1.1 \text{ L/min} = 123.5 \text{ L/min}$$

按文献[11]中的表 23.5-21 选用 V_4-1-90S/y-JL 型叶片泵,排量为 90 mL/r,额定压力为 6.3 MPa,压力调节范围为 1.5~6.3 MPa,转速调节范围为 750~1 800 r/min。

2. 电动机的选择

本系统在工作工程中,液压马达需要调速,所以系统的压力和流量都是变化的,按较大的功率段来确定电动机功率。

由文献[11]中的式(23.4-24)得

$$P = \frac{p_P q_{VP}}{\eta_P} \tag{8-7}$$

式中　　p_P——液压泵的供油压力(MPa);

　　　　q_{VP}——液压泵的流量(L/min);

　　　　η_P——液压泵的总效率。

由前面的计算可知,泵的供油压力为 $p_P = 2.5$ MPa,由文献[10]中的表 23.4-9 取泵的总效率 $\eta_P = 0.75$,则

$$P = \frac{2.5 \times 10^6 \times 90 \times 10^{-6} \times 1\ 800}{0.75 \times 60} \text{W} = 9 \text{ kW}$$

由文献[12]选择 Y160L-4 型电动机,其同步转速为 1 500 r/min,额定功率为 15 kW。

3. 液压阀的选择

主要根据阀的工作压力和通过阀的流量选择液压阀。本系统工作压力在 2 MPa 左右,所以液压阀都选用低压阀。所选阀的规格型号如表 8-3 所示。

4. 液压缸的计算与选择

1)液压缸的行程

据实际要求和文献[11]中的表 20-6-2,取活塞行程 $S = 0.04$ m。

表 8-3　液压阀选型明细表

阀件序号	名　　称	实际流量/(L/min)	选 用 规 格
4	单向阀	120	C1-T-10-04-50
5	溢流阀	100	DBD-S-G11/2-G-10-2.5
6	伺服阀	160	DSHG-03-3C
7	调速阀	56	Q-H32
8	调速阀	56	Q-H32
12	液控单向阀	0.151	Z2S-10-20
13	液控单向阀	0.151	Z2S-10-20
30	电液比例调速阀	130	ZFRE1040B60Q

2）活塞的理论推力和拉力

由文献[11]中的表 20-6-3 中公式计算得活塞杆伸出时的理论推力为

$$F_1 = \frac{\pi}{4} D^2 p \times 10^6 \tag{8-8}$$

式中　p——供油压力(MPa)；

　　　D——活塞直径(m)；

　　　d——活塞杆直径(m)。

已计算出液压缸 16 的工作压力 $p_{16}=1.14$ MPa,液压缸 17 的工作压力 $p_{17}=0.94$ MPa,则液压缸 16 活塞伸出时的理论推力为

$$F_1 = \frac{\pi}{4} \times 0.04^2 \times 1.14 \times 10^6 = 1.4 \text{ kN}$$

液压缸 17 活塞伸出时的理论推力为

$$F_2 = \frac{\pi}{4} \times 0.04^2 \times 0.94 \times 10^6 = 1.2 \text{ kN}$$

3）液压缸的功和功率

由文献[11]中的表 20-6-3 中公式计算得功率为

$$P = pq \tag{8-9}$$

式中　p——工作压力(Pa)；

　　　q——输入流量(m³/s)。

液压缸 16 的工作压力为 1.14 MPa,输入流量为 0.151 L/min,则

$$P_{16} = \frac{1.14 \times 10^6 \times 0.151 \times 10^{-3}}{60} \text{ W} = 2.87 \text{ W}$$

液压缸 17 的工作压力为 0.94 MPa，输入流量为 0.151 L/min，则

$$P_{17} = \frac{0.94 \times 10^6 \times 0.151 \times 10^{-3}}{60} \text{ W} = 2.37 \text{ W}$$

4）液压缸的总效率

由文献[11]中的表 20-6-3，液压缸的总效率为

$$\eta_t = \eta_m \eta_v \eta_d \tag{8-10}$$

式中　η_m——机械效率，取 $\eta_m = 0.9$；

　　　η_v——容积效率，取 $\eta_v = 1$；

　　　η_d——作用力效率。

作用力效率是由排油口受压所产生的反向作用力造成，当活塞杆伸出时有

$$\eta_d = \frac{p_1 A_1 - p_2 A_2}{p_1 A_1} \tag{8-11}$$

式中　p_1——当活塞杆伸出时为进油压力，当活塞杆缩回时为排油压力（MPa）；

　　　p_2——当活塞杆伸出时为排油压力，当活塞杆缩回时为进油压力（MPa）；

　　　A_1——无杆腔面积（m^2）；

　　　A_2——有杆腔面积（m^2）。

根据前面的选择和计算，$A_1 = 1.256 \times 10^{-3} \text{ m}^2$，$A_2 = 8.76 \times 10^{-4} \text{ m}^2$；背压 0.2 MPa，液压缸 16 的工作压力为 1.14 MPa，则

$$\eta_{d16} = \frac{1.14 \times 1.256 \times 10^{-3} - 0.2 \times 8.76 \times 10^{-4}}{1.14 \times 1.256 \times 10^{-3}} = 0.88$$

液压缸 17 的工作压力为 0.94 MPa，则

$$\eta_{d17} = \frac{0.94 \times 1.256 \times 10^{-3} - 0.2 \times 8.76 \times 10^{-4}}{0.94 \times 1.256 \times 10^{-3}} = 0.85$$

则得到活塞杆伸出时液压缸 16、17 的总效率分别为

$$\eta_{t16} = 0.9 \times 1 \times 0.88 = 0.79$$

$$\eta_{t17} = 0.9 \times 1 \times 0.85 = 0.77$$

当活塞杆缩回时

$$\eta_d = \frac{p_2 A_2 - p_1 A_1}{p_2 A_2} \tag{8-12}$$

则有

$$\eta_{d16} = \frac{1.14 \times 8.76 \times 10^{-4} - 0.2 \times 1.256 \times 10^{-3}}{1.14 \times 8.76 \times 10^{-4}} = 0.75$$

$$\eta_{d17} = \frac{0.94 \times 8.76 \times 10^{-4} - 0.2 \times 1.256 \times 10^{-3}}{0.94 \times 8.76 \times 10^{-4}} = 0.69$$

得到活塞杆缩回时液压缸 16、17 的总效率分别为

$$\eta_{t16}=0.9\times1\times0.75=0.68$$

$$\eta_{t17}=0.9\times1\times0.69=0.62$$

由前面的计算知两液压缸的活塞直径 $D=40\ mm,d=22\ mm$。由文献[11]中的表 20-6-35 选择 DG-J40C-E1L 型液压缸,采用尾部长方法兰式连接方式。所选液压缸技术参数及外形尺寸如表 8-4 所示。

表 8-4　液压缸参数

缸径 D/mm	活塞杆直径 d/mm	活塞面积/mm²		最大行程 /mm	XC /mm	XA /mm
		无杆面积	有杆面积			
40	22	12.57	8.76	1500	200	226

5. 液压马达的选择

在前面已经求得液压马达的排量为 0.04 L/r,正常工作时,输出转矩为 10.24 N·m,系统工作压力为 2 MPa。

由文献[11]中的表 20-5-68 选择 M-MFB45-RSG-10-C-R-10-032-PRC 型液压马达,排量为 94.5 mL/r,最高转速为 2 400 r/min,最高工作压力为 17.2 MPa,最大输出转矩为 258 N·m。

6. 管件计算与选择

1）管路内径计算

由文献[10]中的式(23.4-29)有

$$d=\sqrt{\frac{4q_v}{\pi v}}\tag{8-13}$$

式中　q_v——通过管道内的流量(L/min);

　　　v——管内允许流速(m/s)。

根据本系统情况,选取其中几条主要管路进行计算,其相关参数及计算结果列于表 8-5 中。

表 8-5　主要管路内径

管　　路	通过流量/(L/min)	允许流速/(m/s)	管路内径/m	实际取值/mm
泵吸油管	90	0.8	0.0488	51
泵排油管	90	4	0.022	25
调速阀进油管	0.151	4	0.009	5
液压缸进油管	0.151	4	0.009	5
马达进油管	56	4	0.0172	19

2）管件选择

为了方便布置和实现部件的相对运动,选用软管。本系统属于低压系统,所以选择以麻线或棉线编织体位骨架的低压软管。由文献[11]中的表20-8-4,选择软管,其参数如表8-6所示。

表8-6   所选管路参数

管　　路	软管型号	成品软管外径/mm		增强层外径/mm	
		最小值	最大值	最小值	最大值
泵吸油管	2 型	68.3	71.4	62.3	64.7
泵排油管	2 型	38.5	40.9	34.1	35.7
调速阀进油管	2 型	15.1	16.7	10.6	11.7
液压缸进油管	2 型	15.1	16.7	10.6	11.7
液压马达进油管	2 型	31.0	32.5	26.2	27.8

7. 油箱的计算与选型

1）初步确定油箱的有效容积

按文献[11]中的式(23.4-31),即

$$V = a_t q_v \tag{8-14}$$

式中　q_v——液压泵每分钟排出压力油的容积(m^3/min);

　　　a_t——经验系数。

已知所选泵的最大流量为 162 L/min,这样,液压泵每分钟排出压力油的体积为 0.162 m^3。参照文献[10]中的表 23.4-11,取 $a_t = 2$,算得有效容积为

$$V = 2 \times 0.162 \ m^3 = 0.324 \ m^3 = 324 \ L$$

2）油箱选型

由文献[10]中的表 20-8-160,选择 AB40-01-/0800B13ES 型油箱,其参数如表 8-7 所示。

表8-7   油箱参数

规格	重量/kg	工作容积/L	长度/mm	宽度/mm
315	135	315	640	1010

8. 管接头选择

根据文献[10]中的表 20-8-5,选择软管接头及橡胶软管总成,按文献[11]中的表 20-8-49,所选管接头标记如下。

泵吸油管

软管接头 51 Ⅰ-1000   GB/T 9065.5—2010

泵排油管

软管接头 25 Ⅰ-800 GB/T 9065.5—2010

调速阀进油管

软管接头 5 Ⅰ-500 GB/T 9065.5—2010

液压缸进油管

软管接头 5 Ⅰ-500 GB/T 9065.5—2010

液压马达进油管

软管接头 19 Ⅰ-630 GB/T 9065.5—2010

9. 过滤器选择

本系统中包含有伺服阀,按照文献[10]中的表 23.8-15,选择过滤器的过滤精度为 3~5 μm,再由文献[10]中的表 23.8-14,选择纸质滤芯的双联压力油路过滤器。

1）过滤器选型

由文献[10]中的表 23.8-27,选择 2FYD-P-C250×5 型双联压力油路过滤器。其技术参数如表 8-8 所示。

表 8-8 过滤器技术规格

额定流量 /(L/min)	过滤精度/μm	过滤 材料	额定压力 /MPa	通径 /mm	压力损失 /MPa	重量 /kg
250	5	纸质滤材	6.3	40	≤0.12	78.8

2）过滤器通油能力计算

过滤器的通油能力按下式计算:

$$q_v = \frac{K_1 A \Delta p \times 10^{-6}}{\mu} \qquad (8\text{-}15)$$

式中 q_v——过滤器通油能力（m^3/s）;

μ——液压油的动力黏度（Pa·s）;

A——有效过滤面积（m^2）;

Δp——压力差（Pa）;

K_1——滤芯通油能力系数。

L-HL22 型液压油的运动黏度为 $\nu = 20$ mm^2/s,油的密度 $\rho = 918$ kg/m^3,其动力黏度为

$$\mu = \rho\nu = 918 \times 2 \times 10^{-5} \text{ Pa·s} = 0.018 \text{ Pa·s}$$

过滤器的通径 $d = 40$ mm,它的有效过滤面积 $A = 1.2 \times 10^{-3}$ m^2,过滤器前后的压力损失 $\Delta p = 0.12$ MPa,网式滤芯通油能力系数 K_1 取 0.34,则

$$q_v = \frac{0.34 \times 1.2 \times 10^{-3} \times 0.12 \times 10^6 \times 10^{-6}}{0.018} \text{ m}^3/\text{s} = 163 \text{ L/min}$$

8.2.6　液压系统性能验算

1. 验算回路中的压力损失

由图 8-8 可以看出,管路损失较大的是两个液压缸动作回路,故主要验算由泵到两个液压缸这段管路的损失。

1) 沿程压力损失

沿程压力损失主要是液压缸进油管路的压力损失。此管路长约 2 m,管内径为 0.01 m,通过的最大流量为 0.151 L/min,按文献[10]中的表 20-4-6 选用 L-HL22 型液压油,正常工作时油的运动黏度 $\nu=20$ mm^2/s,油的密度 $\rho=918$ kg/m^3。正常工作时油在管路中的实际流速为

$$v=\frac{q_1}{\frac{\pi}{4}d^2}=\frac{0.151\times 10^{-3}}{\frac{\pi}{4}\times 0.01^2\times 60}\text{m/s}=0.03\ \text{m/s}$$

$$Re=\frac{vd}{\nu}=\frac{0.03\times 0.01}{20\times 10^{-6}}=16<2\ 300$$

油在管路中呈层流状态,按文献[10]中的表 23.2-2,其沿程阻力系数为

$$\lambda=\frac{64}{Re} \tag{8-16}$$

按文献[10]中的式(23.2-18),沿程压力损失为

$$\Delta p_1=\lambda\frac{l}{d}\frac{\rho v^2}{2}=\frac{64\times 2\times 0.03^2\times 918}{16\times 0.01\times 2\times 10^6}\ \text{MPa}=0.00033\ \text{MPa}$$

2) 局部压力损失

局部压力损失包括通过管路中折管和管接头等处的管路局部压力损失 Δp_2,以及通过控制阀的局部压力损失 Δp_3。其中,较短管路的局部压力损失相对来说小得多,故主要计算通过控制阀的局部压力损失。

参见图 8-8,从泵出口到液压缸进油口,要经过电液伺服阀,液控单向阀。电液伺服阀的额定流量为 1 L/min,额定压力损失为 0.3 MPa。液控单向阀的额定流量为 20 L/min,额定压力损失为 0.1 MPa。

由文献[11]中的式(23.4-35)得

$$\Delta p_3=\Delta p_n\left(\frac{q_v}{q_{VN}}\right)^2 \tag{8-17}$$

式中　q_{VN}——阀的额定流量(L/min);

　　　q_v——通过阀的实际流量(L/min);

　　　Δp_n——阀的额定压力损失(MPa)。

前面已经算得通过电液伺服阀和液控单向阀的流量为 0.151 L/min,则通过各阀的局部压力损失之和为

$$\Delta p_3 = \left[0.3 \left(\frac{0.151}{1} \right)^2 + 0.1 \left(\frac{0.151}{20} \right)^2 \right] \text{MPa} = 0.0068 \text{ MPa}$$

由以上计算结果可知泵到液压缸之间总的压力损失为

$$\Delta p = 2 \times (0.00033 + 0.0068) \text{ MPa} = 0.014 \text{ MPa}$$

由计算结果看,泵的实际出口压力距泵的额定压力还有一定的压力裕度,所以泵是合适的。

2. 液压系统的发热温升计算

1）计算发热功率

液压系统的功率损失全部转化为热量。按文献[10]中的式(23.4-42)计算其发热功率,即

$$P_{hr} = P_r - P_c \tag{8-18}$$

式中　P_r——液压系统的总输入功率(kW);

　　　P_c——输出的有效功率(kW)。

由文献[21]中的式(2.1a)得输入功率为

$$N = p q_v / \eta_P \tag{8-19}$$

式中　N——液压泵的功率(W);

　　　p——液压泵的工作压力(Pa);

　　　q_v——液压泵的额定流量(m^3/s);

　　　η_P——液压泵的总效率。

由前面的计算可知,液压泵的工作压力为 2.5 MPa,额定转速为 1 500 r/min,$q_v = 90 \times 1500 \times 10^{-6}/60 \text{ m}^3/\text{s} = 2.25 \times 10^{-3} \text{ m}^3/\text{s}$,按文献[19]中的表 23.4-9,取液压泵的总效率为 0.75,则液压泵输入的功率 $P_r = N = \dfrac{2.5 \times 10^6 \times 2.25 \times 10^{-3}}{0.75} \text{ W} = 7.5 \text{ kW}$。

由前面给定参数及计算结果可知：液压缸 16 的最大外载荷为 $F_{\max 16} = 1.26 \text{ kN}$,行程为 0.04 m;液压缸 17 的最大外载荷为 $F_{\max 17} = 1 \text{ kN}$,行程为 0.04 m;砂轮的驱动功率为 2.5 kW。则输出的有效功率为

$$P_c = (1.26 \times 0.04 + 1 \times 0.04 + 2.5 \times 2) \text{ kW} = 5 \text{ kW}$$

则总的发热功率为

$$P_{hr} = (7.5 - 5) \text{ kW} = 2.5 \text{ kW}$$

2）计算散热功率

根据表 8-7 得油箱的有效容积为 0.315 m^3,由文献[20]中的表 20-8-161 得油箱的内腔尺寸为：长 $L = 1\,500$ mm,宽 $B = 600$ mm,高 $H = 580$ mm。

将油箱近似看作长方体,求得油箱散热面积为

$$A_t = 2(L \cdot B + L \cdot H + B \cdot H) = 2 \times (1.5 \times 0.58 + 1.5 \times 0.6 + 0.58 \times 0.6) \text{m}^2 = 4.2 \text{ m}^2$$

根据文献[19]中的式(23.4-45)有

$$P_{hc} = K_t A_t \Delta T \tag{8-20}$$

式中　　K_t——油箱散热系数,查文献[10]中的表 23.4-12,K_t 取 17 W/(m² · ℃);

　　　　ΔT——油温与环境温度之差,取 $\Delta T = 36$ ℃。

$$P_{hc} = 17 \times 36 \times 4.2 \text{ W} = 2.57 \text{ kW} > P_{hr}$$

由此可见,油箱的散热可以满足系统散热的要求,不需另设冷却器。

复 习 题

8.1　说明 W20-100、TY320 型推土机、ZL50 型装载机、QY-8 型汽车起重机和闸门双吊点液压启闭机液压系统各自的特点。

8.2　图 8-9 为 TY180 型推土机工作装置液压系统图,试分析该系统的工作原理并评述这个液压系统的特点。

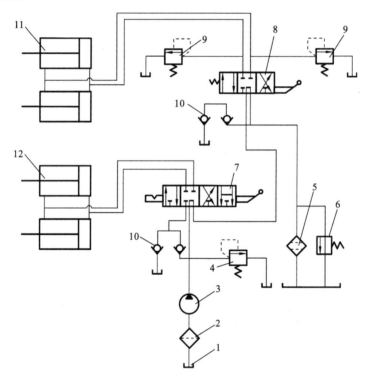

图 8-9　TY180 型推土机工作装置液压系统图

1—油箱;2—粗滤油器;3—液压泵;4—溢流阀;5—精滤油器;6—安全阀;7—推土铲油缸换向阀;

8—松土器油缸换向阀;9—过载阀;10—补油单向阀;11—松土器油缸;12—推土铲油缸

8.3　如图 8-10 所示的液压系统,若按规定的顺序接受电器信号,试列表说明各液压阀和两液压缸的工作状态。

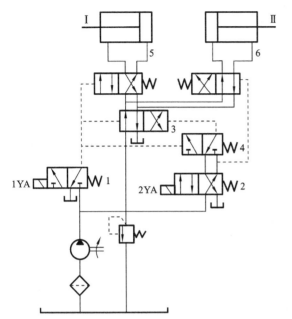

动作顺序	1YA	2YA
1	−	+
2	−	−
3	+	−
4	+	+
5	+	−
6	−	−

图 8-10   题 8.3 图

8.4   由教师给出(或自查)一水利电力装备液压系统参数,试进行液压系统设计计算(液压传动课程设计)。

第9章 液压系统的安装、使用和维护

一个设计良好的液压系统与复杂程度大致相同的机械式、电气式的机构相比,液压系统的故障发生率是较少的,但是,如果安装、调试、使用和维护不当,也会出现各种故障,以致严重影响生产。因此,液压系统的安装、调试、使用和维护在液压技术中占有非常重要的地位。

9.1 液压系统的安装、清洗与试压

9.1.1 液压系统的安装

液压系统安装质量的好坏,是关系到液压系统能否可靠工作的关键。因此必须正确、合理地完成安装过程中的每一个环节。

1. 安装前的准备

液压系统在安装前要准备好技术资料,包括液压系统原理图、电气原理图、管道布置图、液压元件(辅件)清单和有关产品样本,并对安装内容、步骤、要求进行熟悉了解。根据液压系统图和清单领出材料、标准件及非标准件,并进行必要的校验、拆洗及检测,以保证元件的质量和仪表的标准级别达到设备要求的技术指标。

2. 安装步骤

液压系统的安装包括液压管路、液压元件、辅助元件的安装等内容,一般分为如下安装步骤。

(1) 安装准备:管路下料、弯管和焊接等。

(2) 散件清洗:酸洗管路、接头、清洗油箱、元件。

(3) 回路组装:连接成清洗回路。

(4) 回路清洗:用清洗油清洗回路。

(5) 系统安装:组成正式系统。

(6) 试车调整:灌入工作用油,进行正式试车。

3. 液压管路的安装

管路连接安装在设备及液压元件安装定位后进行,安装一般分为两次:第一次为预安装(管路配置);第二次为正式安装(管路复位)。预安装是正式安装的准备和确保安装质量的必要步骤。正式安装前必须对管道进行酸洗,酸洗复位后必须对管道进行循环冲洗,以保证管道和系统的清洁。

安装吸油管和回油管时应注意下列事项。

(1) 吸油管长度尽量小,管径不能太细,以减小吸油阻力和减少气蚀现象。油泵的吸油高度一般不超过 500 mm。

(2) 一般吸油管口上都应装有滤油器,其通油能力至少是油泵额定流量的两倍。为了保证滤油器正常工作,滤油器必须在油箱油面以下 200 mm 处,滤油器至油箱底面的距离不得小于 50 mm。

(3) 吸油管口的滤油器的工作条件恶劣,极易堵塞,安装时应考虑拆卸方便。

(4) 回油管应伸至油箱油面之下,以防油液飞溅,但不得贴近箱底,以免增加阻力,造成背压。

(5) 回油管口应切成 45°的斜面,以扩大出口面积。回油管内径应大一些,这样可以减小背压。

(6) 回油管和吸油管尽可能隔开,相距太近对油液降温不利。

(7) 溢流阀的回油管离油泵的吸油管尽可能远一些,这样对油液降温有利。

安装一般连接油管应注意的事项如下。

(1) 整个油管管线尽量短一些,过渡要平滑,转弯数量要少,避免急转弯。

(2) 平行及交叉油管间距至少在 10 mm 以上,以免油管互相干扰。

(3) 油管不能在管路的转弯处与管路接合,接头只能安置在管路的直线部分上。

(4) 油管一般采用冷弯,如果采用热弯,弯毕应将管内氧化皮清除干净。

(5) 油管的切割一般应用切割机,截面与本身轴线垂直度应控制在 ±5°以内。并应仔细清除管内外切屑与飞边。

(6) 油管的连接有螺纹连接、焊接连接和法兰连接三种。螺纹连接适用于直径较小的油管,管径较大时(如油压机上的大口径油管)则用法兰连接。焊接连接成本最低,也不易泄漏,因此,在条件允许的情况下,尽量采用焊接连接。

(7) 焊接连接的油管,内壁应光滑,不应有急剧过渡。

(8) 挠性管安装时应严格控制弯曲半径。一般来说,弯曲半径至少是挠性管外径的 10 倍。

4. 液压元件的安装

1) 液压泵(马达)的安装

液压泵(马达)的安装要求如下。

(1) 液压泵和原动机间的联轴器型号及安装要求必须符合制造厂商的规定。一般而言,同轴度应在 0.1 mm 之内,两轴线倾角不大于 1°;一般采用弹性连接,避免用 V 带或齿轮直接带动泵轴转动;外露的旋转轴、联轴器必须安装防护罩。

(2) 液压泵(马达)安装底垫(板、支座)必须有足够的刚度,以防止产生振动。

(3) 液压泵旋向要正确(进、出油口不得反向安装),以免造成故障或事故。

(4) 液压泵的进油管要短而直,避免拐弯过多和截面突变;尽量安装在油箱底部;安装在油箱上部时,吸油高度一般不超过 500 mm;泵进油管路密封必须可靠,不得渗入空气,以免发生气穴和气蚀,产生振动和噪声。

2) 液压缸的安装

液压缸的安装要求如下。

(1) 液压缸的安装必须符合图样或制造厂商的规定。

(2) 如果结构允许,进、出油口的位置应位于液压缸上方,使其能自动排气或安装排气阀。

(3) 液压缸安装应牢固可靠,对于行程较长和工作环境温度偏高的场合,液压缸的一端必须保持浮动(以球面副连接),以补偿安装误差和补偿热膨胀的影响。

(4) 液压缸的安装面和活塞杆的滑动面应保持足够的平行度和垂直度,误差不大于 0.05 mm。

(5) 配管连接不得松弛;密封件(尤其 U 型密封圈)不可装得太紧;重要活塞杆要有可伸缩防尘罩。

3) 液压阀的安装

液压阀的安装要求如下。

(1) 液压阀的安装应符合制造厂商的规定。

(2) 自行设计的专用阀在安装前应按有关标准进行试验,如性能试验和耐压试验等。

(3) 要注意进出油口的方位,进、出油口对称的阀若反向安装会造成事故。有些阀件为安装方便往往开有作用相同的双孔,安装后不用的一个需堵死。对外形相似的压力阀件,安装时要特别注意区分,以免错装。

(4) 为避免空气渗入,连接处应保证密封良好。板式阀件安装时,要对各油口密封件数量、规格、压缩量等进行检查,安装螺钉(通常为 4 个或 6 个)要对称逐次均匀拧紧。逐个一次拧紧会造成阀体变形和密封圈压缩量不一致而导致漏油甚至密封件损坏。用法兰安装的阀件螺钉不能拧得太紧,因为有时拧得过紧反而造成密封不良。必须拧紧时,若原来的密封件或材料不能满足密封要求,则应予以更换。

(5) 电磁换向阀一般宜水平安装,竖直安装时电磁铁一般朝上(二位阀),设计安装板时应考虑这一因素。这一原则也适于其他类型的换向阀。

4) 油箱和辅助元件的安装

油箱和辅助元件的安装要求如下。

(1) 油箱安装前认真清洗;油箱底部应高于安装面 150 mm 以上,以便散热和放油等;必须有足够大的支承面积,以便安装时用垫片和楔块等进行调整。

(2) 蓄能器安装位置必须远离热源,禁止在蓄能器上焊接、铆接或机加工。

(3) 滤油器要注意精、粗滤油器的安装位置;为及时更换或清洗滤芯,必须安装污染指示器或测试装置。

(4) 热交换器、加热器的位置必须低于油箱最低液面允许位置,加热器表面耗散功率不高于 1 W/cm², 并安装有温度计或其他测温装置。

9.1.2 液压系统的清洗

1. 第一次清洗

液压系统的第一次清洗是在预安装（试装配管）后，将管路全部拆下解体进行的。其目的是将管道和各元件中的金属毛刺、粉尘、油漆涂料等污物进行清洗。

操作重点是酸洗管路、清洗油箱及各类元件。

管路酸洗的方法如下。

（1）脱脂初洗　去掉油管上的毛刺，用氢氧化钠、硫酸钠等脱脂（去油）后，再用温水清洗。

（2）酸洗　在质量分数 20%～30% 的稀盐酸或质量分数 10%～20% 的稀硫酸溶液（溶液温度为 40～60 ℃）中浸渍和清洗 30～40 min 后，再用温水清洗。清洗管子须经振动或敲打，以促使氧化皮脱落。

（3）中和　在质量分数 10% 的碳酸钠溶液（溶液温度为 30～40 ℃）中浸渍和清洗 15 min，再用蒸汽或温水清洗。

（4）防锈处理　在清洁干净的空气中干燥后，涂上防锈油。

当确认清洗合格后，即可进行第二次安装。

2. 第二次清洗

液压系统的第二次清洗是在第一次安装连成清洗回路后进行的系统内部循环清洗。对于从制造厂购进的液压设备，若确定设备已按要求清洗干净，则可只对在现场加工、安装部分进行清洗。

1）清洗的准备

（1）清洗油的准备　清洗油最好选择被清洗机械设备的液压系统工作用油或试车用油。不允许使用煤油、汽油或蒸汽等作清洗介质，以免腐蚀液压元件、管道和油箱。清洗油的用量通常为油箱内油量的 60%～70%。

（2）滤油器的准备　清洗管道上应连接临时的回油滤油器，通常选用过滤精度如 250 mm、99 μm 的滤油器，供清洗初期和后期使用。

（3）清洗油箱　液压系统清洗前，首先应对油箱进行清洗。清洗后，用绸布或面团等将油箱擦干净，才能注入清洗用油，不允许用棉布或棉纱擦洗油箱。

（4）加热装置的准备　清洗油一般对非耐油橡胶有油溶蚀能力，若加热到 50～80 ℃，则容易清除管道内的橡胶泥渣等物。

2）清洗

清洗前，将溢流阀在其入口处临时切断，将液压缸进出油口隔开，在主油路上连接临时通路。对于较复杂的液压系统，可以考虑分区对部分油路进行清洗。

　　清洗时,一边使泵运转,一边将油液加热,使油液在清洗回路中自行循环清洗。在清洗初期,使用 177 μm 的过滤网,到预定清洗时间的 60% 时,可换用 99 μm 的过滤网。

　　第二次清洗结束后,液压泵应在油液温度降低后停止运转,以免外界湿气引起锈蚀。对油箱内的清洗油全部清洗干净,同时,按清洗油箱的要求将油箱再次清洗一次,符合要求后再将液压缸、阀等连接起来,为液压系统第二次安装组成正式系统后的试车做好准备。

9.1.3　液压系统的试压

　　液压系统试压一般都采取分级试验,每升一级检查一次,逐步升到规定的试验压力,这样可避免事故发生。

　　试验压力常为系统常用工作压力的 1.5～2 倍,高压系统中选 1.2～1.5 倍,在冲击大或压力变化剧烈的回路中,其试验压力应大于尖峰压力,对于橡胶软管,在 1.5～2 倍的正常工作压力下应无异状,在 2～3 倍的正常工作压力下应不被破坏。

9.2　液压系统的使用

9.2.1　日常检查

　　液压系统的日常检查主要有以下内容:
　　(1) 油箱中的油量和油液温度;
　　(2) 各密封部位和管接头等处的漏油情况;
　　(3) 溢流阀和其他压力阀压力调节处螺钉是否松动;
　　(4) 其他检查,如局部温度是否正常、滤清器两端压力差是否超过规定值和油液清洁度等。

9.2.2　液压油的使用和维护

　　油液的清洁度对液压系统的可靠性至关重要,在正确选用油液以后,还必须使油液保持清洁,防止油液中混入杂质和污物。

　　1. 液压油合理使用的要点
　　(1) 验明油液的品种和牌号　使用前,经验收证明油液的品种、牌号和性能等均应符合和满足预先设计要求后方能使用。
　　(2) 使用前过滤　新油并不清洁,因为在炼制、分装、运输和储存过程中,可能会有固体污染物和水分浸入。
　　(3) 灌液前液压系统应彻底清洗干净　新系统首次使用及刚维修过的系统投入

使用前,均需彻底清洗干净,即便是更换油液时,也要用新换的油液清洗 1～2 遍,直到清洗后油液的污染度达到规定要求为止。

(4) 油液不能随意混用　未经液压设备生产厂家同意和没有足够的科学根据时,不得随意与不同黏度等级的油液或即使是同一黏度等级但不是同一厂家的油液混用,更不得与其他类别的油液混用。

(5) 严格进行污染控制　应特别注意防止水分、空气及固体杂质等污染物浸入液压系统。

(6) 按换油标准及时换油。

(7) 加入系统的油液量应达到油箱油位指示标准。

2. 油液的净化

油液净化的要求主要有以下几方面:固体颗粒物的滤除;游离水和吸收水的去除;游离空气和溶解空气的去除;油液氧化和降解产物的去除等。

对于固体颗粒物的滤除,所采用的方法是利用过滤器和过滤机对油液进行过滤。过滤是目前液压系统应用最广泛的油液净化方法,其工作原理是利用多孔介质滤除悬浮在油液中的固体颗粒物。

过滤器按其在液压系统中的作用,可以分为用以控制油液污染度的过滤器和保护个别元件的过滤器。前者要求有足够的过滤精度,使系统中的油液达到要求的目标清洁度,以防止元件的磨损失效和淤积故障;后者直接设置在被保护的元件上游,主要防止在意外情况下较大的颗粒进入元件,以免引起损坏或突发性故障。

去除油液中的水分,常采用的方式有真空法和聚结分离法。

真空法的工作原理是将油液连续从顶部注进真空室内,并通过喷嘴喷淋而下,油液中的水在真空室内气化,水蒸气被真空泵抽走,经冷凝器凝结成水,脱水后的油液从真空室底部排除,如图 9-1 所示。

为了使油液中的水充分汽化,在真空室中部可填充亲油的疏松材料(如不锈钢或尼龙),使油液充分分散在充填材料表面,以增大气液两相界面面积,并延长油液在气相空间的停留时间。

聚结分离法的工作原理如图 9-2 所示。油液首先流经亲水的凝结介质(如玻璃纤维等),由于介质表面对水的亲和作用,水分微粒被吸附在纤维表面。随着吸附的水分的增多,形成大颗的水珠,从而穿过纤维介质并在重力的作用下沉降而与油液分离。

为了使聚结的水珠全部从油液中分离出来,在紧靠聚结介质的下游设置亲油疏水的介质,将水珠拦截。这种介质可采用喷涂聚四氟乙烯的不锈钢网或疏水的纤维。聚结脱水装置对于黏度低和不含表面活性剂的石油基油液具有很好的出水效果,但是对于干黏度的和含有各种添加剂的油液,其脱水效果并不理想。

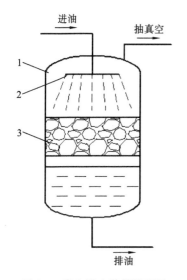

图 9-1　真空排水装置原理图

1—真空室；2—喷淋装置；3—填充物

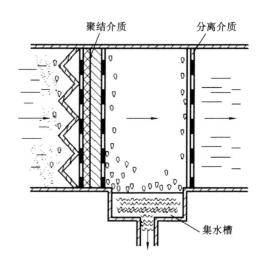

图 9-2　聚结脱水法工作原理

9.3　液压系统的调整

9.3.1　液压系统试车

在液压系统正式试车前，加入实际运转时所用的工作油液，启动液压泵，使整个系统得到充分的润滑，此时液压泵在卸荷状况下运转。

使系统在无负载状况下运转，先使液压缸活塞顶在缸盖上，或使运动部件顶死在挡铁上（若为液压马达，则固定输出轴），将溢流阀逐渐调节到规定压力值。然后，让液压缸以最大行程多次往复运动，或使液压马达转动，打开系统的排气阀排出积存的空气。检查安全防护装置（安全阀、压力继电器等）工作的正确性和可靠性，从压力表上观察各油路的压力，并调整安全防护装置的压力值，使其在规定范围内。检查各液压元件及管道的外泄漏、内泄漏是否在允许范围内。空载运转一定时间后，检查油箱的液面下降是否在规定高度范围内，对于液压机构和管道容量较大而油箱偏小的机械设备，这个问题要引起特别的重视。

与电器配合调整自动工作循环或顺序动作，检查各动作的协调和顺序是否正确；检查启动、换向和速度换接时运动的平稳性，不应有爬行、跳动和冲击现象。

液压系统连续运转一段时间（一般是 30 min）后，油液的温升应在规定值内（一般工作油温为 35～60 ℃）。

之后将液压系统按设计要求在预定的负载下进行负载试车，一般是在低于最大负载时的一、二种情况下试车,如果一切正常,再进行最大负载试车。

9.3.2　液压系统的调整

液压系统的调整一般在系统安装、试车过程中进行,在使用过程中也可随时进行一些项目的调整。

1. 液压泵工作压力

调节泵的安全阀或溢流阀,使液压泵的工作压力比执行机构最大负载时的工作压力大 10%～20%。

2. 压力继电器的工作压力

调节压力继电器的弹簧,使其低于液压泵工作压力 0.3～0.5 MPa。

3. 工作部件的速度及其平稳性

调节节流阀、调速阀、变量泵或变量马达、润滑系统及密封装置,使工作部件运动平稳,不允许有外泄漏。

一般液压系统最合适的工作温度为 40～50 ℃。在此温度下工作时,液压元件的效率最高,油液的抗氧化性处于最佳状态。如果工作温度超过 80 ℃,油液将早期劣化,使黏度超出使用范围,油膜容易破坏,液压件容易烧伤等。因此,液压油的工作温度不宜超过 70 ℃。

在环境温度较低的情况下运转调试时,由于油的黏度增大,压力损失和泵的噪声增加,效率降低,也容易损伤元件。当环境温度在 10 ℃以下时,要采取预热措施,当油温升到 10 ℃以上时,再进行正常运转。

9.4　液压系统的典型故障和排除

液压系统的故障是多种多样的,这些故障有的是由系统中某一元件引起的,有的是由系统中多个元件综合引起的,有的也可能是由液压油污染、变质等其他因素引起的。即使是同一故障现象,故障产生的原因也可能不一样。因此,液压系统出现故障时,必须对故障进行分析、诊断,确定发生故障的部位及故障的性质和原因,然后予以排除。

液压系统的工作介质是流动状态的液体,控制元件又主要是靠机械动作改变阀口状态(控制开闭或控制阀口大小)来实现的。液压系统的故障既不像机械系统故障那样容易观察,也不像电气系统故障那样容易检测。

9.4.1　液压系统典型故障特征

液压系统典型故障特征如表 9-1 所示。

表 9-1　液压系统典型故障特征

故障特征	主 要 表 现
压力不正常	（1）工作压力不能建立； （2）工作压力不能升到调定值； （3）工作压力不稳定
流量不正常 （速度不正常）	（1）执行机构运动速度不能调整到应调整的速度范围； （2）速度不稳定（高速时产生冲击，低速时出现爬行，速度随负载变化而变化等）； （3）速度转换不正常
液压冲击	（1）产生剧烈振动和噪声； （2）测量仪表损坏； （3）管路破裂； （4）连接件松动等
噪声及 振动过大	（1）噪声和振动超过正常工作值； （2）噪声主要部位为泵、溢流阀和回油管出油口处； （3）振动主要部位为执行元件、管路系统及各元件
油温过高	（1）各液压件明显发热； （2）油温超过正常范围； （3）油黏度明显减小
泄漏	（1）系统压力调不高； （2）执行机构速度不稳定； （3）系统发热； （4）压力阀产生噪声和振动； （5）控制元件失灵； （6）油从系统溢出，污染环境
爬行	低速时速度跳跃进行，时走时停
液压卡紧	阀元件卡死，运动件不能运动使阀运动失灵
气穴现象	油液泡沫化，同时，产生噪声和振动，导致系统压力、速度不正常

9.4.2　液压系统故障诊断常规程序

　　液压系统故障诊断是指根据故障现象，观察、分析并找出故障产生的原因及元件。其常规诊断程序如下。

　　第 1 步：液压系统的故障，如没有运动，运动不稳定，运动方向不正确，运动速度不符合要求，力输出不稳定及爬行、噪声、油温急剧升高等，无论什么原因，都可从流量、压力和方向三大问题中反映出来。因此，故障诊断的第一步是根据故障现象，分析、测量系统流量、压力，观察运动方向，初步确定故障发生的原因。

第2步:审核液压回路图,分析检查每个元件,确认其性能和作用,并初步评定其质量状况。

第3步:列出与故障可能有关的元件清单,进行阻隔分析(绝不可遗漏对故障有重大影响的元件)。

第4步:对清单中所列元件按其故障的可能性概率大小和元件检查的难易排列检查顺序。必要时,列出重点检查的元件和元件重点检查的部位,安排检测仪器等。

第5步:对清单中列出的元件进行初检(首先检查重点元件)。初检时应判断以下一些问题:① 元件的使用和安装是否合适;② 元件的测量装置、仪器和测试方法是否合适;③ 元件的外部信号是否合适;④ 对外部信号是否响应等。特别要注意某些元件的故障先兆,如温度过高,噪声增大,振动和泄漏增大等。

第6步:如果初检未找出故障,要用仪器反复进行检查。

第7步:对找出的故障元件进行修理或更换。

第8步:重新启动,试运行。在重新启动试机前应认真考虑这次故障的原因及后果,考虑其他元件也出现故障的可能性和补救措施等。

9.4.3　液压系统常见故障诊断及排除方法

表9-2列出了一般液压系统常见故障诊断及排除方法。

表9-2　液压系统常见故障诊断及排除方法

故障现象	产 生 原 因	排 除 方 法
系统泄漏严重	(1)外泄漏: ① 间隙密封的间隙过大; ② 密封件质量差或损坏; ③ 系统回路设计不合理,泄漏环节多及回路不畅通; ④ 油温高导致黏度下降。 (2)内泄漏: ① 间隙运动副达不到规定精度; ② 工艺孔内部击穿,高压腔与低压腔串通; ③ 封油长度短或面积小; ④ 油的黏度小,系统压力大	(1)外泄漏: ① 重新配研配合件间隙; ② 更换密封件; ③ 改进系统回路设计,减少泄漏环节及疏通回油路; ④ 选用合适的液压油。 (2)内泄漏: ① 提高制造精度,满足设计要求; ② 修复或更换有关元件及连接阀块; ③ 改进有关零件结构设计; ④ 选用合适的液压油及适当调整压力
气穴与气蚀	(1)电动机转速过高,液压泵吸油管太短,过滤器堵塞,吸油管孔径小; (2)油液通过节流孔时速度高、压力低,造成气穴; (3)空气浸入油液,使油发白起泡	(1)降低电动机转速,合理安排吸油管及增大管径和管长,清洗过滤器; (2)适当降低油液流动速度和增加油液局部压力; (3)检查液压泵和吸油管等处的内外泄漏情况,防止空气混入

故障现象	产生原因	排除方法
液压系统发热	(1) 液压系统设计不合理,工作中压力损失大; (2) 液压泵内外泄漏严重; (3) 系统压力过高增加压力损失; (4) 机械摩擦大,产生摩擦热: ① 元件制造精度低; ② 运动件润滑不良; ③ 密封件质量差。 (5) 油箱容量小,散热条件差; (6) 环境温度高或散热器工作不正常	(1) 改进设计减少功率损失,采取散热措施; (2) 检修液压泵,防止泄漏; (3) 重新调整系统压力使之适当; (4) 减小摩擦: ① 提高元件制造和转配精度; ② 改善润滑条件; ③ 选用质量好的密封件。 (5) 增加油箱容积; (6) 采取措施降低环境温度,修复散热器
振动及噪声大	(1) 液压泵或液压马达工作不正常; (2) 由于液压控制阀选择不当或失灵; (3) 液压泵吸空现象: ① 液压泵吸油管泄漏或吸油管深度不够吸入大量空气; ② 过滤器堵塞和油箱油液不足。 (4) 液压泵吸入系统有气穴; (5) 管路系统和机械系统振动	(1) 检修液压泵和液压马达,严重时更换液压泵和液压马达; (2) 修复或更换液压控制阀; (3) 消除吸空现象: ① 检修吸油管和调整吸油管长度; ② 清洗过滤器和加足液压油。 (4) 校核吸油管直径和长度,选择黏度合适的液压油; (5) 检查电动机及液压泵,消除自身振动及管路系统的振动
液压卡紧	(1) 换向阀设计不合理,制造精度差及运动磨损; (2) 油液污染,尤其是系统密封件的残片和油液中的颗粒堵塞; (3) 油温升高,阀芯与阀孔膨胀系数不等造成阀芯卡死; (4) 电磁铁的推杆因动密封配合,摩擦阻力大或推杆安装不良将阀芯卡住	(1) 改进换向阀设计、提高零件精度或更换磨损零件; (2) 清洗滑阀,检查密封件,更换液压油; (3) 采取措施降低油温,修研阀芯与阀孔的间隙; (4) 检查调整推杆使其不阻碍阀芯运动
液压缸运动速度不稳定	(1) 液压泵磨损严重; (2) 负载作用下系统泄漏显著增加,引起系统压力与流量的明显变化; (3) 油液污染,节流通道堵塞; (4) 系统压力调定偏低,满足不了负载的变化; (5) 系统中存有大量空气,使液压缸不能正常工作; (6) 油温升高、黏度降低、引起流量变化; (7) 背压阀调节不当,引起回油不畅	(1) 更换磨损元件; (2) 适当调整系统压力,检修系统泄漏部件; (3) 清洗节流阀孔及更换液压油; (4) 适当调整系统压力,使之满足负载变化要求; (5) 排除系统中的空气; (6) 降低油温及更换合适黏度的液压油; (7) 重新调定背压阀压力

续表

故障现象	产　生　原　因	排　除　方　法
动作循环错乱	（1）各液压回路发生相互干扰； （2）电磁换向阀线圈损坏； （3）顺序阀或压力继电器失灵	（1）检查与调整各回路控制元件的功能； （2）更换电磁线圈； （3）调整或更换顺序阀及压力继电器
执行机构爬行	（1）传动系统刚度低； （2）摩擦力随运动速度的变化而变化及阻力变化大； （3）运动速度低，特别是当 $v \leqslant 0.1$ m/min 时，爬行更明显； （4）液压系统中有空气； （5）溢流阀失灵，调定压力不稳定； （6）双泵向系统供油时，压力低的泵有自回油现象，引起供油压力不足； （7）液压缸和机床导轨不平行使活塞杆弯曲变形	（1）采取措施增强系统刚度； （2）改善执行元件润滑状态及选取理想的摩擦副材料； （3）使用特殊导轨润滑油，或适当提高运动速度； （4）排除液压系统空气； （5）检修或更换溢流阀； （6）检修液压泵； （7）检修、调整液压缸与机床导轨平行，并校直活塞杆
液压冲击	（1）快速制动引起的液压冲击： ① 换向阀快速换向时产生液压冲击； ② 液压缸突然停止运动时引起液压冲击。 （2）节流缓冲装置失灵； （3）液压系统局部冲击； （4）背压阀调整不当或管路弯管多	（1）减小液压冲击： ① 改进油路换向方式，或延缓换向停留时间； ② 延缓液压缸快停时间，适当加装单向节流阀。 （2）检查、修复缓冲装置； （3）可加装蓄能器； （4）调整背压阀压力，或减少管道弯曲
系统压力不稳定	（1）液压泵内部零件损坏； （2）液压泵严重困油，造成运动呆滞或压力脉动； （3）各种液压阀质量不良引起压力波动； （4）压力阀阀芯卡死； （5）过滤器堵塞，液流通道过小或油液选择不当	（1）修复或更换液压泵； （2）检查、修理液压泵，减少困油现象； （3）修复或更换液压阀； （4）修复或更换压力阀； （5）清洗过滤器，疏通管道，更换合适的液压油

9.5　液压系统故障现代诊断技术简介

　　液压系统工作元件及工作介质的密封特性给系统的状态检测及不解体在线故障诊断带来困难。近年来，计算机技术、检测技术、信息技术和智能技术的发展，大大促进了液压系统故障检测和诊断技术的发展。

1. 基于油液颗粒污染度检测技术

1) 铁谱技术

（1）铁谱技术的发展。

铁谱技术的原理最早由美国麻省理工学院的 W. W. Seifert 和美国 Foxboro 公司的 V. C. Westcott 于 1970 年提出，并于 1971 年研制出用于分离磨损颗粒并对其进行观察分析的仪器——铁谱仪和铁谱显微镜。此后，铁谱技术迅速被许多国家所接受，并由最初的实验室磨损机理研究逐步发展成为用于机械系统状态检测和故障诊断的重要工具。经过 40 多年的发展与研究，铁谱技术在摩擦学基础研究和机械状态检测中获得了广泛的应用，其作用与重要性已经得到了普遍的认可。铁谱技术不仅在价格昂贵的关键装置（如喷气式发动机等）与零件（如滚动轴承等）运行中得到普遍的应用，而且在批量生产的中小型机械定型前也得到应用，用于改进产品的设计和结构，提高产品质量。总之，铁谱技术在国民经济建设及国防建设的各个部门，如航空、舰船、铁路、电力及汽车、机床、矿山、石油、化工等机械系统的状态检测与故障诊断方面，都得到了广泛的应用。

铁谱仪是运用铁谱技术获取磨损微粒的硬件手段，迄今已研究开发出多种类型。其中，运用比较广泛的有以下四大类：① 分析式铁谱仪；② 直读式铁谱仪；③ 旋转式铁谱仪；④ 在线式铁谱仪。除此之外，采用相同原理但工作方式有所不同的还有磨粒定量仪、气动式铁谱仪、铁量仪等。但不管方式如何变化，所有铁谱仪采用的都是磁性吸附磨损微粒的原理。

（2）铁谱技术的分析实质。

铁谱技术的分析实质是利用高梯度磁场的作用将机械系统摩擦副中产生的磨损颗粒从润滑油液中分离出来，并使其按照尺寸大小依次沉积在显微基片上而制成铁谱片，然后置于铁谱显微镜或扫面电子显微镜下进行观测；或者按照尺寸大小依次沉积在玻璃管内，通过光学方法进行定量检测，以获得摩擦副磨损过程的各类信息，从而分析机械系统的磨损机理和判断磨损的状态。

应用铁谱技术分析机械系统的磨损状态，主要是从以下四个方面来进行的：

① 根据主要磨粒的形成、颜色和尺寸等特征来判定机械系统（及有关零部件）所处的磨损阶段、相应阶段发生的磨损类别（如疲劳、削落、腐蚀等）及其磨损程度；

② 根据磨损量（及磨损曲线）对机械系统的磨损程度进行量的判断；

③ 根据磨损严重性，确定机械系统磨损的剧烈程度；

④ 根据磨粒的材质成分来判断机械系统磨损的具体部位及磨损零件。

（3）铁谱技术的特点。

① 具有较宽的磨粒尺寸检测范围和较高的检测效率。机械系统摩擦副磨损状态的发展与磨损颗粒的尺寸和数量变化有密切的关系，因而，有效地检测几微米到上百微米的磨粒数量变化具有重要意义。目前，国内外对润滑油中磨粒的检测分析方

法主要有光谱分析法、磁塞检测法和铁谱分析法等。

　　光谱分析法检测磨粒的有效尺寸小于 5 μm,其中对于大于 2 μm 的磨粒的检测效率大为降低。磁塞检测法只能有效地检测上百微米至毫米级的磨粒。铁谱分析方法对几微米到几百微米甚至毫米级的磨粒都有满意的检测效果,大量检测表明,这一尺寸范围是绝大多机械系统摩擦副发生磨损时产生的磨粒的尺寸范围。

　　② 能同时进行磨粒的定性检测和定量分析。与光谱分析法、磁塞检测法相比,铁谱技术的一个最大优点就是能够同时实现磨粒的定性观测(观测磨粒的形态、尺寸、颜色、表面特征等)和定量分析(测量磨粒量、磨损程度、磨粒材质成分等),这不仅为分析机械系统磨损状态、故障原因和研究设备失效机理等提供了更全面和宝贵的信息,而且大大提高了机械系统状态检测的可靠性。

　　③ 能够准确检测机械系统中一些不正常磨损的轻微征兆,具有磨损故障早期诊断的效果。铁谱技术的另一特点是能准确地检测出机械系统中一些不正常磨损的轻微征兆,如早期的疲劳磨损、黏着、擦伤与腐蚀磨损等,从而为机械系统状态检测人员提供宝贵的信息,避免机械系统事故的发生。

　　同时,铁谱分析技术也有其不可避免的缺点:① 对润滑油中非铁系颗粒的检测能力较低,故对含有多种材质摩擦副的机械系统进行故障诊断时,往往有所欠缺;② 铁谱分析的规范化不够,分析结果对操作人员的经验有较大的依赖性,若缺乏经验,往往会造成误诊或漏诊。

2) 颗粒计数技术

　　随着电子技术的发展,颗粒计数成为主要的油液检测技术之一。它具有计数速度快、准确度高和操作简便等优点。目前应用的自动颗粒计数器(亦称污染度测试仪)按原理的不同,可分为遮光型、光散型和电阻型三种类型。其中,遮光型颗粒计数器是目前应用最广泛的一种。如图 9-3 所示,遮光型颗粒计数器的主要技术关键是遮光传感器。

　　从光源发出的平行光束通过传感区的窗口射向一光电二极管。传感区部分由透明的光学材料制成,被测试油液沿图示箭头方向从中通过,在流经窗口时被来自光源的平行光束照射。光电二极管将接受的光能转换为电信号,经前置放大器传输到计数器。当流经传感区的油液中没有任何颗粒通过时,前置放大器的输出电压为一定值。当油液中有一个颗粒进入传感区时,一部分光被颗粒遮挡,光电二极管接受的光量减弱,于是输出电压产生一个脉冲,计数一次。由于被遮挡的光量

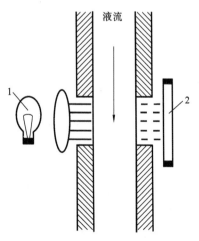

图 9-3　遮光传感器原理图
1—光源;2—传感器

与颗粒的投影面积成正比,因而输出电压脉冲的幅值直接反映颗粒的尺寸。

将传感器的输出电压信号传输到计数器的模拟比较器中,与预先设置的阈值电压相比较,当电压脉冲幅值大于阈值电压时,计数器即计数。通过累计脉冲的次数,即可得出颗粒的数目。计数器设有若干个通道,如 6 个或 12 个通道,分别对应不同的粒度区间。如一般六级(即 6 个通道)分为:$>2~\mu m$、$>5~\mu m$、$>15~\mu m$、$>25~\mu m$、$>50~\mu m$、$>100~\mu m$。传感器的输出信号同时传输到这些通道。根据传感器的标定曲线,预先将各个通道的阈值电压设置在与要测定的颗粒尺寸相对应的值上。这样,每一个通道对大于本通道阈值电压的脉冲进行计数,因而计数器就可以同时测定各种尺寸范围的颗粒数,测量结果就会按照 ISO 或 NAS 污染度等级标准在手持显示屏上显示出来,并储存在仪器配置的计算机内。

2. 基于油样物理化学指标检测

油品理化检测方法分为定量和定性两类,定量方法通常按国家或行业颁布的标准进行,检测结果准确、可比性好,但需要专用仪器、一定的费用和技术水平。定性方法通常分为综合测定或单项检验,这类方法易于掌握,结果获得快,便于现场使用,但需要积累经验,才能正确判断。

1)定性分析方法

滤纸斑点试验和润滑油污染指数测定是油品理化性能检测的常用定性分析方法。

2)定量分析方法

润滑油物理化学指标检测的定量分析方法主要是指按有关标准,精确地测定润滑油质量指标的数值,以检验油品衰败的程度。通常的检验项目包括黏度、闪点、水分、酸值、机械杂质等。通过对这些指标的测定,一方面可以检测润滑系统,另一方面可以预测甚至预防机械系统因润滑不良而可能出现的故障。

3. 光谱分析技术

光谱分析是利用原子和分子的发射与吸收光谱对物质的化学组成及含量进行分析的物理方法。光谱反映原子和分子电子层的性质,反映分子中原子核的振动与分子的转动,反映原子核的结构和重量对能级的影响,同时也反映分子中原子和分子对周围介质的影响。各种原子和分子都具有自己特定波长的谱线(见表 9-3),因此,利用光谱的这些特性,就可对物质的构成进行分析,这就是各种光谱分析的基本原理。

油料光谱分析是将光谱分析用于分析润滑油中金属磨粒和污染物微粒的元素组成和含量,以评价相关机械系统和零件的磨损程度,并估算其剩余寿命。实践证明,油料光谱分析是一种行之有效且较成熟的油液检测技术,尤其是现代专用光谱仪,其具有自动化程度高、分析速度快、定量精确而又可进行多元素分析的特点,这使得光谱分析技术应用更为广泛。

光谱分析方法按应用可分为发射光谱分析、原子吸收光谱分析和 X 射线荧光光谱分析等。

表 9-3　部分元素的特征谱线波长

元素（化学符号）	波长/m	元素（化学符号）	波长/m	元素（化学符号）	波长/m
铜(Cu)	3.247×10^{-7}	铅(Pb)	2.833×10^{-7}	硅(Si)	2.516×10^{-7}
铁(Fe)	3.270×10^{-7}	锡(Sn)	2.354×10^{-7}	镁(Mg)	2.852×10^{-7}
铬(Cr)	3.579×10^{-7}	钠(Na)	5.890×10^{-7}	银(Ag)	3.281×10^{-7}
镍(Ni)	3.415×10^{-7}	铝(Al)	3.092×10^{-7}		

复　习　题

9.1　安装回油管时应注意哪些问题？

9.2　控制液压油污染的主要途径有哪些？

9.3　液压系统在使用过程中要进行哪些项目的调整？

9.4　液压系统常见的故障有哪些？

9.5　现代常用诊断技术有哪些？

附录　常用液压图形符号

（摘自 GB/T 786.1—2009）

附表 1　液压泵、液压马达和液压缸

名称		符号	说明
液压泵	液压泵	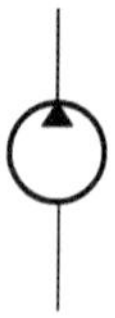	一般符号
液压泵	单向定量液压泵	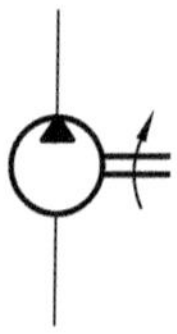	单向旋转、单向流动、定排量
液压泵	双向定量液压泵	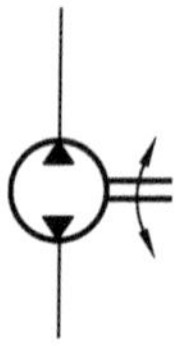	双向旋转，双向流动，定排量
液压泵	单向变量液压泵	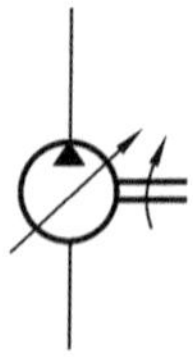	单向旋转，单向流动，变排量
液压泵	双向变量液压泵	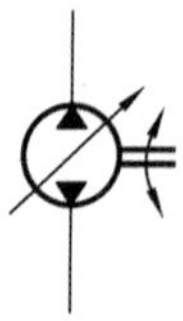	双向旋转，双向流动，变排量

名称		符号	说明
液压马达	液压马达	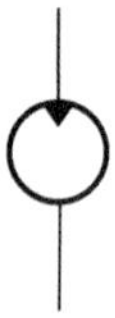	一般符号
液压马达	单向定量液压马达	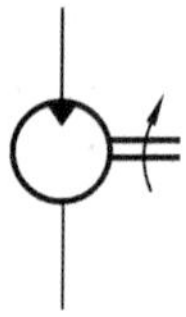	单向流动，单向旋转
液压马达	双向定量液压马达	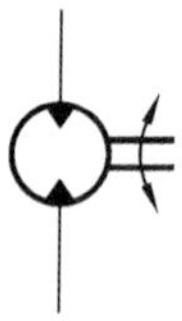	双向流动，双向旋转，定排量
液压马达	单向变量液压马达	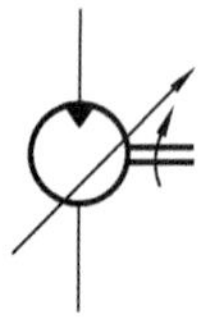	单向流动，单向旋转，变排量
液压马达	双向变量液压马达	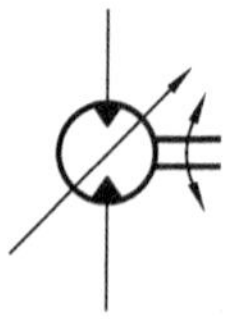	双向流动，双向旋转，变量排
液压马达	摆动马达	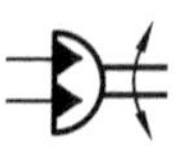	双向摆动，定角度

名称		符 号	说明	名称		符 号	说明
泵-马达	定量液压泵-马达		单向流动,单向旋转,定排量	双作用缸	单活塞杆缸		详细符号
							简化符号
	变量液压泵-马达		双向流动,双向旋转,变排量,外部泄油		双活塞杆缸		详细符号
							简化符号
	液压整体式传动装置		单向旋转,变排量泵,定排量马达		不可调单向缓冲缸		详细符号
单作用缸	单活塞杆缸		详细符号				简化符号
			简化符号		可调单向缓冲缸		详细符号
	单活塞杆缸(带弹簧复位)		详细符号				简化符号
			简化符号		不可调双向缓冲缸		详细符号
	柱塞缸						简化符号
	伸缩缸						

名称	符　　号	说明	名称	符　　号	说明
双作用缸 可调双向缓冲缸		详细符号	蓄能器 重锤式		
		简化符号	弹簧式		
伸缩缸			辅助气瓶		
压力转换器 气-液转换器		单程作用			
		连续作用	气罐		
增压器		单程作用	能量源 液压源		一般符号
		连续作用	气压源		一般符号
蓄能器 蓄能器		一般符号	电动机	M	电动机除外
气体隔离式			原动机	M	

附表 2　机械控制装置和控制方法

名称		符　　号	说明	名称	符　　号	说明
机械控制件	直线运动的杆		箭头可省略	人力控制		一般符号
	旋转运动的轴		箭头可省略	按钮式		
	定位装置			拉钮式		
	锁定装置		*为开锁的控制方法	按-拉式		
	弹跳机构			手柄式		
机械控制方法	顶杆式			单向踏板式		
	可变行程控制式			双向踏板式		
	弹簧控制式			加压或卸压控制		
	滚轮式		两个方向操作	差动控制		
	单向滚轮式		仅在一个方向上操作,箭头可省略			

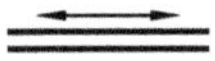

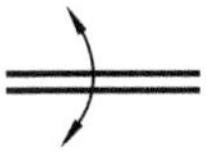

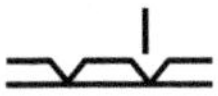

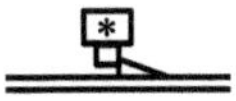

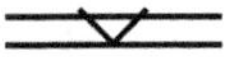

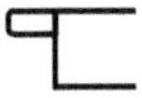

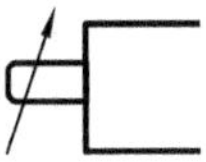

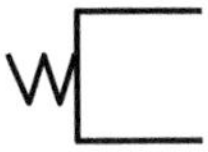

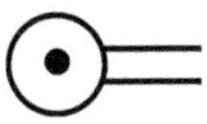

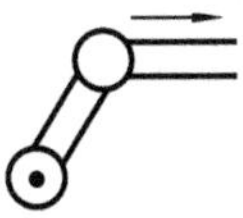

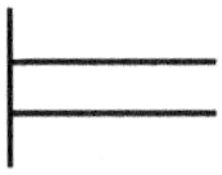

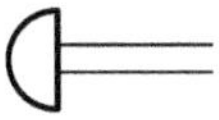

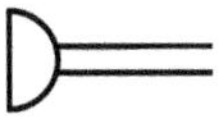

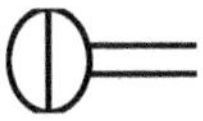

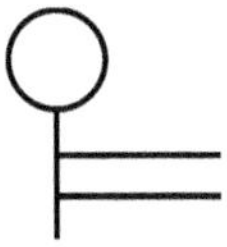

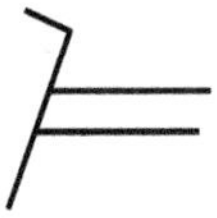

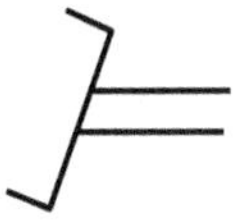

人力控制方法 / 直接压力控制方法

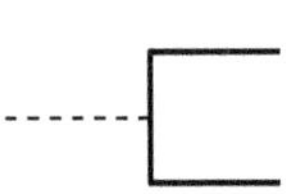

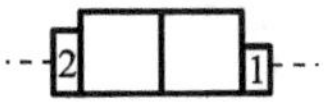

续表

名称		符　号	说明	名称		符　号	说明
直接压力控制方法	内部压力控制		控制通路在元件内部	先导压力控制方法	电-液先导控制		电磁铁控制、外部压力控制,外部泄油
	外部压力控制		控制道路在元件外部		先导型压力控制阀		带压力调节弹簧,外部泄油,带遥控泄放口
先导压力控制方法	液压先导加压控制		内部压力控制		先导型比例电磁式压力控制阀		先导级由比例电磁铁控制,内部泄油
	液压先导加压控制		外部压力控制	电气控制方法	单作用电磁铁		电气引线可省略,斜线也可向右下方
	液压二级先导加压控制		内部压力控制,内部泄油		双作用电磁铁		
	气-液先导加压控制		气压外部控制,液压内部控制,外部泄油		单作用可调电磁操作(比例电磁铁,力矩马达等)		
	电-液先导加压控制		液压外部控制,内部泄油				
	液压先导卸压控制		内部压力控制,内部泄油				
			内部压力控制(带遥控泄放口)				

续表

名称	符　号	说明	名称	符　号	说明
电气控制方法	双作用可调电磁操作(力矩马达等)	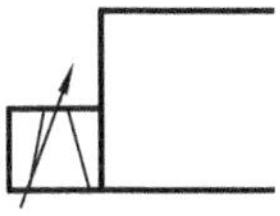	反馈控制方法	反馈控制	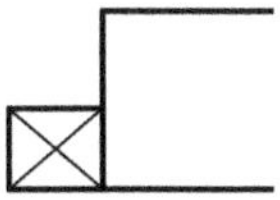 一般符号
	旋转运动电气控制装置			电反馈	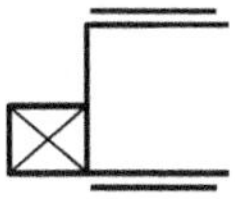 由电位器、差动变压器等检测位置
				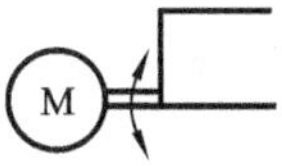 内部机械反馈	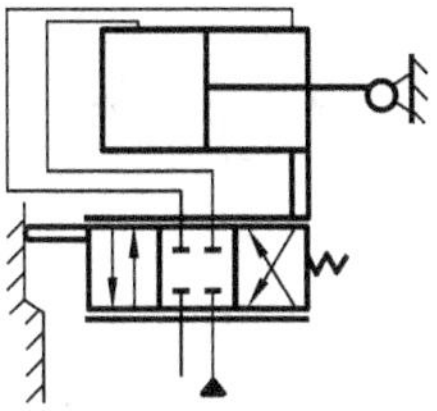 如随动阀仿形控制回路等

附表3　压力控制阀

名称	符　号	说明	名称	符　号	说明
溢流阀	溢流阀	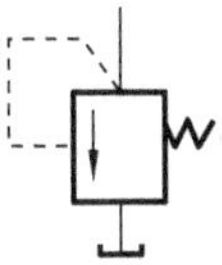 一般符号或直动式溢流阀	溢流阀	直动式比例溢流阀	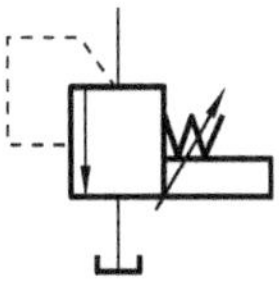
	先导型溢流阀			先导型比例溢流阀	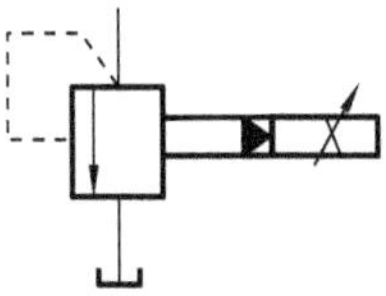
	先导型电磁溢流阀	(常闭)		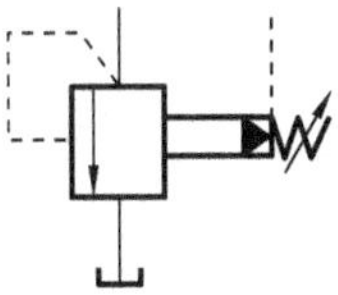 卸荷溢流阀	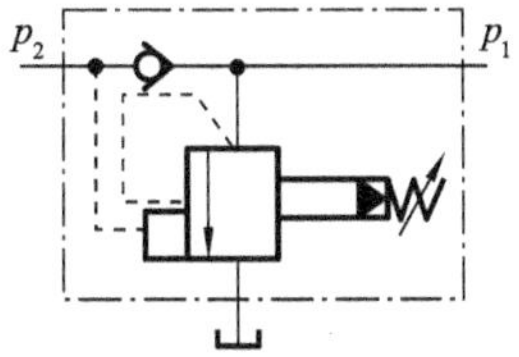 $p_2 > p_1$ 时卸荷
				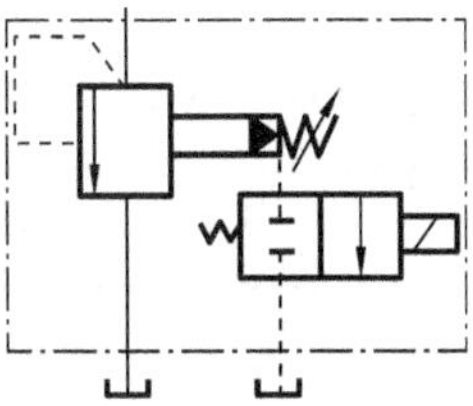 双向溢流阀	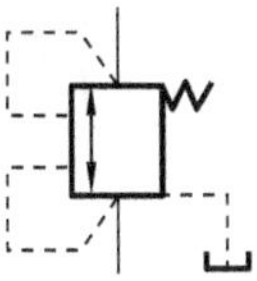 直动式,外部泄油

续表

名称	符　号	说明	名称		符　号	说明
减压阀		一般符号或直动式减压阀	顺序阀	顺序阀		一般符号或直动式顺序阀
先导型减压阀				先导型顺序阀		
溢流减压阀				单向顺序阀（平衡阀）		
先导型比例电磁式溢流减压阀			卸荷阀	卸荷阀		一般符号或直动式卸荷阀
定比减压阀		减压比 1/3		先导型电磁卸荷阀		$p_1 > p_2$
定差减压阀			制动阀	双溢流制动阀		
				溢流油桥制动阀		

附表 4　方向控制阀

名称		符　　号	说明
单向阀	单向阀	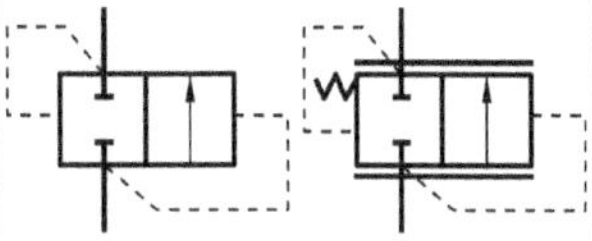	详细符号
单向阀	单向阀	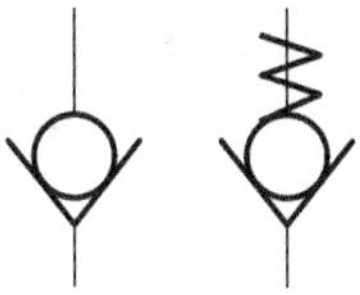	简化符号(弹簧可省略)
液压单向阀	液控单向阀	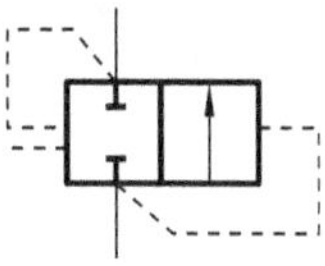	详细符号(控制压力关闭阀)
液压单向阀	液控单向阀	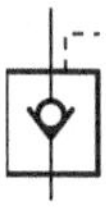	简化符号
液压单向阀	液控单向阀	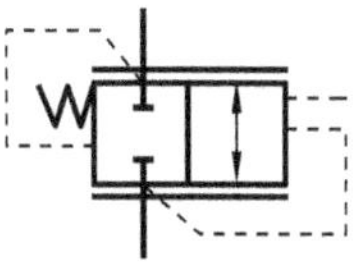	详细符号(控制压力打开阀)
液压单向阀	液控单向阀	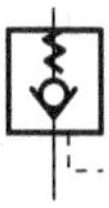	简化符号(弹簧可省略)
液压单向阀	双液控单向阀	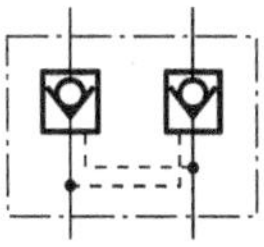	
梭阀	与门型	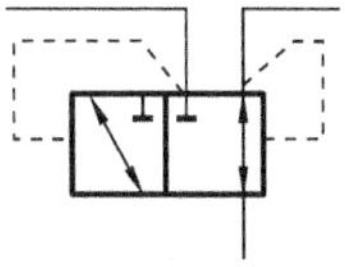	详细符号
梭阀	或门型	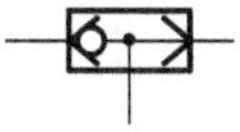	简化符号

名称		符　　号	说明
换向阀	二位二通电磁阀	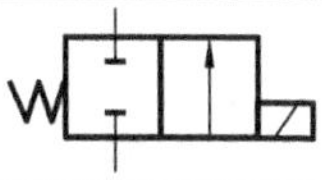	常断
换向阀	二位二通电磁阀	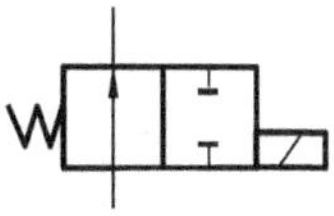	常通
换向阀	二位三通电磁阀	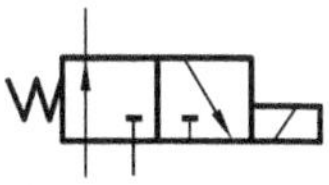	
换向阀	二位三通电磁球阀	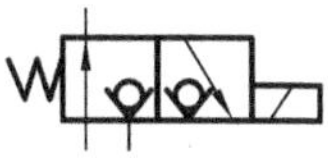	
换向阀	二位四通电磁阀	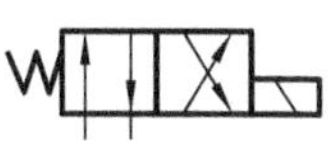	
换向阀	二位五通液动阀	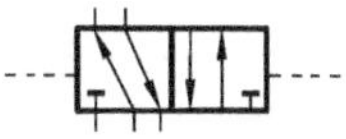	
换向阀	二位四通机动阀	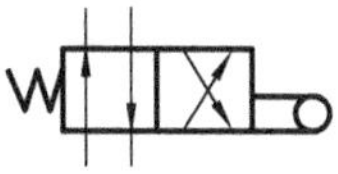	
换向阀	三位四通电磁阀	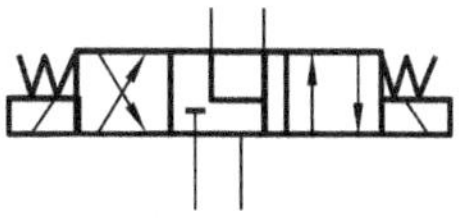	
换向阀	三位四通电液阀	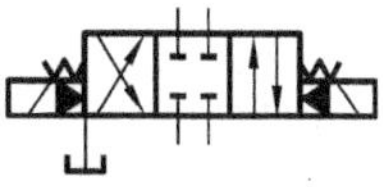	简化符号(内控外泄)
换向阀	三位六通手动阀	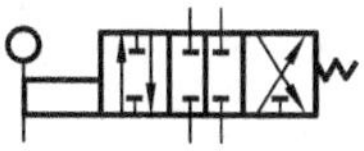	

续表

名称	符　号	说明	名称	符　号	说明
换向阀	三位五通电磁阀		换向阀	二位四通比例阀	
	三位四通电液阀	外控内泄(带手动应急控制装置)		四通伺服阀	
	三位四通比例阀	节流型,中位正遮盖		四通电液伺服阀	二级
	三位四通比例阀	中位负遮盖			带电反馈,三级

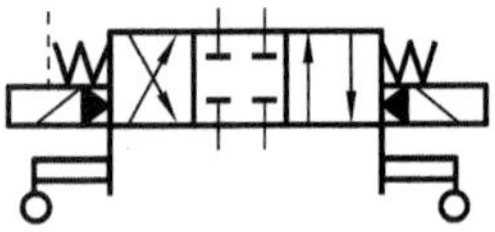

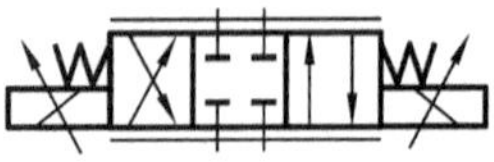

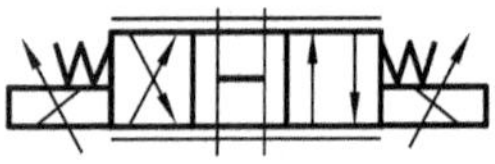

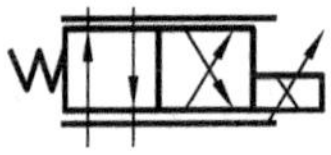

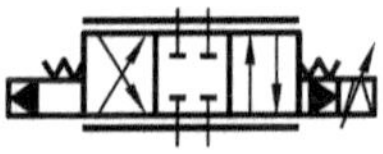

附表5　流量控制阀

名称	符　号	说明	名称	符　号	说明
节流阀	可调节流阀	详细符号	节流阀	截止阀	
		简化符号		滚轮控制节流阀(减速阀)	
	不可调节流阀	一般符号	调速阀	调速阀	详细符号
	单向节流阀				
	双单向节流阀				简化符号

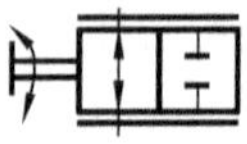

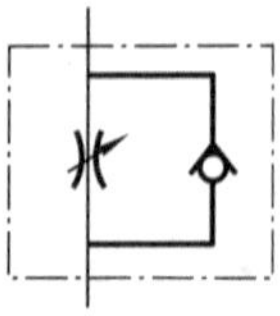

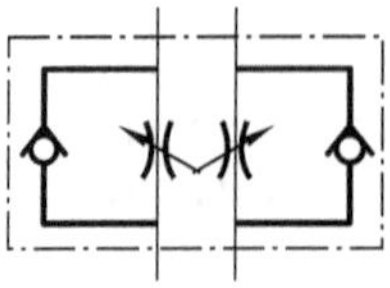

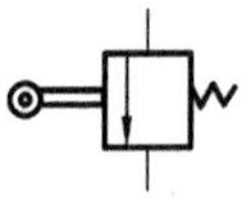

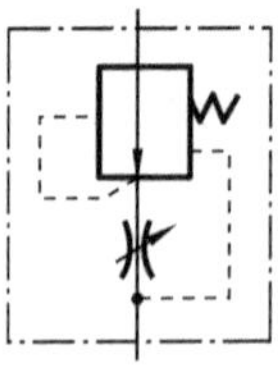

续表

名称	符 号	说明	名称	符 号	说明
调速阀 旁通型调速阀		简化符号	同步阀 分流阀		
调速阀 温度补偿型调速阀		简化符号	同步阀 单向分流阀		
调速阀 单向调速阀		简化符号	同步阀 集流阀		
			同步阀 分流集流阀		

附表 6　油箱

名称	符 号	说明	名称	符 号	说明
通大气式 管端在液面上			油箱 管端在油箱底部		
通大气式 管端在液面下		带空气过滤器	油箱 局部泄油或回油		
			油箱 加压油箱或密闭油箱		三条油路

附表7　流体调节器

名称	符号	说明	名称	符号	说明
过滤器		一般符号	空气过滤器		
	带污染指示器的过滤器		温度调节器		
	磁性过滤器			冷却器	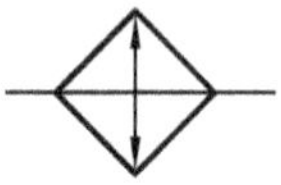	一般符号
	带旁通阀的过滤器		冷却器	带冷却剂管路的冷却器	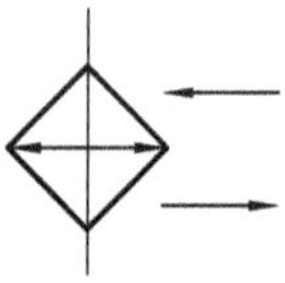
	双筒过滤器	P₁:进油 P₂:回油	加热器	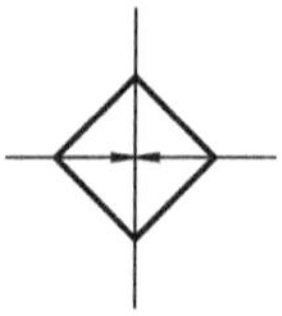	一般符号

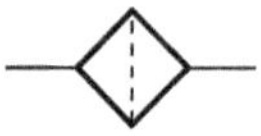

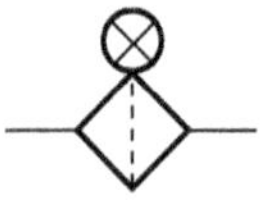

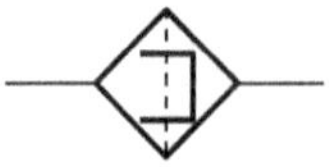

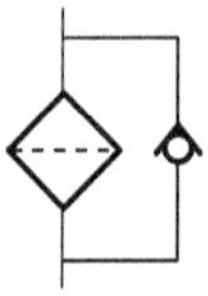

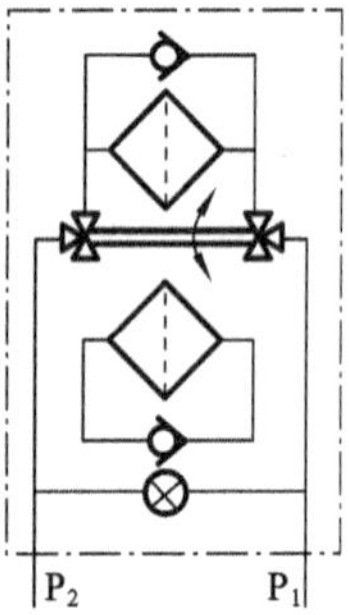

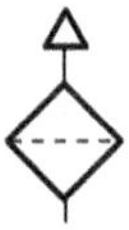

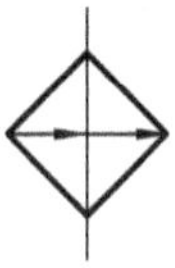

（过滤器；P₂　P₁）

附表8　检测器、指示器

名称	符号	说明	名称	符号	说明
压力检测器	压力指示器		压力检测器	电接点压力表（压力显控器）	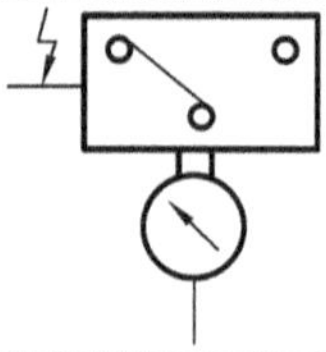
	压力表（计）			压差控制表	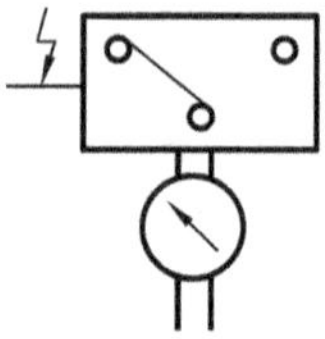

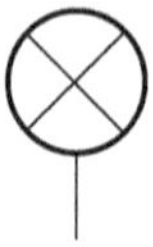

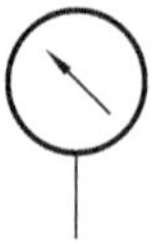

续表

名称		符　号	说明	名称		符　号	说明
液位计		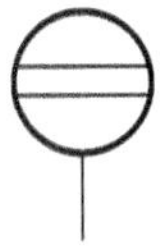		流量检测器	检流计(液流指示器)	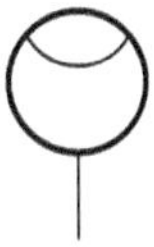	
流量检测器	流量计	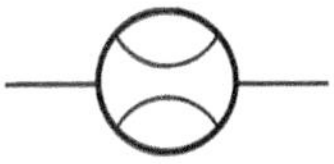		转速仪		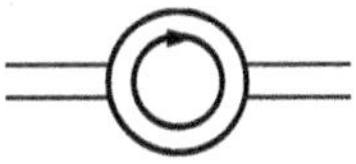	
流量检测器	累计流量计	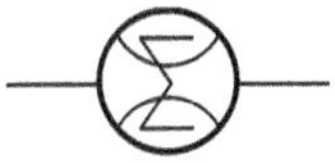		转矩仪		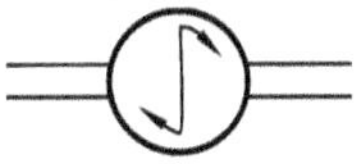	
流量检测器	温度计	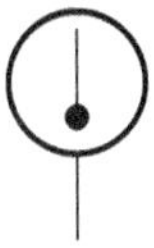					

附表 9　其他辅助元器件

名称	符　号	说明	名称		符　号	说明
压力继电器(压力开关)	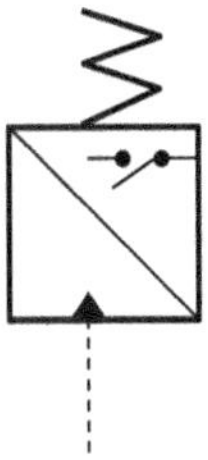	详细符号	联轴器	联轴器	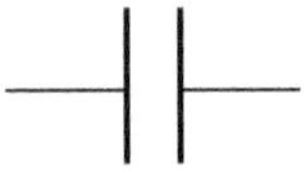	一般符号
压力继电器(压力开关)			联轴器	弹性联轴器	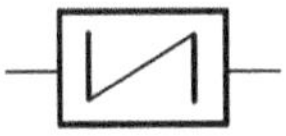	
压力继电器(压力开关)	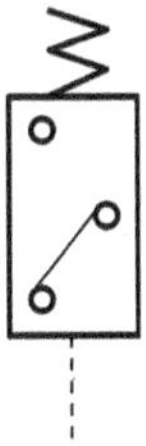	一般符号	压差开关		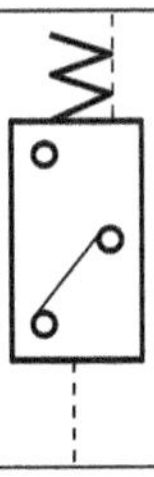	
行程开关	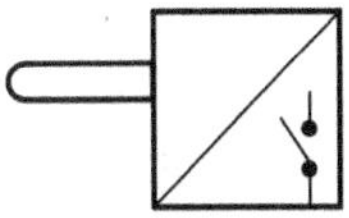	详细符号	传感器	传感器	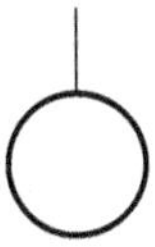	一般符号
行程开关	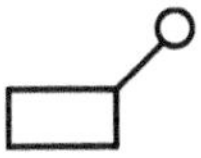	一般符号				

续表

名称		符 号	说明	名称	符 号	说明
传感器	压力传感器	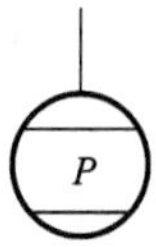		放大器		
	温度传感器	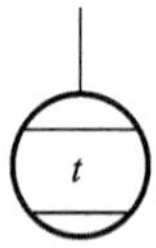				

附表 10 管路、管路接口和接头

名称		符 号	说明	名称		符 号	说明
管路	管路	 ——	压力管路回油管路	快换接头	不带单向阀的快换接头	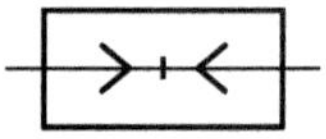	
	连接管路		两管路相交连接		带单向阀的快换接头		
	控制管路	 - - -	可表示泄油管路			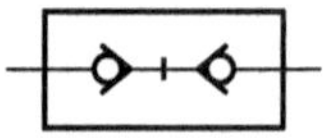	
	交叉管路		两管路交叉不连接	旋转接头	单通路旋转接头	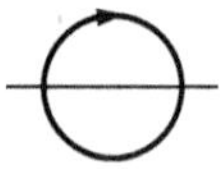	
	柔性管路				三通路旋转接头		
	单向放气装置(测压接头)	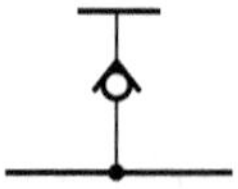				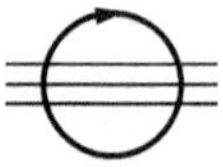	

参 考 文 献

[1] 蔡文彦,詹永麟.液压传动系统[M].上海:上海交通大学出版社,1990.
[2] 李壮云.液压元件与系统[M].2版.北京:机械工业出版社,2005.
[3] 马雅丽,黄志坚.蓄能器实用技术[M].北京:化学工业出版社,2007.
[4] 陈奎生.液压与气压传动[M].武汉:武汉理工大学出版社,2001.
[5] 姜继海,宋锦春,高常识.液压与气压传动[M].北京:高等教育出版社,2003.
[6] 高殿荣,吴晓明.工程流体力学[M].北京:机械工业出版社,2004.
[7] 苏尔皇.液压流体力学[M].北京:国防工业出版社,1982.
[8] 盛敬超.液压流体力学[M].北京:机械工业出版社,1980.
[9] 成大先.机械设计手册(第5卷)[M].5版.北京:化学工业出版社,2008.
[10] 机械设计手册编委会.机械设计手册(第4卷)[M].北京:机械工业出版社,2004.
[11] 成大先.机械设计手册[M].5版.单行本.液压传动.北京:化学工业出版社,2010.
[12] 雷天觉.新编液压工程手册[M].北京:北京理工大学出版社,1998.
[13] 何存兴.液压元件[M].北京:机械工业出版社,1982.
[14] 周士昌.液压系统设计图集[M].北京:机械工业出版社,2004.
[15] 王积伟.液压传动[M].北京:机械工业出版社,2006.
[16] 李洪人.液压控制系统[M].北京:国防工业出版社,1990.
[17] 李昇河,丁问司,孙海平.液压与气动技术[M].北京:国防工业出版社,2006.
[18] 黎放柏.电液比例控制与数字控制系统[M].北京:机械工业出版社,1997.
[19] 许益民.电液比例控制系统分析与设计[M].北京:机械工业出版社,2005.
[20] 姜继海,宋景春,高常识.液压与气压传动[M].北京:高等教育出版社,2002.
[21] 刘延俊.液压回路与系统[M].北京:化学工业出版社,2009.
[22] 张应龙.液压识图[M].北京:化学工业出版社,2007.
[23] 简引霞,孙兆元.液压与气动技术[M].北京:国防工业出版社,2009.
[24] 官忠范.液压传动系统[M].3版.北京:机械工业出版社,1997.
[25] 张利平.液压传动系统设计与使用[M].北京:化学工业出版社,2010.